291 Klimastationen von Abidjan bis Zugspitze
kennzeichnen das Klima der gesamten bewohnten Erde und der Ozeane.
297 Klimadiagramme veranschaulichen den Jahresgang von Temperatur und Niederschlag.
290 Karten lokalisieren die Stationen in ihren Klimazonen, Kontinenten und Staaten.
291 Tabellen weisen die gemessenen und errechneten Fakten aus.
34 Stationen werden als Beispiele aus allen Klimazonen näher erläutert.

CIP-Kurztitelaufnahme der Deutschen Bibliothek

Taschenatlas Klimastationen:
291 Klimastationen / Dieter Richter. [Kartographie u. Diagr.: Joachim Zwick]. - 1. - 5. Tsd. - Braunschweig: Höller und Zwick, 1983.
ISBN 3-89057-001-1
NE: Richter, Dieter [Bearb.]; Zwick, Joachim [Ill.]

September 1983

Konzeption: Klaus Höller
Kartographie und Diagramme: Joachim Zwick
Lektorat und Herstellung: Verlagsbüro Höller
Satz, Druck und Binden: Zechnersche Buchdruckerei GmbH & Co. KG, Speyer
ISBN 3-89057-**001**-1

Dr. Dieter Richter

Taschenatlas Klimastationen

291 Klimastationen

Verlags-GmbH Höller und Zwick

Die Zahlen entsprechen den Seiten im Taschenatlas.
Fette Zahlen kennzeichnen die Seiten, auf denen eine Station näher erläutert wird.
W bedeutet ein Klimadiagramm nach Walter (vgl. Seite 9 und 173).

85
53
16
120
19
68
155
117
111
119
72
80
67
67
138
20
164
38
14
147
151
162
159
124
157
81
17
166
20
149
161
21
117
28
22
158
125
76
50
91
148
75
16
43
30
W
88
173
89
77
81
52
155
60
80
23
149
87
86
105
48
70
56
102
167
68
34
55
133
25
82
71
102
12
151
98
59
126
139
11
55
44
17
26
96
59
86
109
150
100
108
83
112
114
38
97
50
166
54
74
54
110
51
78
99
97
92
156
18
66
132
126
156
160
154
62
43
130
103
163
105
15
78
157
104
127
125
12
35
106
115
22
153
131
69
82
169
39

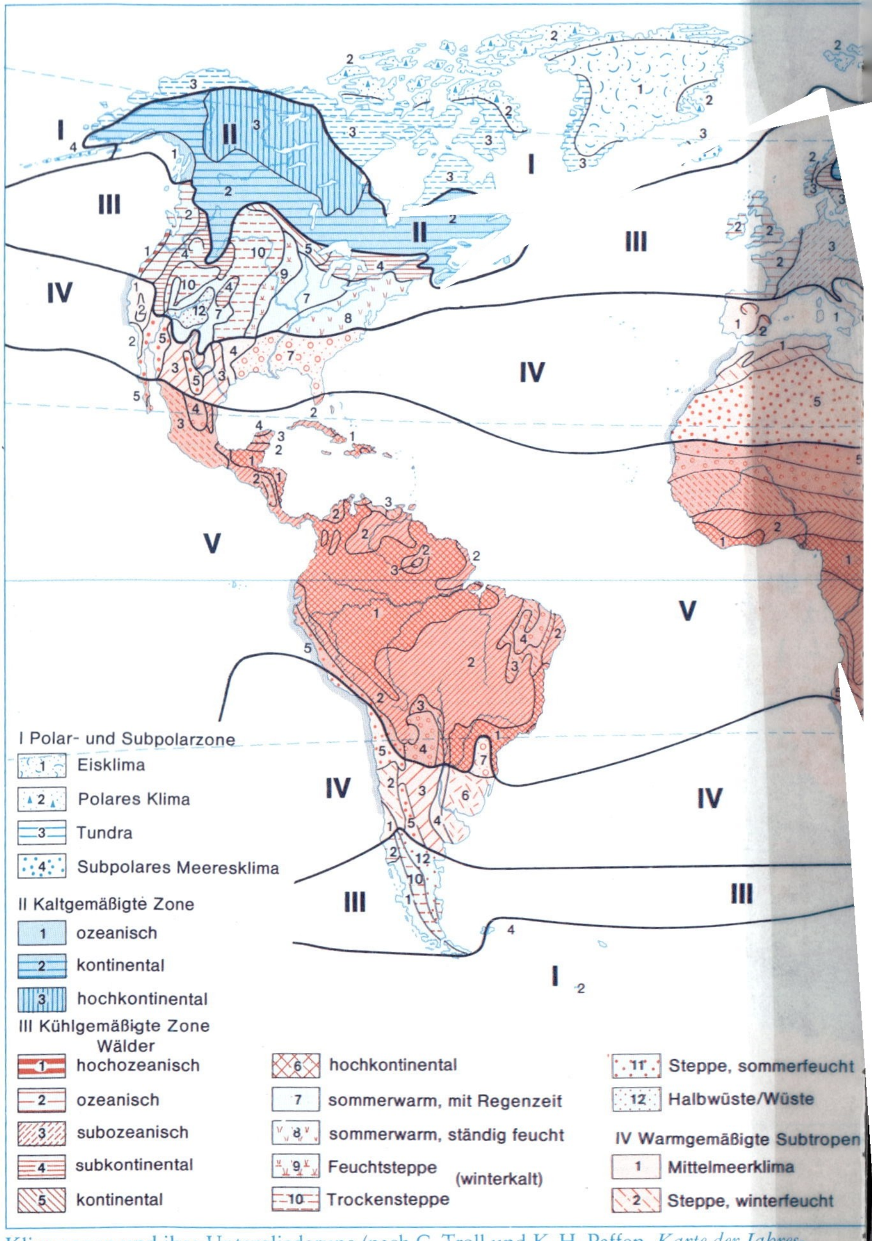

Klimazonen und ihre Untergliederung (nach C. Troll und K. H. Paffen, *Karte der Jahreszeiten-Klimate der Erde;* in: Erdkunde 1964)

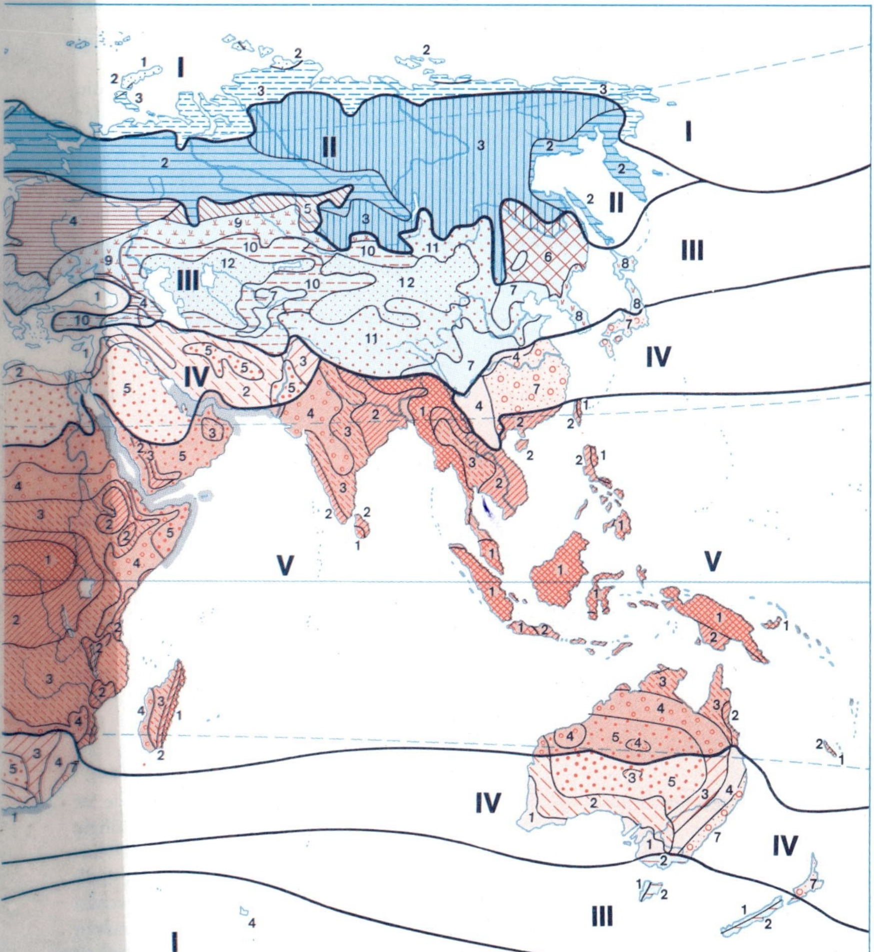

zu IV/V Küstennebel

- 3 Steppe, sommerfeucht
- 4 –"– –"–
- 5 Halbwüste/Wüste
- 6 Grasland, ständig feucht
- 7 sommerheiß, ständig feucht

V Tropen

- 1 Regenklima
- 2 Feuchtklima, mit Trockenzeit
- 3 wechselfeucht
- 4 winterfeucht
- 5 Halbwüste/Wüste

Einführung

Der beständige Wechsel des Wetters in Deutschland macht es recht schwierig, kurz zu beschreiben, welchen Einfluß das Wetter auf ein bestimmtes Gebiet besitzt. Die zahlreichen Einzelerscheinungen müssen zusammengefaßt werden, um das Gesamtbild der Wettererscheinungen eines Jahres darstellen zu können. Im Unterschied zum ständig wechselnden Wetter bezeichnet man den durchschnittlichen Wetterablauf vieler Jahre in einem bestimmten Gebiet als Klima.

Das Klima einer Landschaft läßt sich am einfachsten durch ein Diagramm veranschaulichen. Darin sind die Klimaelemente Niederschlag und Temperatur dargestellt. Ein Klimadiagramm zeigt für einen Ort während eines Jahres den durchschnittlichen Temperaturverlauf sowie die durchschnittliche Menge der Niederschläge und ihre Monats-Verteilung.

An jedem Ort der Erde verändert sich die Temperatur ständig. Statt der vielen Temperaturwerte, die alle richtig sind, ist jeweils eine Angabe für jeden Tag, jeden Monat und für ein Jahr zweckmäßig. Dazu eignen sich Mittelwerte. Sie werden aus jahrzehntelangen, möglichst 30 Jahre langen, Temperaturmessungen errechnet.

Regen und Schnee sind die häufigsten Niederschlagsarten. Der Niederschlag wird in einem Regenmesser täglich einmal gemessen. Zur Berechnung der Monatsniederschläge werden die Tageswerte addiert. Aus den Monatssummen läßt sich der Jahresniederschlag berechnen. Nach einer längeren Beobachtungszeit können die Mittelwerte bestimmt werden.

Die Tabellen erhalten den Namen und das Land der Klimastation sowie die Zahl der Jahre, die der Berechnung der Klimaelemente zugrunde liegt. Außerdem sind die Höhe über dem Meeresspiegel, das Jahresmittel der Temperatur, die durchschnittliche Jahressumme des Niederschlages, die geographischen Koordinaten und der Klimatyp nach den Klimagliederungen von Troll / Paffen (S. 6/7) und Köppen / Geiger (S. 175) angegeben.

In den Klimadiagrammen verbindet die rote Linie die Mitteltemperaturen der Monate Januar bis Dezember. Die blaue Linie stellt die mittleren monatlichen Niederschlagssummen dar. Diese Faktoren werden durch ihr Verhältnis zueinander für das Pflanzenwachstum wichtig.

Ist der Niederschlag größer als die Verdunstung, so ergibt sich ein feuchtes (humides) Klima. Die Flüsse führen ganzjährig Wasser. Den Pflanzen steht ohne wesentliche Unterbrechung genügend Wasser zur Verfügung. Im trockenen (ariden) Klima werden die gelegentlich oder spärlich fallenden Niederschläge durch die Verdunstung rasch wieder aufgezehrt. Das Wasser steht den Pflanzen entweder nur in Regenzeiten oder gar nicht zur Verfügung. Reicht die sommerliche Wärme zum Auftauen von Schnee und Eis nicht aus, so stellt sich ein nivales (Schnee-)-Klima ein. Eine Darstellung dieser Beziehungen zwischen Temperatur und Niederschlag wird nach Walter erreicht, wenn die Temperatur und der Niederschlag im Verhältnis 1:2 abgetragen werden. Für Niederschläge über 100 mm wird der Maßstab auf 1:20 verkleinert (s. S. 173).

Die wichtigste Wärmequelle der Erde ist die Sonne. Die von der Sonne zugeführte Strahlungsmenge hängt vom Einfallswinkel der Sonnenstrahlen ab. Sie ist deshalb in den verschiedenen geographischen Breiten und in den einzelnen Jahreszeiten verschieden. Das Klima einer Landschaft hängt aus diesen Gründen in erster Linie von seiner Breitenlage ab. In den gemäßigten und kalten Zonen wird das Klima durch den ausgeprägten Jahreszeitenwechsel und den Wechsel der Wetterlagen bestimmt, in der tropischen Zone bleibt die Temperatur das Jahr über ziemlich gleich. So entstehen Jahreszeiten- und Tageszeitenklimate.

Auch Relief und Höhenlage üben einen Einfluß auf das Klima aus. Vom Relief

1158 m ü.M. 15° 47′S und 47° 56′W
Jahresmittel 20,6 °C und 1544 mm
16 Jahre Zone Aw bzw. V_2

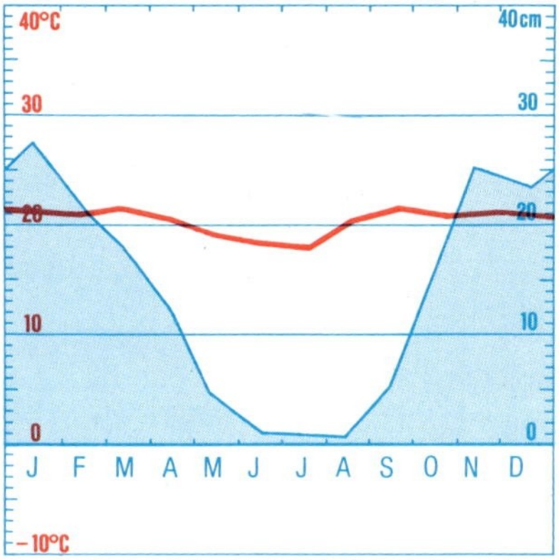

Brasília, normal

Brasília, nach Walter

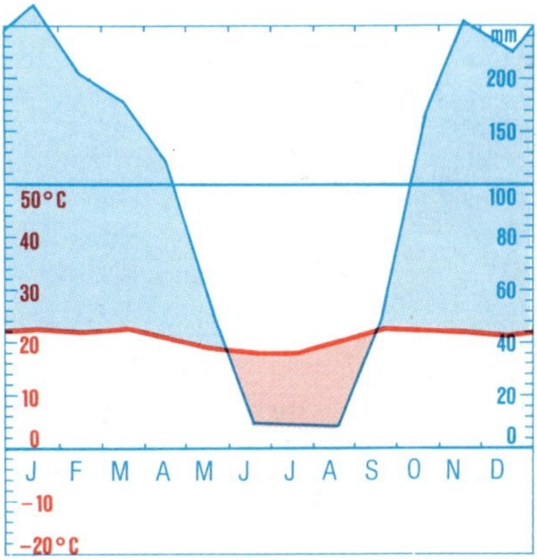

hängen die Niederschlagsverhältnisse ab, von der Höhenlage wird auch die Temperatur beeinflußt. Die Lage zum Meer bestimmt den Gegensatz zwischen Land- und Seeklima. Meeresferne Gebiete weisen vor allem in der gemäßigten Zone eine größere Jahresschwankung der Temperatur auf und sind trockener als die küstennahen Länder.

Das Wetter wird vor allem von verschiedenen Luftmassen bestimmt, deshalb hängt auch das Klima von ihnen ab. Ausschlaggebend dafür, welche Luftmassen einem Gebiet zugeführt werden, ist weitgehend dessen Lage. Bei einem regelmäßigen jahreszeitlichen Wechsel feuchter

°C	21,5	21,2	21,6	20,6	19,5	18,8	18,5	20,6	21,7	21,3	21,3	21,1
	J	F	M	A	M	J	J	A	S	O	N	D
mm	277	208	173	117	49	9	8	7	54	159	251	232

und trockener Luftmassen entstehen hygrische Jahreszeiten.

Bei der vorliegenden Klimagliederung nach Troll / Paffen (vgl. S. 6/7) werden die Vegetation und die Jahreszeiten besonders berücksichtigt. Es werden fünf Hauptklimazonen ausgegliedert, die sich aus der Zusammenschau der Beleuchtungsjahreszeiten, der thermischen und der hygrischen Jahreszeiten ergeben. Insgesamt sind 34 Klimadiagramme erläutert. Sie repräsentieren jeweils einen Klimatyp. Auf die Erläuterung des Eisklimas wurde verzichtet. Die Auswahl der übrigen Klimastationen erfolgte nach den Gesichtspunkten der Streuung über alle Klimazonen und der Berücksichtigung aller Staaten bzw. deren Hauptstädte.

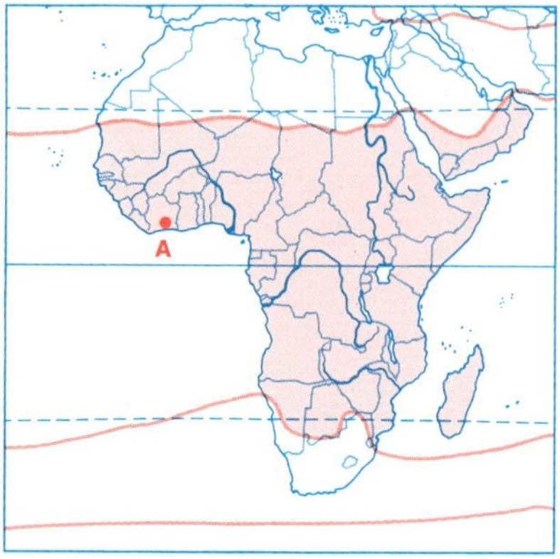

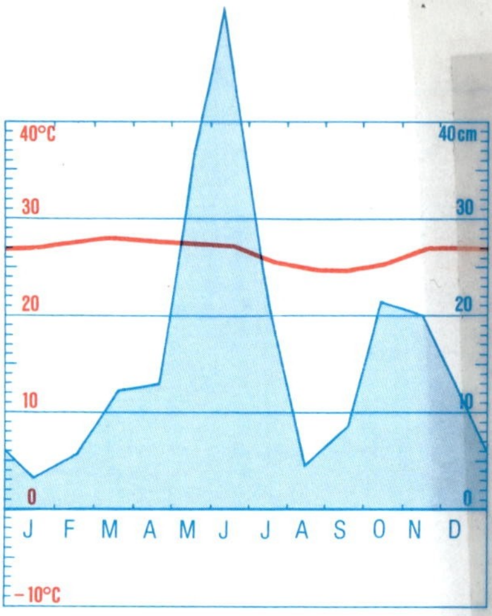

Abidjan / Elfenbeinküste | 26 Jahre | Zone V_1 bzw. Aw

7 m ü.M. | 5° 1′N und 4° 1′W | Jahresmittel 26,7 °C und 2069 mm

°C	27,0	27,7	28,0	27,9	27,4	25,9	25,2	24,7	25,4	26,3	27,1	27,2
	J	F	M	A	M	J	J	A	S	O	N	D
mm	31	55	117	123	359	552	213	45	71	217	198	88

°C	25,7	25,7	26,2	26,8	28,2	28,2	28,4	28,3	27,6	27,6	27,0	26,1
	J	F	M	A	M	J	J	A	S	O	N	D
mm	9	1	–	–	29	430	216	246	360	170	3	11

3 m ü.M. | 16° 50′N und 99° 56′W | Jahresmittel 27,1 °C und 1504 mm

Acapulco / Mexiko | 15 Jahre | Zone V_3 bzw. Aw

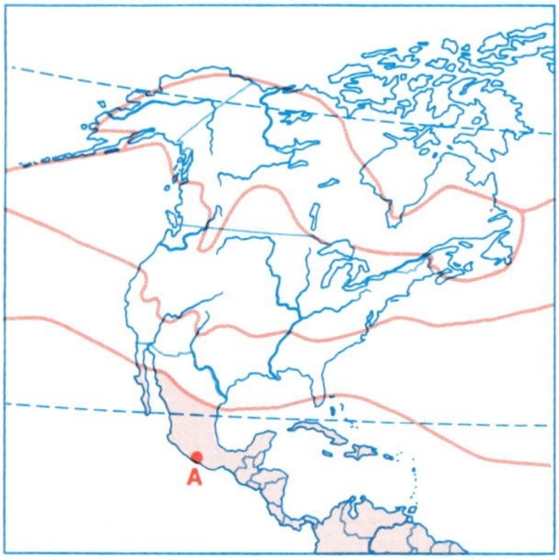

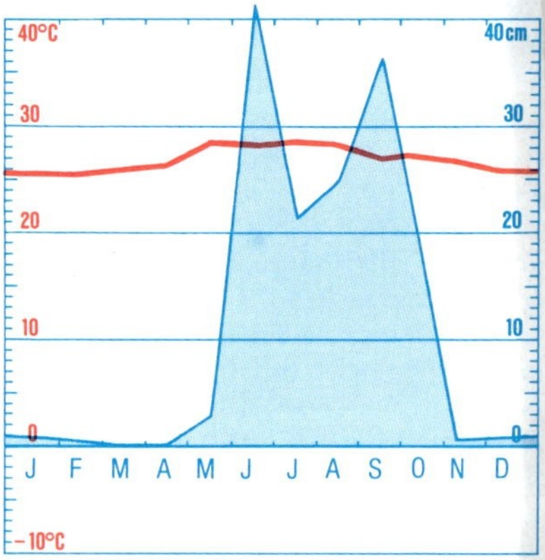

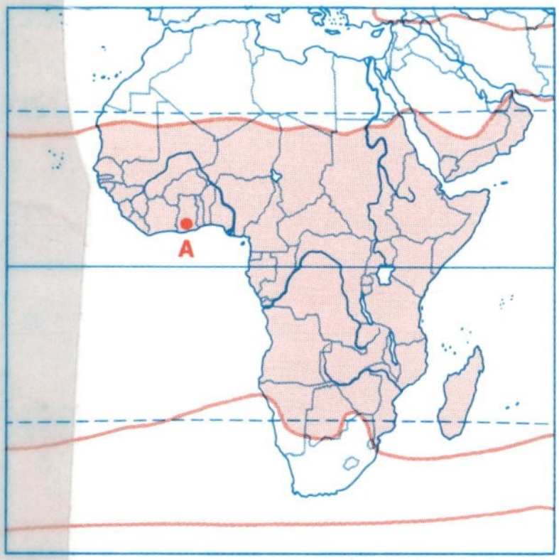

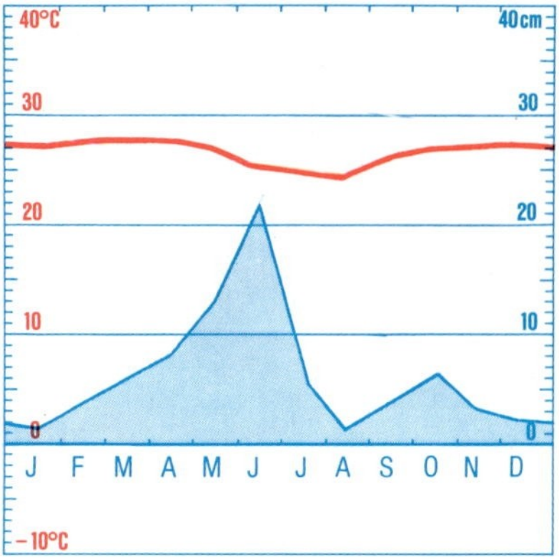

Accra / Ghana — 65 Jahre — Zone V_2 bzw. Aw

59 m ü.M. — 5° 37′N und 0° 10′W — Jahresmittel 26,4 °C und 775 mm

	J	F	M	A	M	J	J	A	S	O	N	D
°C	27,3	27,6	27,7	27,6	27,1	25,5	24,7	24,3	25,3	26,1	27,1	27,2
mm	17	36	60	83	132	215	52	17	40	65	36	23

	J	F	M	A	M	J	J	A	S	O	N	D
°C	15,1	16,3	17,4	17,3	17,8	16,4	15,1	15,0	15,3	15,1	14,8	14,7
mm	18	21	73	90	56	110	245	260	176	47	11	15

2407 m ü.M. — 9° 2′N und 38° 44′E — Jahresmittel 15,9 °C und 1120 mm

Addis Abeba / Äthiopien — 17 Jahre — Zone V_2 bzw. Cw

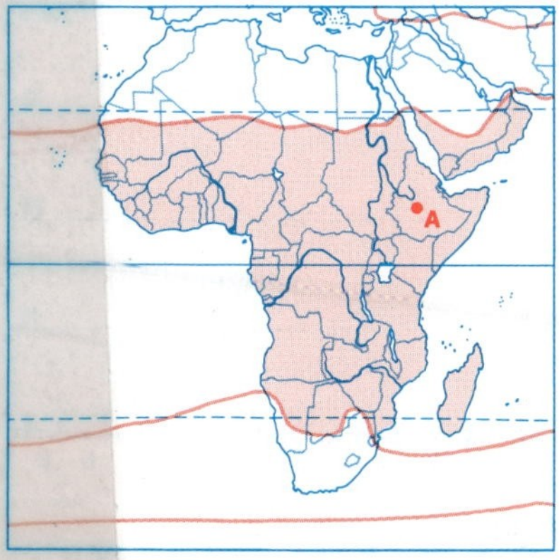

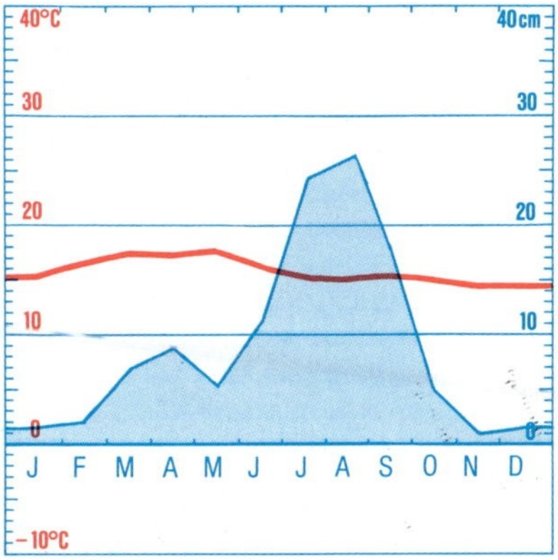

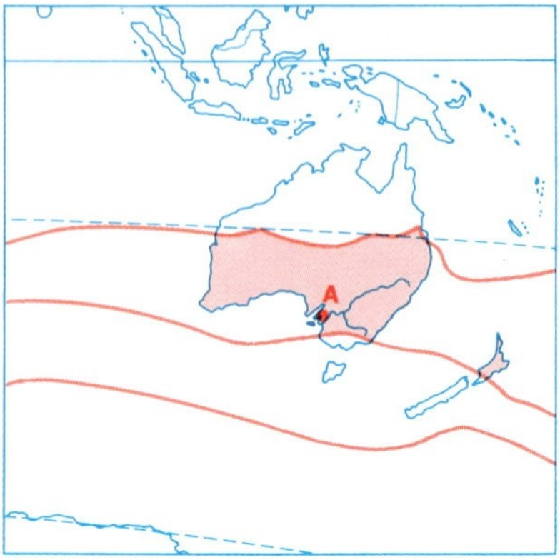

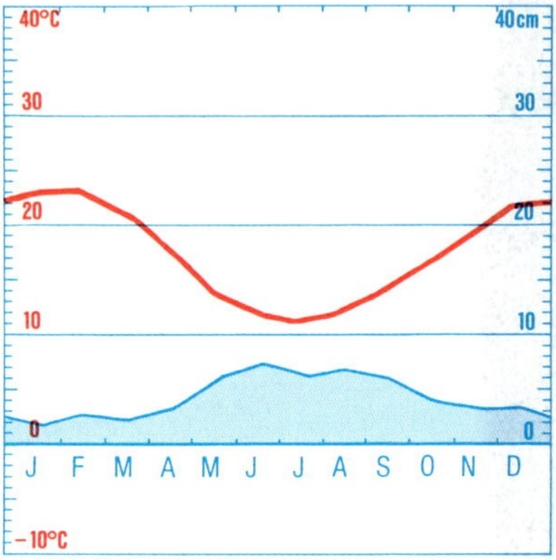

Adelaide / Australien 30 Jahre Zone IV_1 bzw. Cs

43 m ü.M. 34° 56′S und 138° 35′E Jahresmittel 17,3 °C und 536 mm

°C	22,7	23,2	21,2	17,6	13,8	12,1	11,4	12,4	14,2	16,7	19,3	21,5
	J	F	M	A	M	J	J	A	S	O	N	D
mm	19	28	22	37	63	74	63	66	61	39	31	32

°C	25,6	26,1	27,2	28,3	30,6	32,8	32,2	31,7	32,2	28,9	27,2	26,1
	J	F	M	A	M	J	J	A	S	O	N	D
mm	7	3	6	–	1	–	3	2	7	1	3	6

7 m ü.M. 12° 50′N und 45° 1′E Jahresmittel 28,9 °C und 39 mm

Aden / Südyemen 20 Jahre Zone V_5 bzw. BW

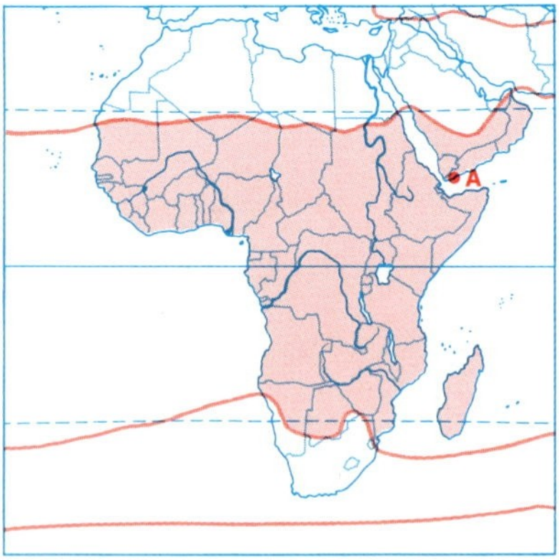

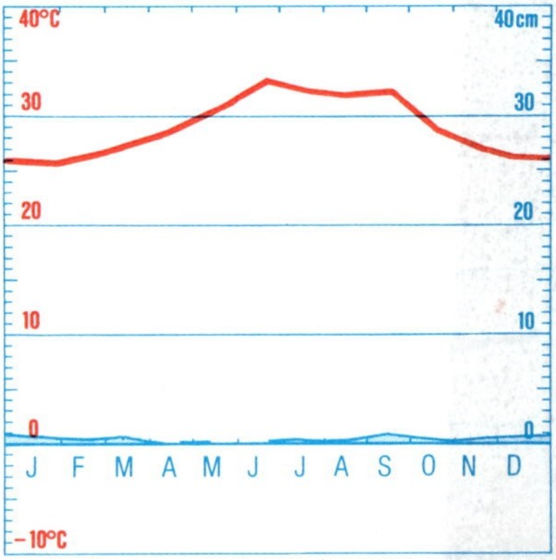

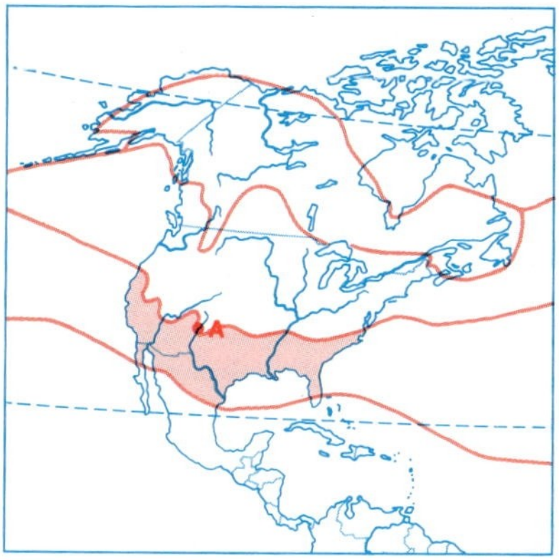

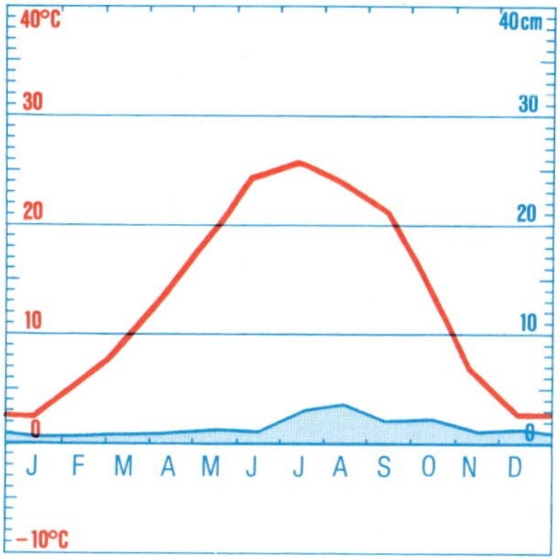

Albuquerque / USA | 21 Jahre | Zone III_7 bzw. BS

1564 m ü.M. | 35° 6′N und 106° 37′W | Jahresmittel 13,9 °C und 200 mm

°C	2,2	4,7	7,9	13,3	18,6	24,0	25,9	24,8	21,5	14,7	6,8	2,8
	J	F	M	A	M	J	J	A	S	O	N	D
mm	8	9	12	12	17	13	31	33	20	21	9	13

In den Hochländern von Inneranatolien, im westlichen Hochland von Pamir, im nördlichen Hindukusch und in den südlichen Rocky Mountains herrscht ein kühlgemäßigtes Waldklima mit trockenen Sommern. Die Verbreitungsgebiete dieses Klimatyps liegen zwar innerhalb des Trockengürtels der kühlgemäßigten Zone, aber sie erhalten im Winter ausreichend Niederschlag für einen sommergrünen Laubmischwald.

Der winterliche Niederschlag kommt durch Aufgleitvorgänge zwischen feuchter Meeresluft, die vom Pazifik bzw. Atlantik mit der Westströmung herangeführt wird, und kalter Festlandluft zustande. Deshalb liegt die Klimaprovinz vor allem auf der Westseite der Gebirge und in Höhenlagen über 500 m. Im Sommer steht die Region unter der Einwirkung trockenwarmer, subtropischer Luft.

Albuquerque liegt im Tal des Rio Grande im Staat New Mexico. Die Sommer sind lang und sehr warm bis heiß. Das absolute Maximum der Temperatur beträgt 40 °C. Im kühlen Winter sinken die Monatsdurchschnittstemperaturen nicht unter 0 °C. Die jährliche Temperaturschwankung wird dadurch abgeschwächt. Sie ist in den anderen Typen des kühlgemäßigten Waldklimas höher. Im Winter kann aber die Temperatur bei Einbrüchen polarer Kaltluft bis auf −20 °C absinken.

Die Niederschlagsverteilung weicht in Albuquerque vom winterfeuchten Typ insofern ab, als das Niederschlagsmaximum in die Sommermonate fällt. Das hat seine Ursache in der Tallage der Stadt. Im Winter bringen Tiefausläufer vom Pazifik feuchte Luft heran. Für diese regenbringenden West- und Nordweströmungen liegt Albuquerque im Lee. Demgegenüber kann im Sommer aus dem Golf von Mexiko feuchtwarme Luft das Tal des Rio Grande aufwärts vordringen. Dort kommt es zu Stau- und Aufgleitniederschlägen. Bei den hohen Sommertemperaturen ist der Wasserhaushalt arid.

Sehr warme bis heiße, trockene Sommer, kühle regenreiche Winter. Sommergrüner Laubwald.

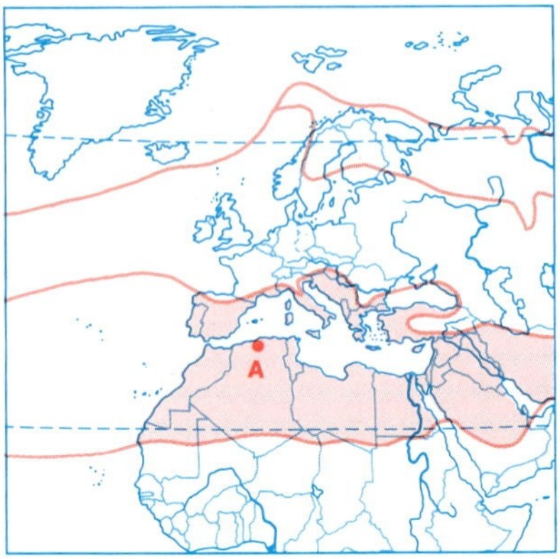

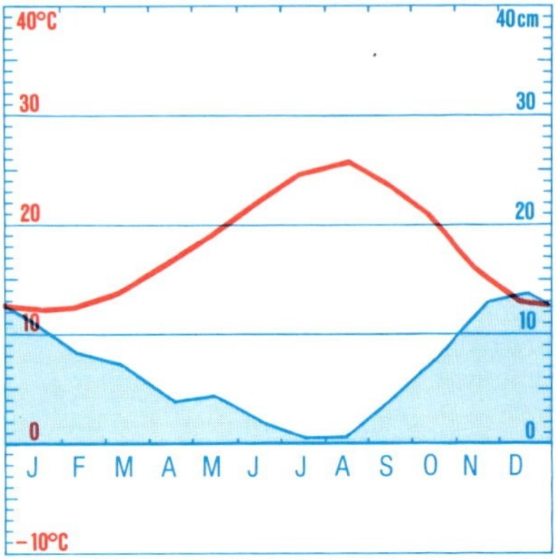

Algier / Algerien — 59 m ü.M. — 36° 46′N und 3° 3′E

25 Jahre — Zone IV_1 bzw. Cs — Jahresmittel 18,3 °C und 762 mm

	J	F	M	A	M	J	J	A	S	O	N	D
°C	12,1	12,8	14,2	16,2	18,8	22,1	24,7	25,6	23,8	20,1	16,1	13,0
mm	113	84	74	41	46	15	2	4	40	78	129	136

	J	F	M	A	M	J	J	A	S	O	N	D
°C	−6,7	−5,1	1,6	10,8	16,0	20,4	23,3	22,3	17,4	10,0	−0,1	−5,4
mm	26	32	64	89	99	59	35	23	25	46	48	35

847 m ü.M. — 43° 15′N und 76° 57′E — Jahresmittel 8,7 °C und 281 mm

Alma Ata / SU — 30 Jahre — Zone III_{10} bzw. Df

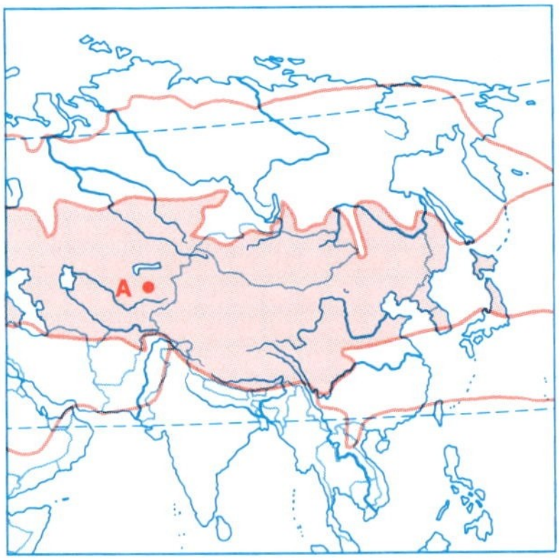

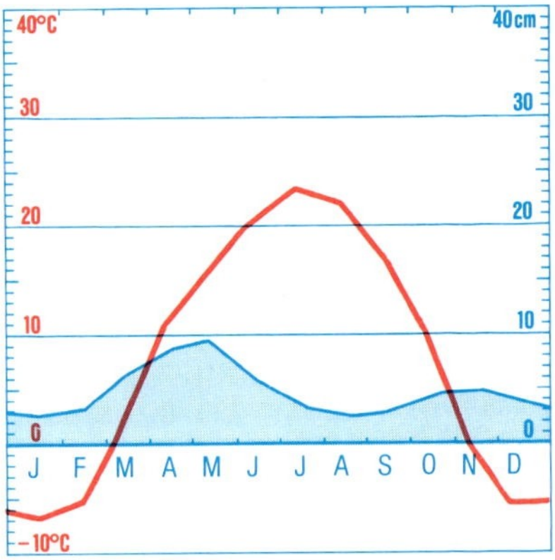

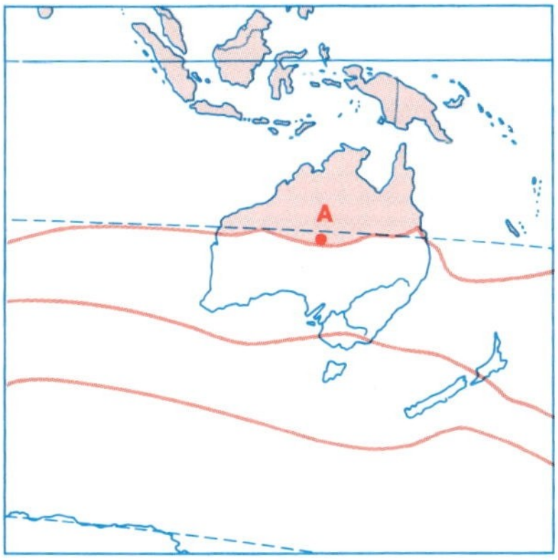

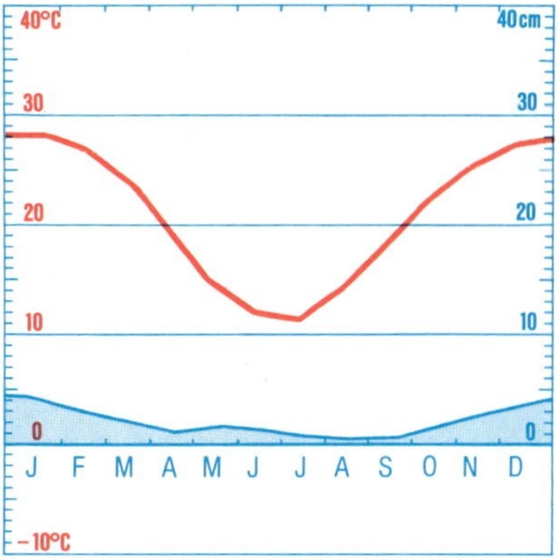

Alice Springs / Australien — 30 Jahre — Zone V_5 bzw. BS

579 m ü.M. — 23° 28′S und 133° 35′E — Jahresmittel 20,6 °C und 252 mm

	J	F	M	A	M	J	J	A	S	O	N	D
°C	28,1	27,5	24,7	19,8	15,3	12,3	11,6	14,3	18,2	22,8	25,5	27,4
mm	44	34	28	10	15	13	7	8	7	18	29	39

Alice Springs liegt im tropischen Halbwüsten- und Wüstenklima Australiens. Die Sommer sind heiß, das mittlere Temperaturmaximum beträgt im Januar 41,7 °C. Im mäßig warmen Winter fällt das mittlere Minimum im Juli auf −2,8 °C, das mittlere Maximum liegt jedoch bei 26,7 °C. Infolge der Wolkenarmut treten zwischen Tag und Nacht hohe Temperaturgegensätze auf. Temperaturschwankungen von über 30 °C sind nicht selten. Dagegen ist die jährliche Temperaturamplitude von 16,5 °C relativ gering.

Die geringen Niederschläge fallen vorwiegend in den Sommermonaten November bis März. Sie unterliegen aber starken jährlichen Schwankungen. Es gibt Jahre, in denen der Regen ausbleibt und solche, in denen er reichlich fällt. Der maximale Jahresniederschlag beträgt sogar 726 mm. In diesen Jahren reicht die innertropische Zone der feuchtwarmen Luftmassen weit nach Süden. In den trockenen Jahren bleibt das Innere Australiens auch im Sommer im Einflußbereich des warmtrockenen Südostpassats.

Nach einem tropischen Gewitterregen grünt und blüht die Halbwüste für einige Tage. Nur wenige Stellen der Wüste sind vegetationsfrei. Durch vielfältige Anpassungen ist es manchen Pflanzen möglich, die unzureichende und sehr unterschiedliche Menge verfügbaren Niederschlagswassers auszunutzen. In den Halbwüsten wachsen Gräser, Kräuter, Sukkulente, Dornsträucher und salzliebende Pflanzen.

Die Wüstengürtel der Tropen schließen sich äquatorwärts unmerklich an die Wüsten und Halbwüsten der warmgemäßigten Subtropen an. Es gehören in Südamerika nur kleinere Areale an der Pazifikküste in Peru und in Nordostbrasilien dazu. In der Alten Welt reicht der tropische Wüstengürtel vom Sahel in Nordafrika bis nach Südarabien. Der nördliche Teil von Zentralaustralien ist Halbwüste.

Heiße Sommer, mäßig warme Winter; sehr geringer Jahresniederschlag. Halbwüste bzw. Wüste.

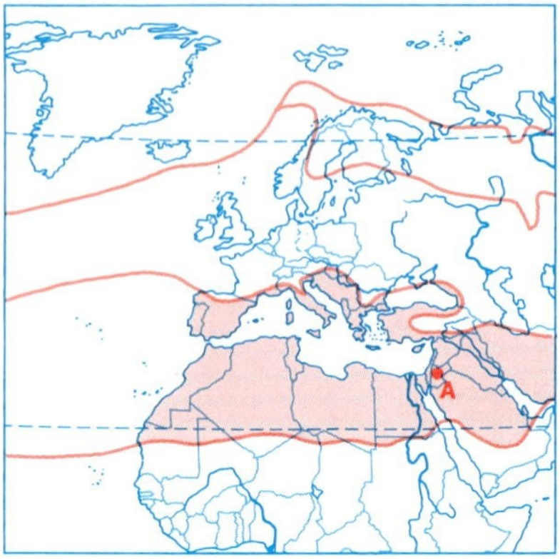

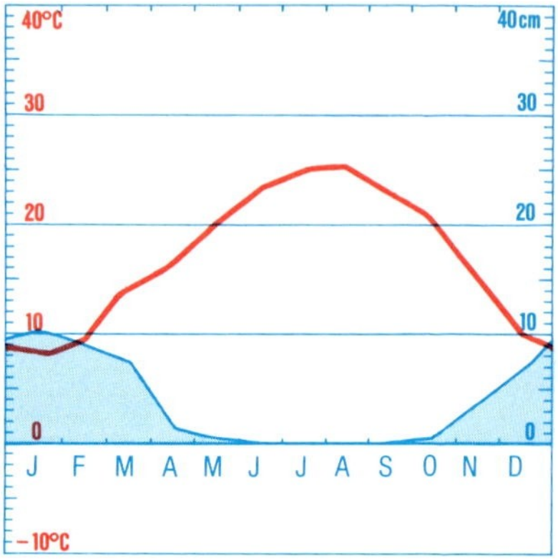

Amman / Jordanien — 23 Jahre — Zone IV_2 bzw. BW

821 m ü.M. — 31° 57′N und 35° 55′E — Jahresmittel 17,7 °C und 416 mm

	J	F	M	A	M	J	J	A	S	O	N	D
°C	8,2	9,3	14,1	16,2	20,8	23,6	25,2	25,6	23,5	20,7	15,3	10,1
mm	105	93	75	16	6	–	–	–	–	6	42	74

	J	F	M	A	M	J	J	A	S	O	N	D
°C	-21,4	-21,9	-19,8	-12,2	-3,2	5,4	10,8	9,6	4,0	-5,2	-14,2	-20,1
mm	21	14	16	13	9	13	39	46	26	27	17	19

62 m ü.M. — 64° 41′N und 177° 32′E — Jahresmittel -7,4 °C und 260 mm

Anadyr / SU — 30 Jahre — Zone I_3 bzw. Df

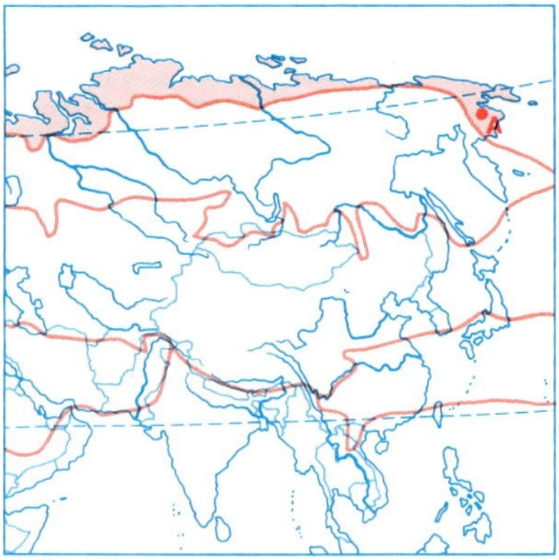

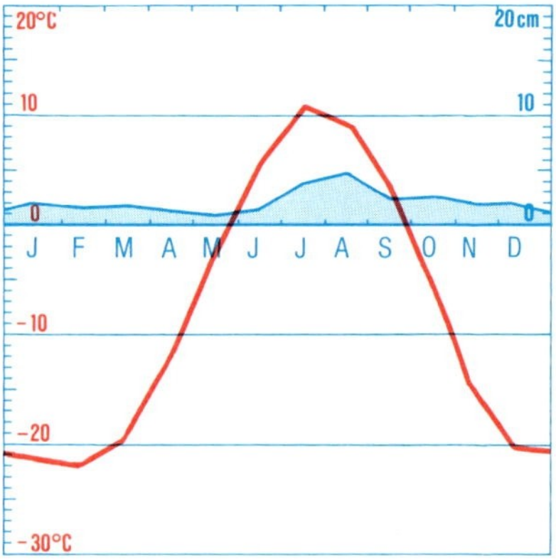

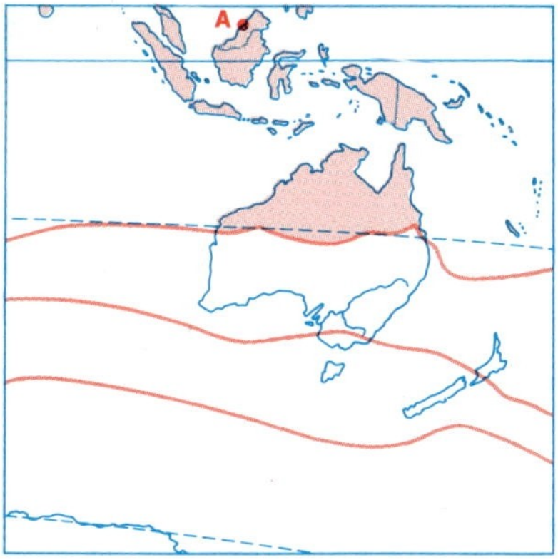

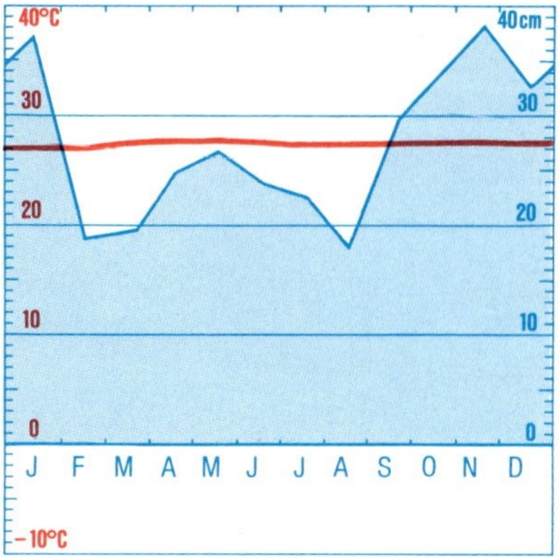

Anduki / Brunei — 12 Jahre — Zone V_1 bzw. Af

2 m ü.M. — 4° 38′N und 144° 22′E — Jahresmittel 27,5 °C und 3327 mm

	J	F	M	A	M	J	J	A	S	O	N	D
°C	26,9	26,9	27,2	27,8	27,8	27,8	27,5	27,5	27,8	27,5	27,5	27,5
mm	371	193	198	249	277	241	229	185	300	368	386	330

	J	F	M	A	M	J	J	A	S	O	N	D
°C	−0,7	0,5	4,8	11,2	16,3	20,1	23,2	23,3	18,5	13,1	7,5	2,2
mm	33	31	33	31	49	26	12	10	15	23	31	48

895 m ü.M. — 39° 57′N und 32° 53′E — Jahresmittel 11,7 °C und 341 mm

Ankara / Türkei — 25 Jahre — Zone III_{10} bzw. Cs

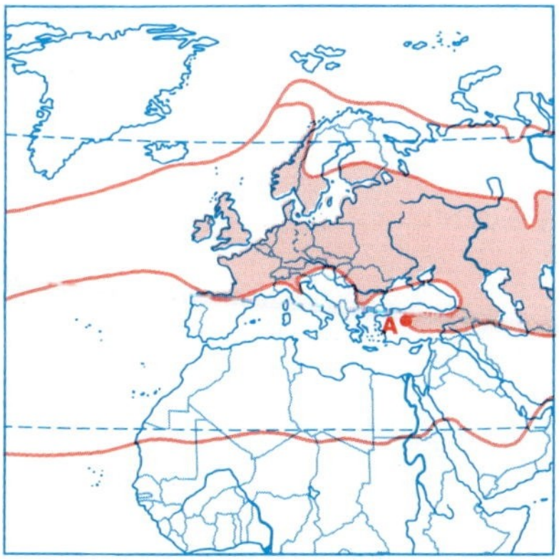

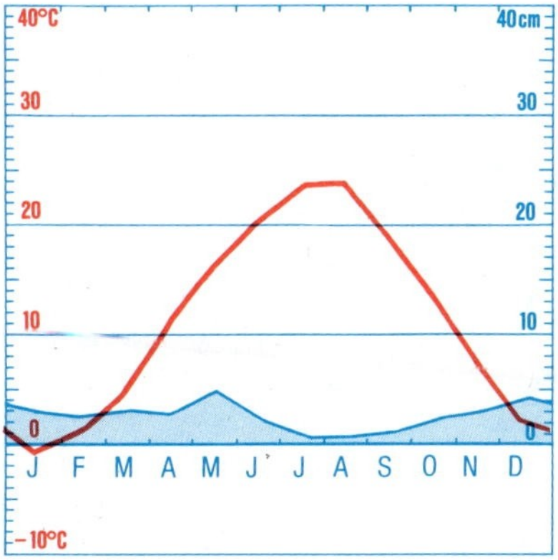

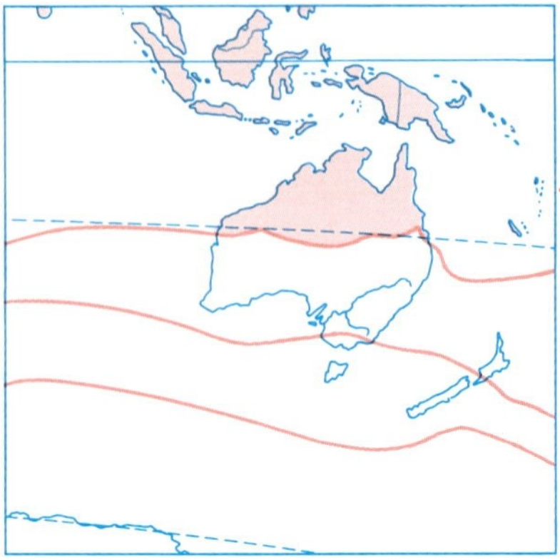

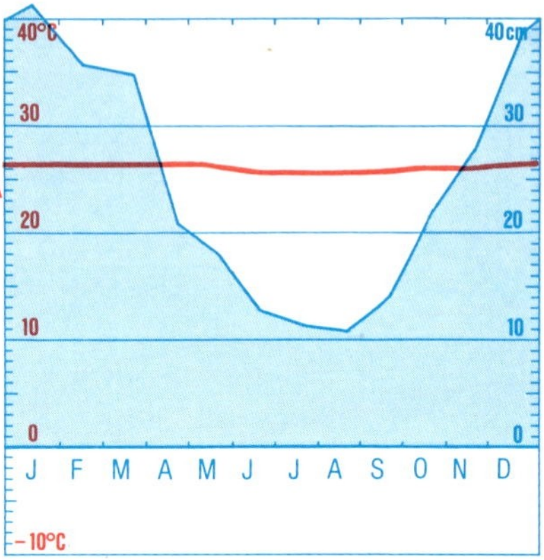

Apia / Westsamoa — 31 Jahre — Zone V_1 bzw. Aw

6 m ü.M. — 13° 50'S und 171° 44'W — Jahresmittel 26,2 °C und 2928 mm

	J	F	M	A	M	J	J	A	S	O	N	D
°C	26,4	26,4	26,4	26,4	26,2	25,8	25,7	25,7	25,9	26,2	26,2	26,4
mm	424	363	352	214	186	130	115	111	147	221	279	385

	J	F	M	A	M	J	J	A	S	O	N	D
°C	26,1	26,0	27,5	26,9	27,0	26,1	25,3	24,7	24,5	24,5	24,2	25,4
mm	4	7	24	20	10	14	12	11	9	3	4	4

17 m ü.M. — 7° 55'S und 14° 25'W — Jahresmittel 25,7 °C und 122 mm

Ascension (brit.) — 30 Jahre — Zone V_5 bzw. BW

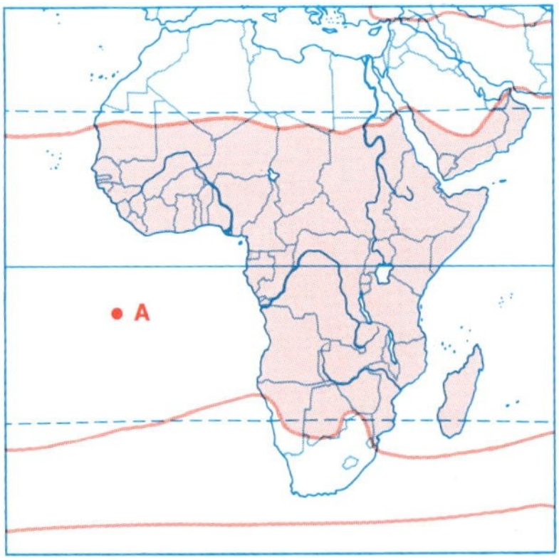

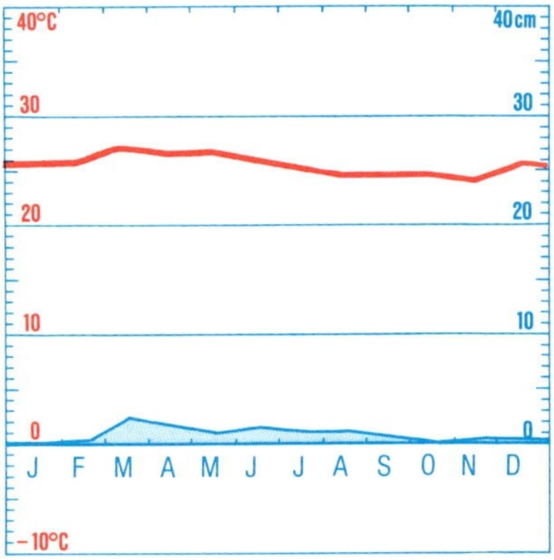

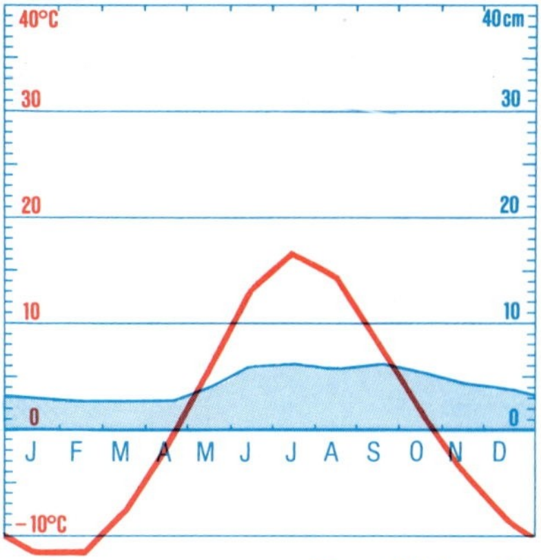

Archangelsk / SU | 30 Jahre | Zone II_2 bzw. Df

13 m ü.M. | 64° 34′N und 40° 32′E | Jahresmittel 1,4 °C und 539 mm

°C	-11,7	-11,7	-8,1	-0,1	5,9	13,0	16,3	14,5	8,3	1,9	-3,4	-8,6
	J	F	M	A	M	J	J	A	S	O	N	D
mm	33	28	28	28	39	59	63	57	66	55	44	39

An der Mündung der Nördlichen Dwina in das Weiße Meer liegt Archangelsk. Die Jahresschwankung der Temperatur beträgt in diesem kontinentalen Borealklima 28,2 °C. Der Sommer ist zwar nur mäßig warm, aber im Winter sinken die Temperaturen unter dem Einfluß der großen Kontinentalmasse stark ab. Das absolute Minimum der Temperatur beträgt –45 °C, und das mittlere Minimum der Januartemperatur liegt bei –34,6 °C. Über einer geschlossenen Schneedecke kühlt das Land im Winter sehr stark aus. Außerdem stößt polare Kaltluft über das zugefrorene Nördliche Eismeer weit nach Süden vor. Das Frühjahr ist auf den Monat Mai beschränkt. Während der hellen Nächte von Mitte Mai bis Ende Juli erreichen die Temperaturen ein mittleres Maximum von 28,5 °C im Juli. Südostwinde führen dann warme Kontinentalluft in den Norden. Nach einem kurzen Herbst setzt bereits im Oktober der Winter ein. Die Tagesschwankungen der Temperatur sind zu allen Jahreszeiten deutlich ausgeprägt. Im Frühjahr und im Herbst treten regelmäßig Nachtfröste auf, ja sogar in den Sommermonaten sinkt die Temperatur nicht selten unter den Gefrierpunkt. Der Jahresniederschlag ist mäßig, weil sowohl die kalte Polarluft als auch die warme Festlandluft verhältnismäßig wasserdampfarm ist. In den Sommermonaten fällt etwa die doppelte Menge Niederschlag wie im Winter, weil dann Aufgleitvorgänge zunehmen. Im Winter fällt der Niederschlag als Schnee. Die dünne Schneedecke bleibt von Oktober bis Mai. Infolge der tiefen Wintertemperaturen dauert die Wachstumszeit nur 100 bis 150 Tage. Auf dem Dauerfrostboden wachsen Kiefern und nach Osten und Norden zunehmend Fichten. Als einzige Laubbäume dieser Kiefern-Fichten-Taige mischen sich Birken, Erlen und Espen dazwischen. Während der Sommermonate sind die Böden sehr feucht. Der Wasserhaushalt ist seminival bis semihumid.

Mäßig warme bis warme Sommer, kurze Übergangsjahreszeiten, lange kalte Winter. Nadelwald.

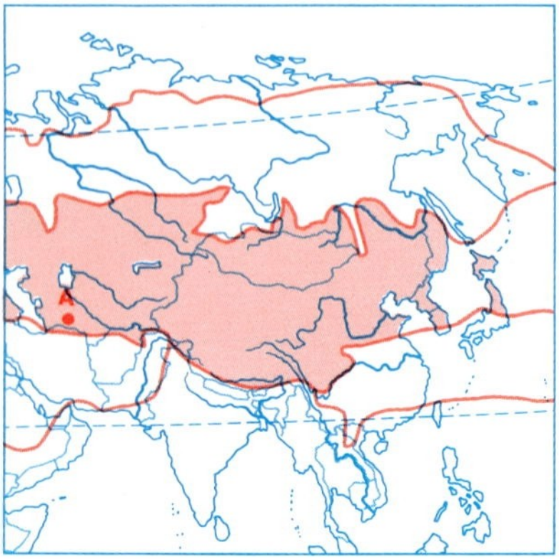

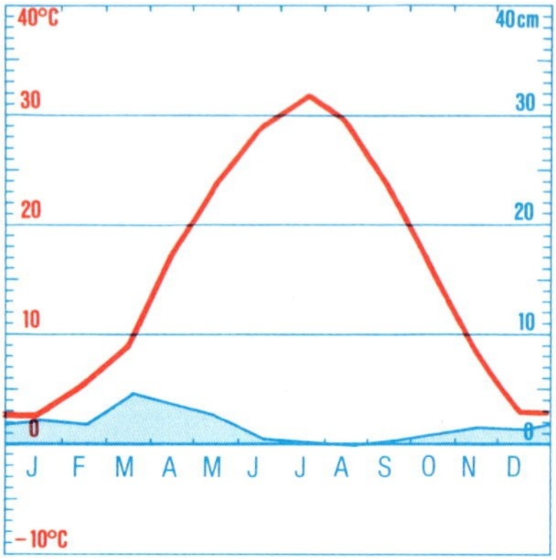

Aschchabad / SU — 30 Jahre — Zone III_{12} bzw. BS

230 m ü.M. — 37° 58′N und 58° 20′E — Jahresmittel 16,2 °C und 210 mm

	J	F	M	A	M	J	J	A	S	O	N	D
°C	2,1	4,7	8,8	16,3	23,3	28,6	31,2	29,3	23,5	15,9	7,7	2,8
mm	22	21	44	38	28	6	2	1	3	11	15	19

	J	F	M	A	M	J	J	A	S	O	N	D
°C	−6,9	−5,8	0,2	9,3	17,7	22,5	25,1	23,3	17,1	9,9	2,3	−3,5
mm	11	11	9	15	21	21	17	13	17	11	12	17

18 m ü.M. — 46° 21′N und 48° 3′E — Jahresmittel 9,3 °C und 175 mm

Astrachan / SU — ? Jahre — Zone III_{12} bzw. BS

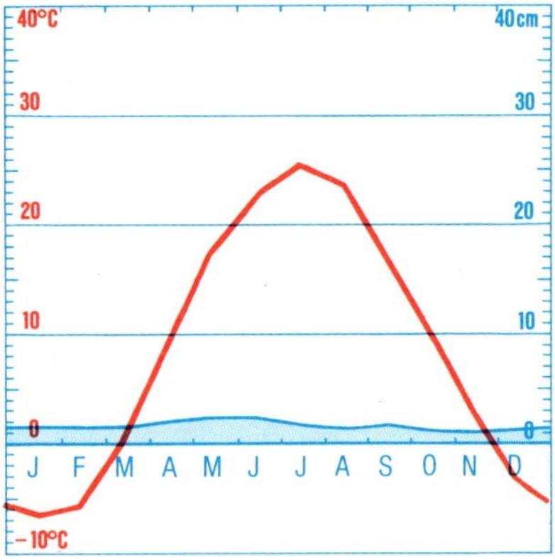

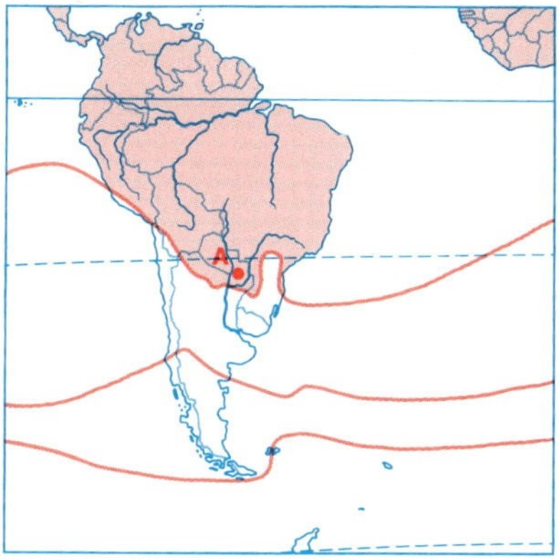

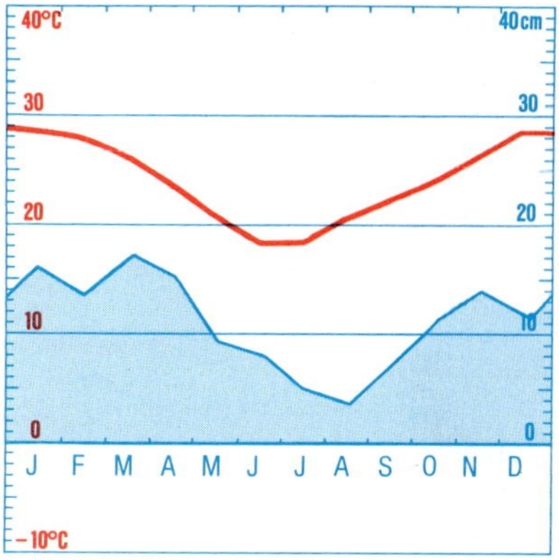

Asunción / Paraguay — 21 Jahre — Zone V_1 bzw. Cw

119 m ü.M. — 25° 17′S und 57° 39′W — Jahresmittel 24,0 °C und 1316 mm

	J	F	M	A	M	J	J	A	S	O	N	D
°C	28,9	28,3	26,3	23,7	20,9	18,6	18,4	20,6	22,1	24,7	26,7	28,8
mm	159	134	174	154	93	79	48	35	75	110	139	116

	J	F	M	A	M	J	J	A	S	O	N	D
°C	9,3	9,9	11,3	15,3	20,0	24,6	27,6	27,3	23,5	19,0	14,7	11,0
mm	62	37	38	23	23	14	6	7	15	51	56	71

107 m ü.M. — 37° 58′N und 23° 43′E — Jahresmittel 17,8 °C und 401 mm

Athen / Griechenland — 30 Jahre — Zone IV_1 bzw. Cs

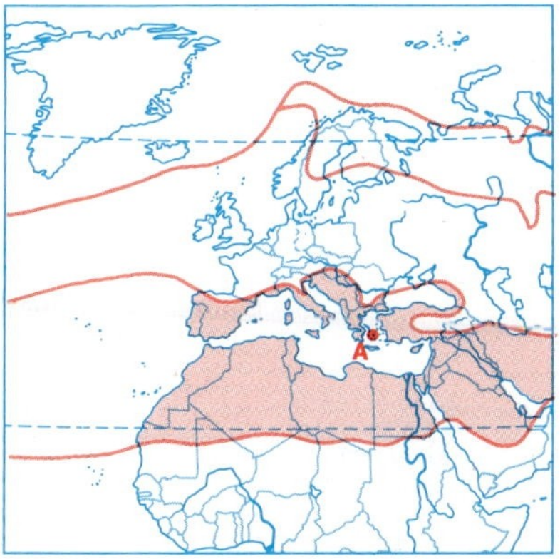

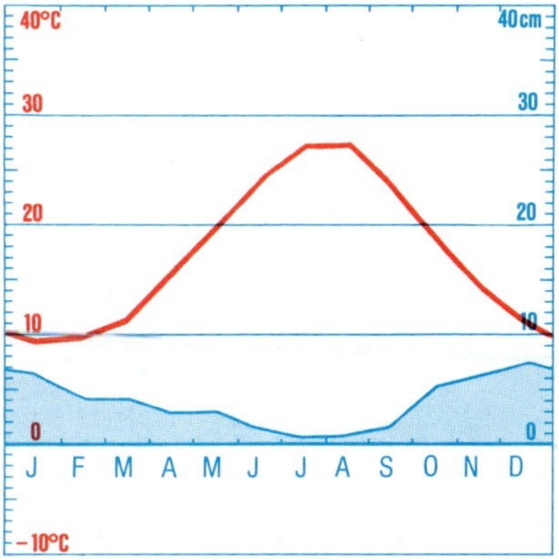

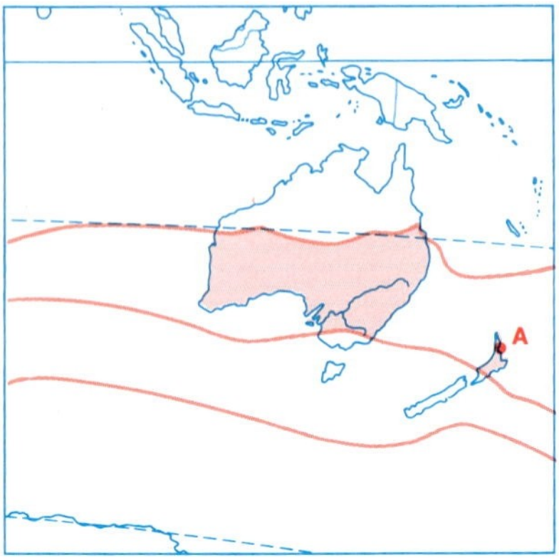

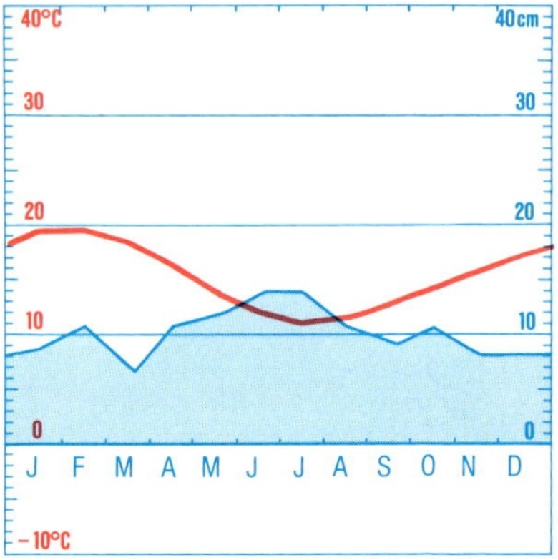

Auckland / Neuseeland — 30 Jahre — Zone IV_7 bzw. Cf

49 m ü.M. — 36° 51′S und 174° 46′E — Jahresmittel 15,1 °C und 1242 mm

	J	F	M	A	M	J	J	A	S	O	N	D
°C	19,2	19,6	18,4	16,4	13,8	11,8	10,8	11,3	12,6	14,3	15,9	17,7
mm	84	104	71	109	122	140	140	109	97	107	81	79

	J	F	M	A	M	J	J	A	S	O	N	D
°C	9,8	12,9	15,4	21,6	27,7	31,8	34,2	33,9	30,3	24,8	17,6	11,3
mm	24	29	29	13	3	0	–	–	0	3	19	28

10 m ü.M. — 33° 20′N und 44° 24′E — Jahresmittel 22,8 °C und 149 mm

Bagdad / Irak — 20 Jahre — Zone IV_5 bzw. BW

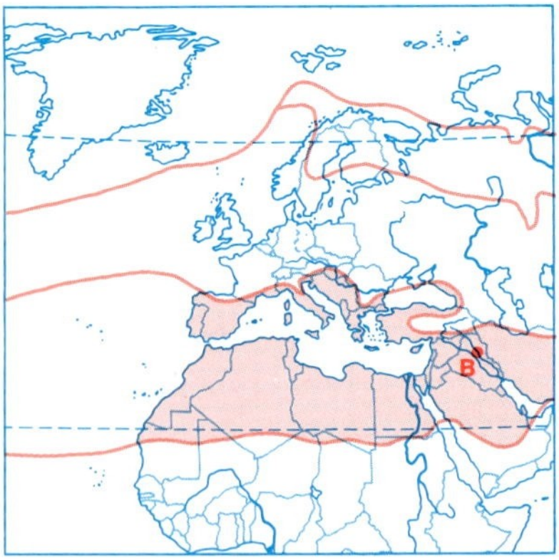

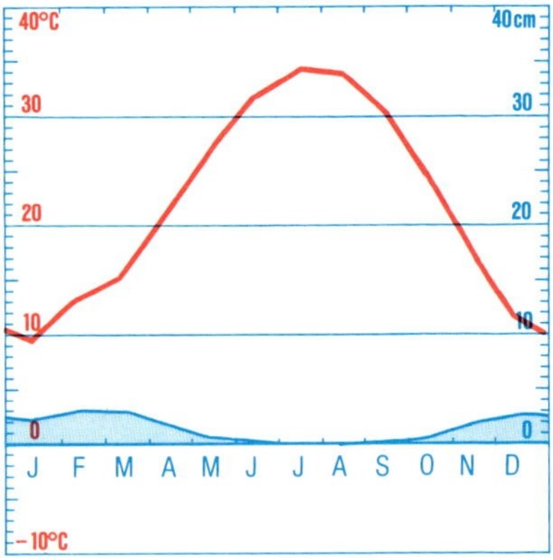

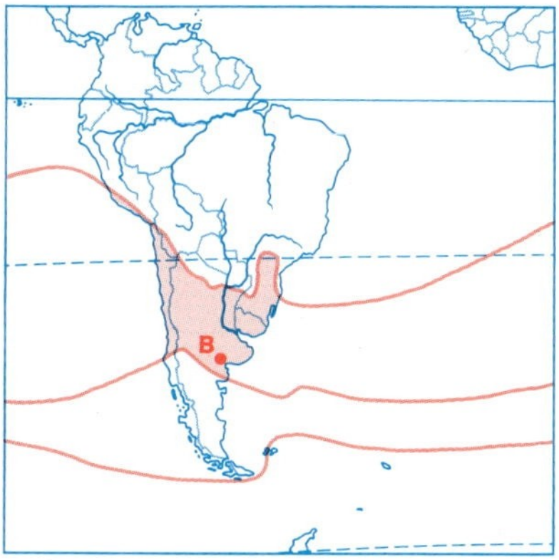

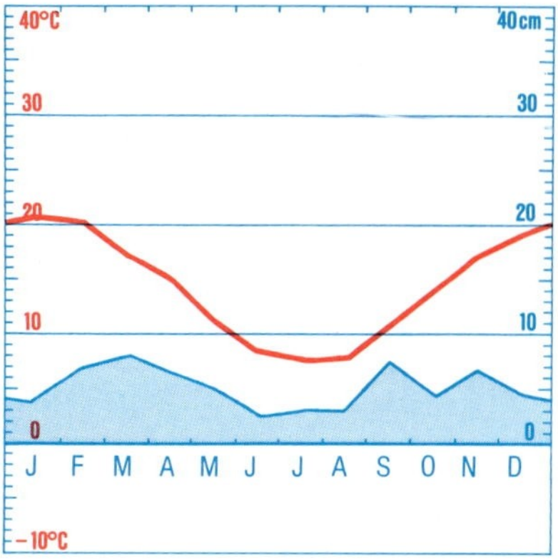

Bahia Blanca / Argentinien — 10 Jahre — Zone IV_4 bzw. Cf

9 m ü.M. — 39° 0′S und 61° 16′W — Jahresmittel 14,2 °C und 633 mm

	J	F	M	A	M	J	J	A	S	O	N	D
°C	20,4	20,3	17,6	15,2	11,2	8,4	7,5	7,7	10,9	14,0	17,1	19,6
mm	40	69	83	67	53	25	30	29	78	47	68	44

	J	F	M	A	M	J	J	A	S	O	N	D
°C	17,4	18,3	21,2	25,6	29,6	32,0	33,8	34,3	32,5	29,0	24,5	19,2
mm	16	15	11	6	1	-	-	-	-	-	9	18

2 m ü.M. — 26° 16′N und 50° 37′E — Jahresmittel 26,5 °C und 76 mm

Bahrain / Bahrain — 30 Jahre — Zone IV_5 bzw. BW

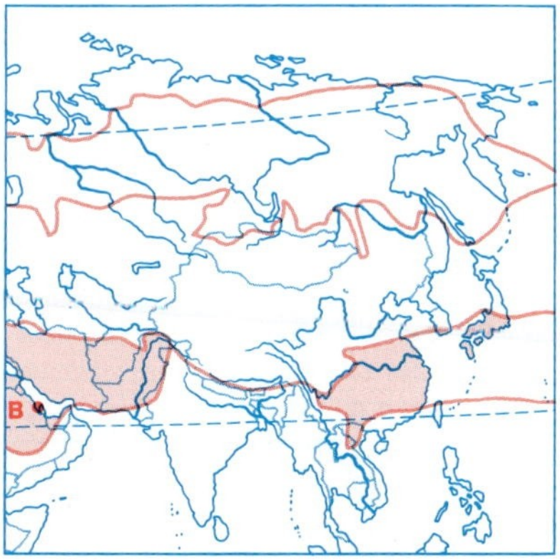

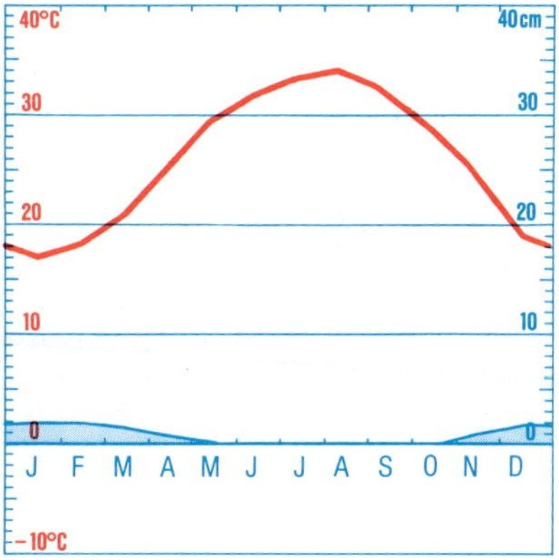

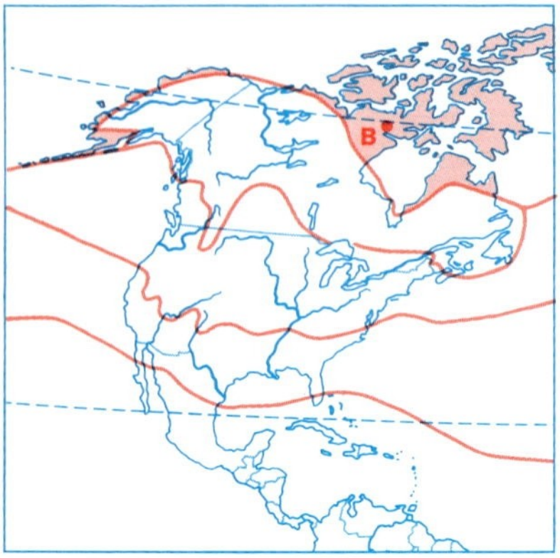

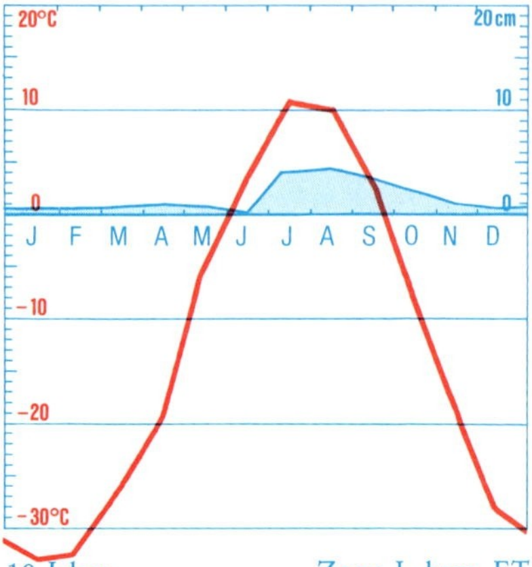

Baker Lake/Kanada | 10 Jahre | Zone I_3 bzw. ET

? m ü.M. | 54° 10'N und 95° 30'W | Jahresmittel -11,9 °C und 208 mm

	J	F	M	A	M	J	J	A	S	O	N	D
°C	-33,0	-32,8	-26,3	-19,2	-5,8	3,9	10,7	10,0	2,8	-7,5	-20,0	-28,2
mm	5	4	6	9	8	21	40	45	34	20	9	7

Baker Lake liegt in den Nordwestgebieten Kanadas etwa 300 km westlich der Hudson Bay am Thelon Fluß. Das subpolare Tundrenklima hat kühle bis milde Sommer mit Monatsdurchschnittstemperaturen bis 10 °C und kalte bis sehr kalte Winter. Die Durchschnittstemperaturen der Monate Oktober bis April liegen unter -8 °C. Die Jahresschwankung der Temperatur ist mit 43,6 °C sehr hoch. Die ausgeprägten thermischen Jahreszeiten entsprechen der halbjährlichen Schwankung der Sonneneinstrahlung. Von April bis September sind die Tage länger als 12 Stunden. Der längste Tag dauert 18,5 Stunden. In der zweiten Jahreshälfte nimmt die Tageslänge bis auf wenige Stunden im Dezember ab. Da ein regelmäßiger Wechsel von Tag und Nacht vorliegt, stellt sich auch eine tägliche Temperaturschwankung ein. Sie ist in den Übergangsjahreszeiten bei geringer Bewölkung deutlicher ausgeprägt als zur Zeit der hellen Nächte von Mitte Mai bis Ende Juni. In den sehr kurzen Übergangsjahreszeiten Mai/Juni sowie September/Oktober wird täglich zweimal die Gefriergrenze unterschritten. Der geringe Niederschlag fällt vorwiegend in den Sommermonaten. In dieser Jahreszeit nimmt die Luftfeuchtigkeit durch stärkere Verdunstung zu. Außerdem bringen gelegentlich feuchtere Luftmassen der Mittelbreiten Aufgleitniederschläge. Insgesamt überwiegen Nordwinde, die kalte und trockene Polarluft heranführen. Eine geschlossene Schneedecke liegt zwischen Oktober und März. In der kurzen frostfreien Jahreszeit im Juli und August entfaltet sich die Vegetation der Tundra. Moose, Flechten, Gräser und ausdauernde Kräuter und Zwergsträucher bilden eine Pflanzen- und Humusdecke. Der Dauerfrostboden taut nur oberflächlich auf. Aufgrund der geringen Verdunstung kommt es zu Stauwasser- und Moorbildungen. Das Pflanzenwachstum ist diesen Bedingungen durch niedrigen Wuchs und vorwiegend immergrüne Arten angepaßt.

Kurze kalte bis milde Sommer, lange kalte Winter; seminival. Tundra.

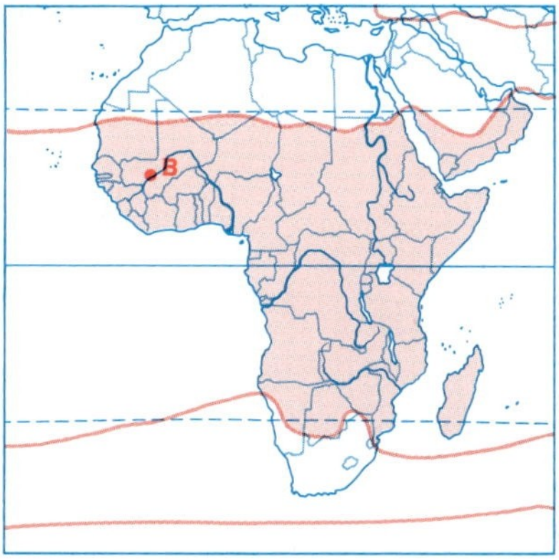

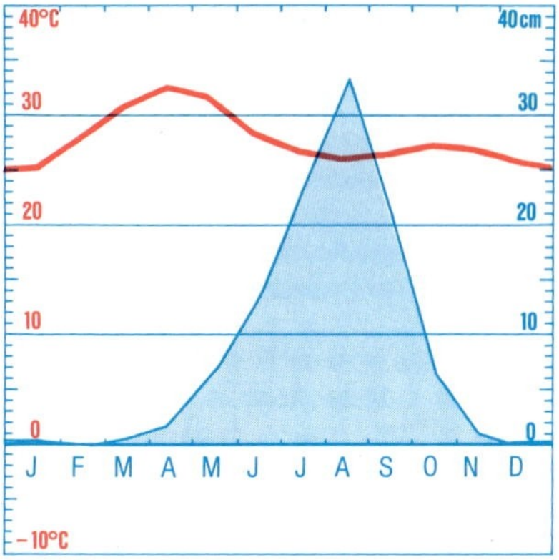

Bamako / Mali 36 Jahre Zone V_3 bzw. Aw

331 m ü.M. 12° 39′N und 7° 58′W Jahresmittel 27,8 °C und 1075 mm

	J	F	M	A	M	J	J	A	S	O	N	D
°C	25,2	27,8	30,5	32,1	31,7	28,5	26,6	26,0	26,4	27,4	26,8	25,0
mm	1	–	4	17	69	137	231	335	209	62	10	–

	J	F	M	A	M	J	J	A	S	O	N	D
°C	26,0	27,8	29,2	30,1	29,7	28,9	28,5	28,4	28,0	27,7	27,0	25,7
mm	9	25	35	89	166	168	180	178	290	253	57	7

? m ü.M. 13° 44′N und 100° 30′E Jahresmittel 28,1 °C und 1470 mm

Bangkok / Thailand 30 Jahre Zone V_3 bzw. Aw

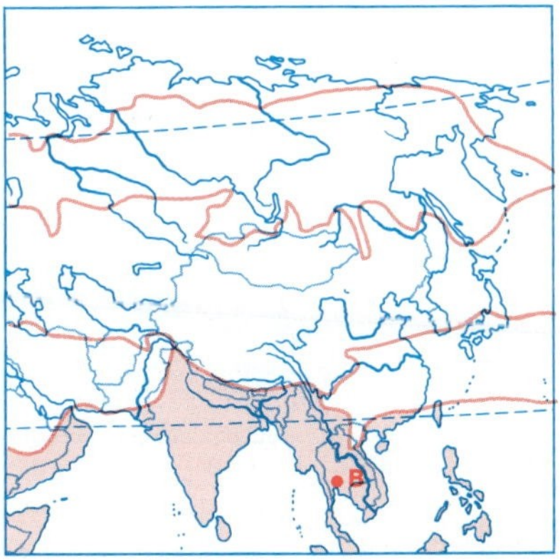

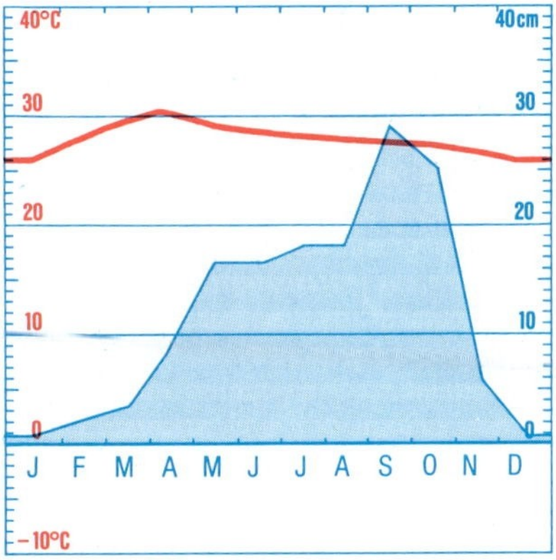

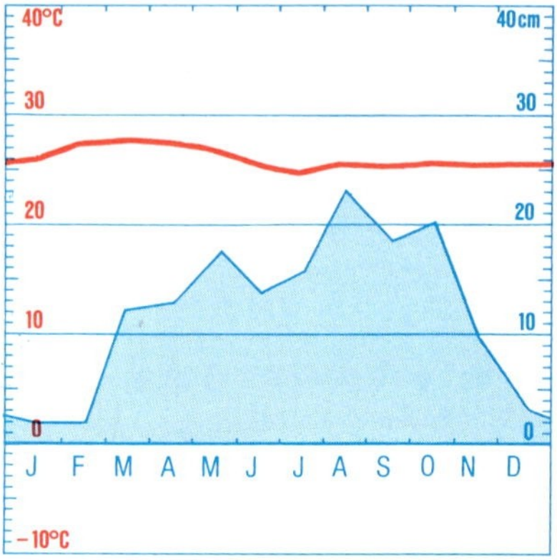

Bangui / Zentralafrika ? Jahre Zone V_1 bzw. Aw

373 m ü.M. 4° 22′N und 18° 35′E Jahresmittel 26,0 °C und 1501 mm

	J	F	M	A	M	J	J	A	S	O	N	D
°C	26,1	27,1	27,4	27,2	26,6	25,6	24,6	25,1	25,5	26,0	25,7	25,6
mm	21	20	122	127	171	136	159	230	187	200	96	32

	J	F	M	A	M	J	J	A	S	O	N	D
°C	24,4	25,6	26,4	26,0	26,4	27,8	28,0	27,4	27,8	28,4	27,8	25,1
mm	0	1	–	–	1	74	244	423	277	109	2	1

2 m ü.M. 13° 27′N und 16° 34′W Jahresmittel 26,8 °C und 1133 mm

Banjul (Bathurst) / Gambia 15 Jahre Zone V_3 bzw. Aw

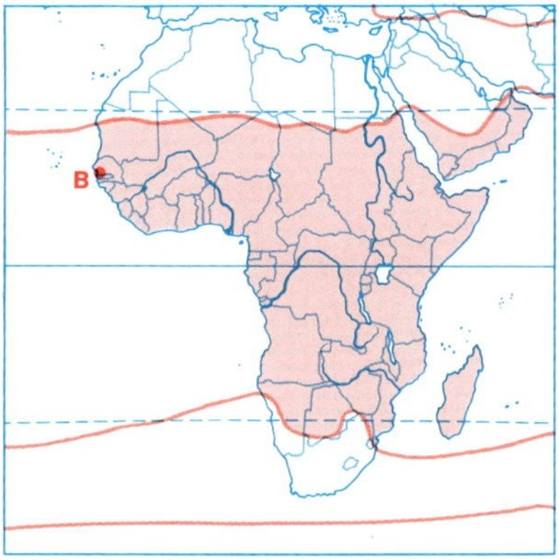

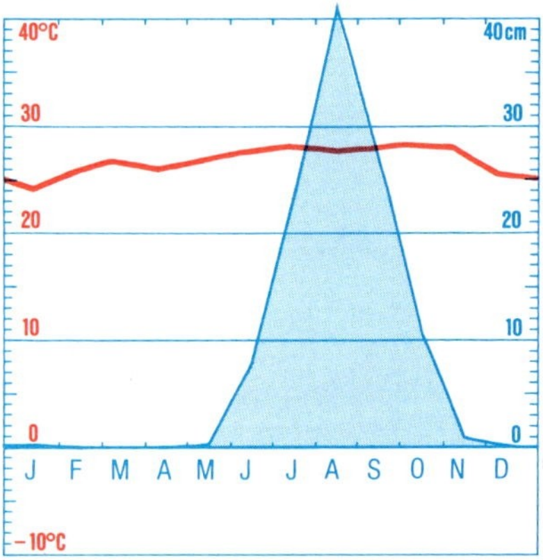

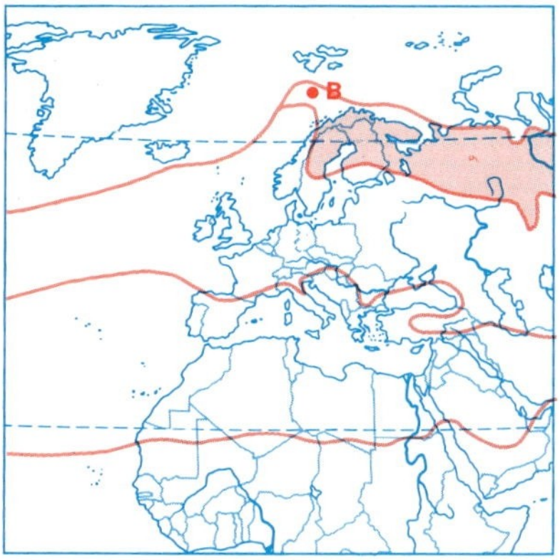

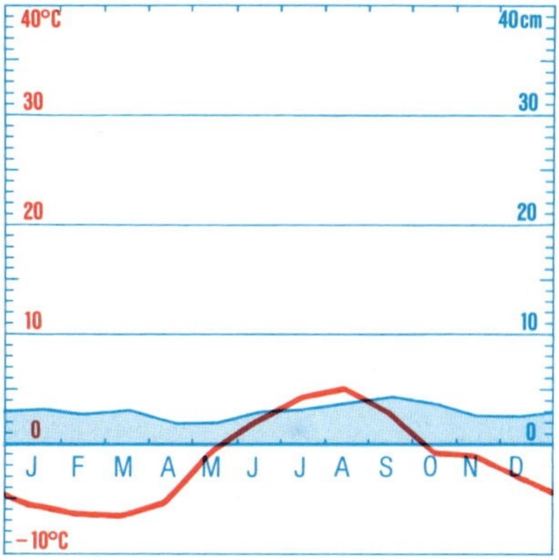

Bären-Insel (norweg.) 30 Jahre Zone I_2 bzw. ET

14 m ü.M. 74° 31′N und 19° 1′E Jahresmittel −1,2 °C und 365 mm

	J	F	M	A	M	J	J	A	S	O	N	D
°C	−5,3	−6,2	−7,0	−5,2	−0,9	2,4	4,5	5,2	3,0	0,6	−1,6	−3,6
mm	32	27	30	22	21	28	25	39	47	39	28	27

	J	F	M	A	M	J	J	A	S	O	N	D
°C	−26,4	−28,0	−26,2	−17,7	−7,4	0,9	4,2	3,5	−0,8	−8,5	−17,8	−23,9
mm	5	4	3	3	3	9	23	23	15	14	7	5

7 m ü.M. 71° 18′N und 156° 47′W Jahresmittel −12,3 °C und 114 mm

Barrow / USA 40 Jahre Zone I_3 bzw. ET

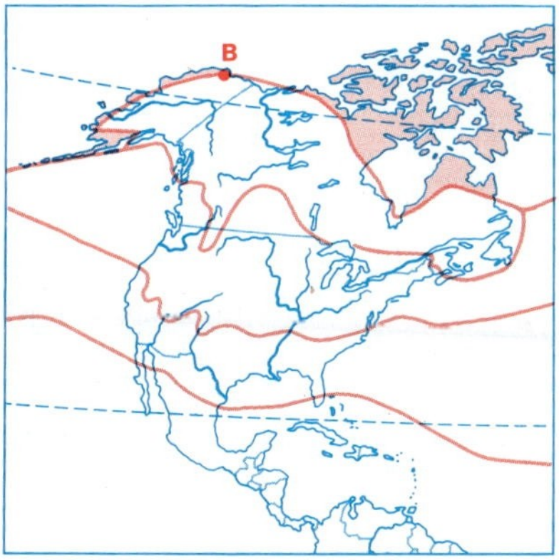

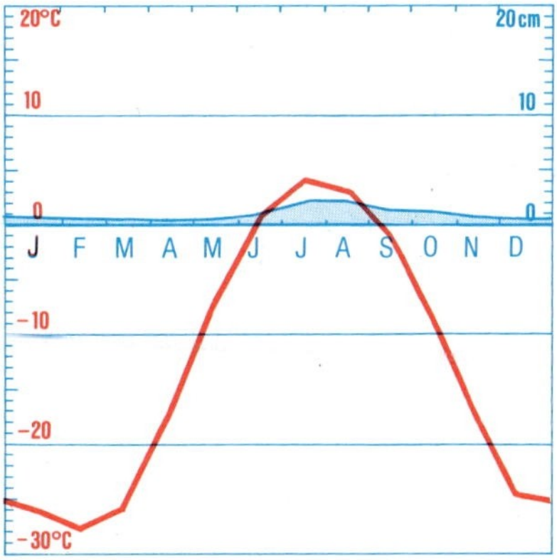

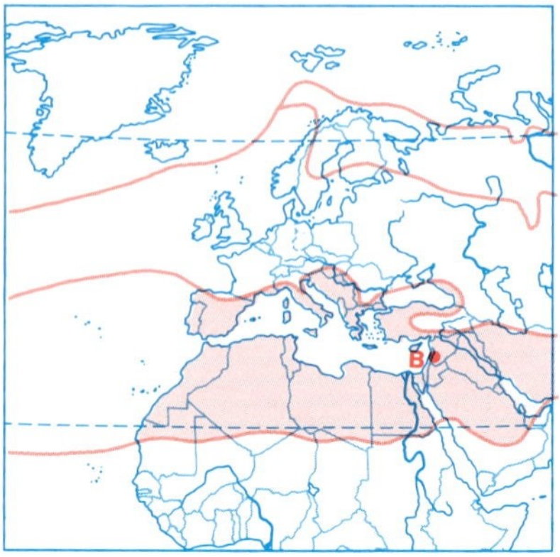

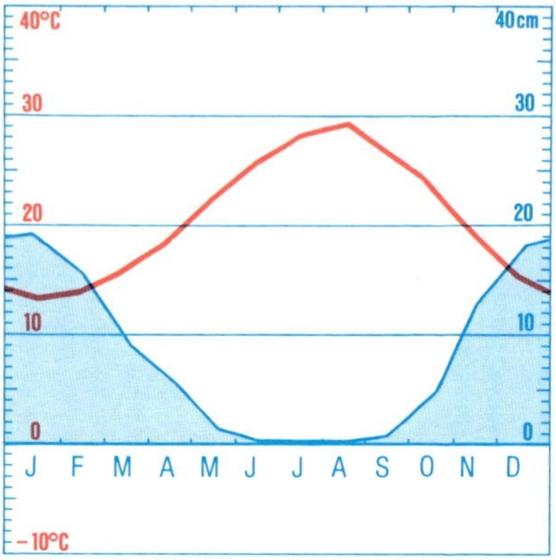

Beirut / Libanon — 88 Jahre — Zone IV_1 bzw. Cs

34 m ü.M. — 33° 54′N und 35° 29′E — Jahresmittel 21,1 °C und 887 mm

	J	F	M	A	M	J	J	A	S	O	N	D
°C	13,6	14,0	15,9	19,0	22,7	25,9	28,1	28,7	27,1	24,0	19,4	15,3
mm	193	156	97	51	17	3	1	1	7	46	130	186

	J	F	M	A	M	J	J	A	S	O	N	D
°C	25,6	25,5	24,5	25,7	26,0	26,0	25,9	26,0	26,0	26,2	26,5	26,3
mm	318	407	436	382	265	165	161	116	120	105	90	197

24 m ü.M. — 1° 28′S und 48° 27′W — Jahresmittel 25,9 °C und 2762 mm

Belém / Brasilien — 30 Jahre — Zone V_1 bzw. Af

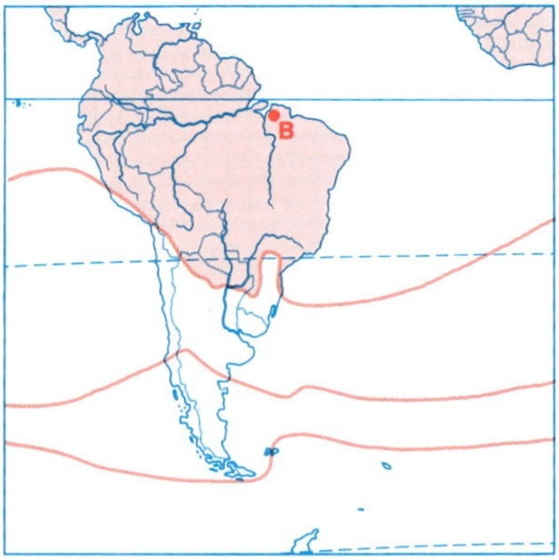

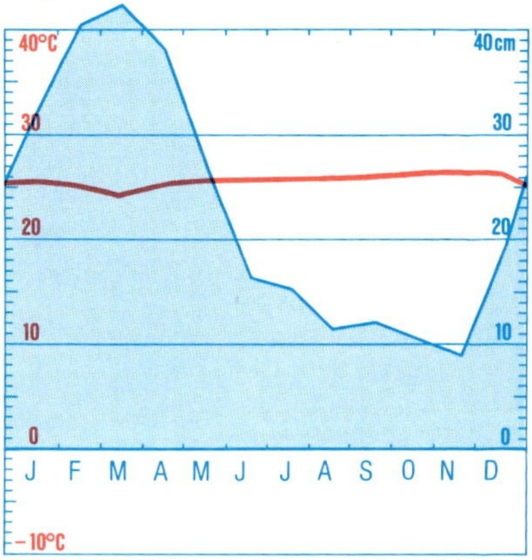

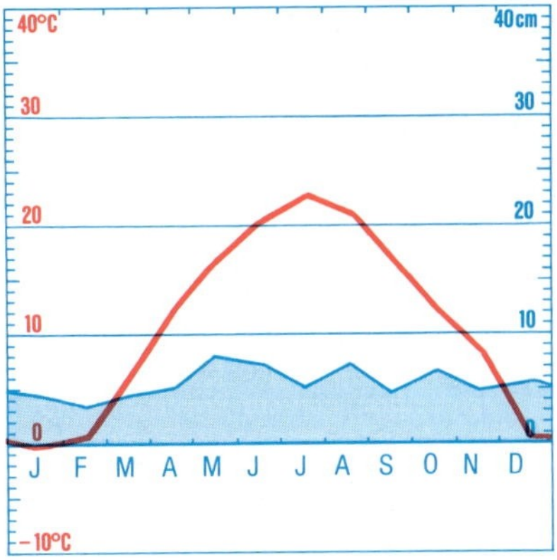

Belgrad / Jugoslawien
132 m ü.M. 44° 48′N und 20° 28′E
15 Jahre Zone III_3 bzw. Cf
Jahresmittel 11,6 °C und 687 mm

	J	F	M	A	M	J	J	A	S	O	N	D
°C	−0,2	1,0	6,2	12,0	16,8	20,4	22,7	21,3	17,8	12,7	8,0	1,1
mm	46	37	48	53	82	76	57	72	47	65	48	56

	J	F	M	A	M	J	J	A	S	O	N	D
°C	23,5	24,2	25,5	26,7	27,3	27,3	27,2	27,6	27,2	26,1	24,4	23,6
mm	136	63	38	51	105	205	163	168	235	307	209	185

5 m ü.M. 17° 30′N und 88° 11′W
Belize / Belize
Jahresmittel 25,9 °C und 1866 mm
39 Jahre Zone V_1 bzw. Af

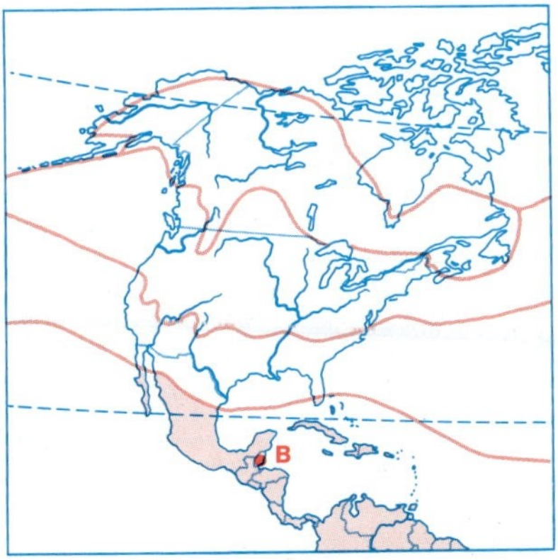

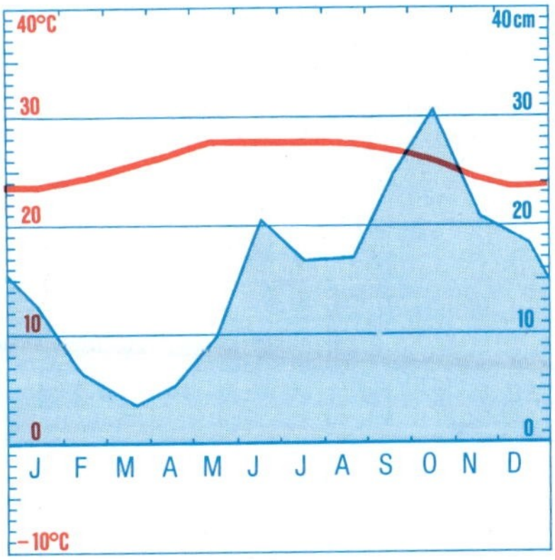

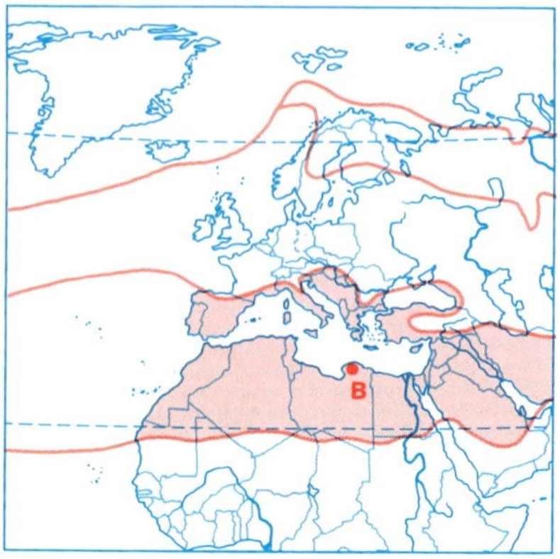

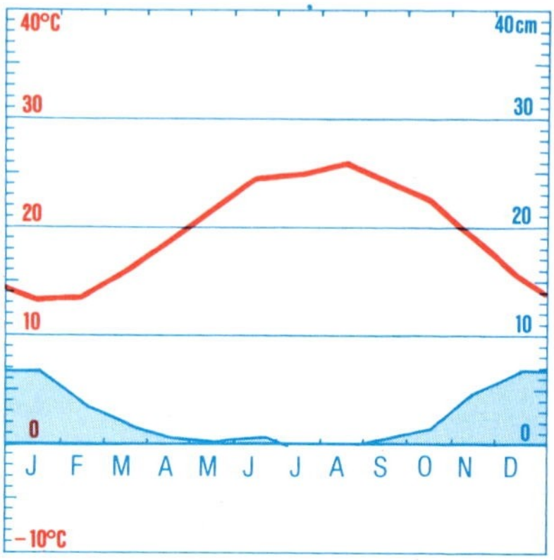

Bengasi / Libyen ? Jahre Zone IV_1 bzw. Cs
24 m ü.M. 32° 6′N und 20° 4′E Jahresmittel 20,1 °C und 268 mm

°C	13,5	13,7	16,0	18,8	21,5	24,1	25,0	25,8	24,7	22,8	19,4	15,3
	J	F	M	A	M	J	J	A	S	O	N	D
mm	67	40	19	5	2	3	–	–	3	17	46	66

°C	1,6	1,6	3,0	6,0	9,6	12,4	14,4	13,6	11,0	7,5	4,0	2,4
	J	F	M	A	M	J	J	A	S	O	N	D
mm	179	139	109	140	83	126	141	167	228	236	207	203

43 m ü.M. 60° 24′N und 5° 14′E Jahresmittel 7,3 °C und 1958 mm
Bergen / Norwegen 30 Jahre Zone III_2 bzw. Cf

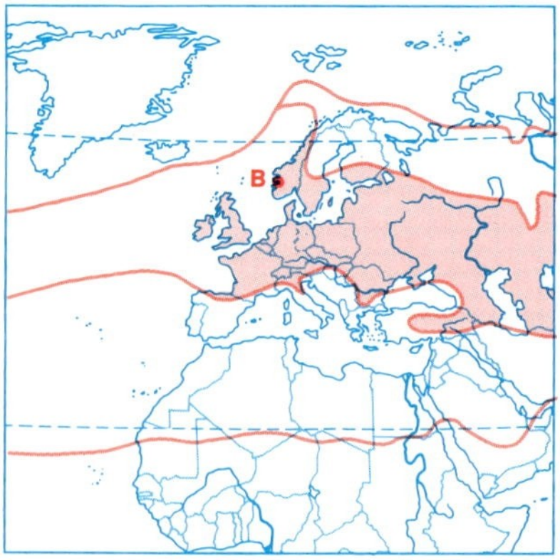

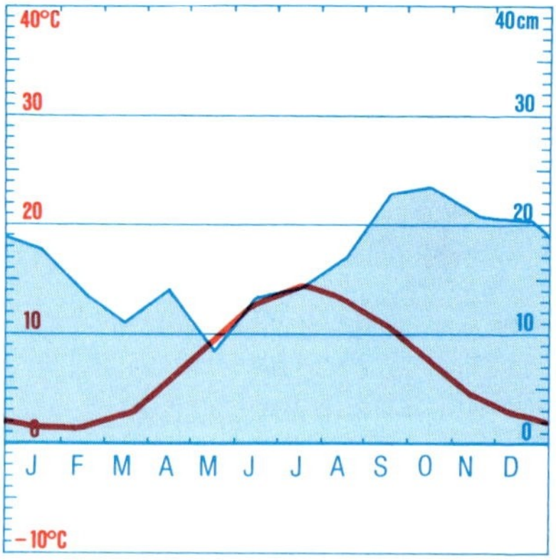

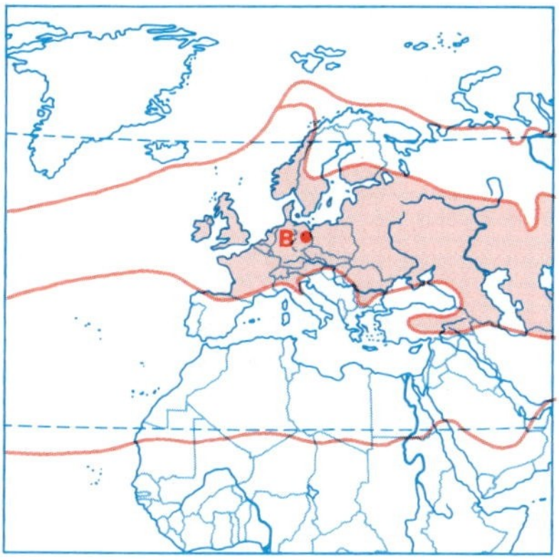

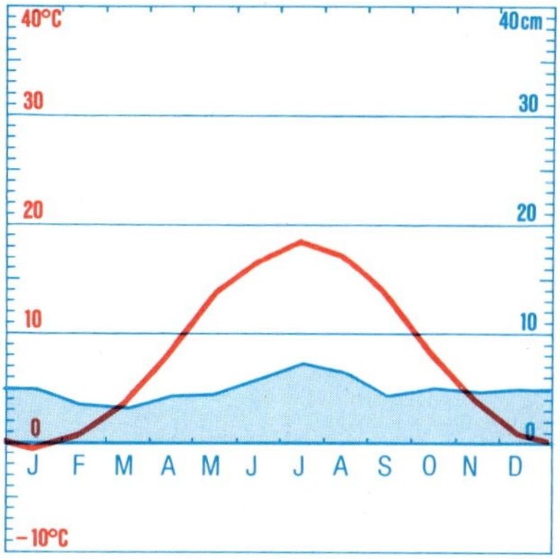

Berlin / Deutschland — 50 Jahre — Zone III_3 bzw. Cf

55 m ü.M. — 52° 27′N und 13° 18′E — Jahresmittel 8,8 °C und 594 mm

°C	−0,4	0,4	3,9	8,3	13,7	16,5	18,3	17,2	13,8	8,8	3,9	0,7
	J	F	M	A	M	J	J	A	S	O	N	D
mm	50	36	35	43	47	59	74	64	44	48	46	48

°C	17,1	16,6	17,1	18,3	20,7	23,6	25,8	26,4	25,5	23,3	20,1	18,2
	J	F	M	A	M	J	J	A	S	O	N	D
mm	116	121	118	112	103	114	90	151	133	158	130	126

45 m ü.M. — 32° 18′N und 64° 46′W — Jahresmittel 21,0 °C und 1473 mm

Bermudas (brit.) — 30 Jahre — Zone IV_7 bzw. Cf

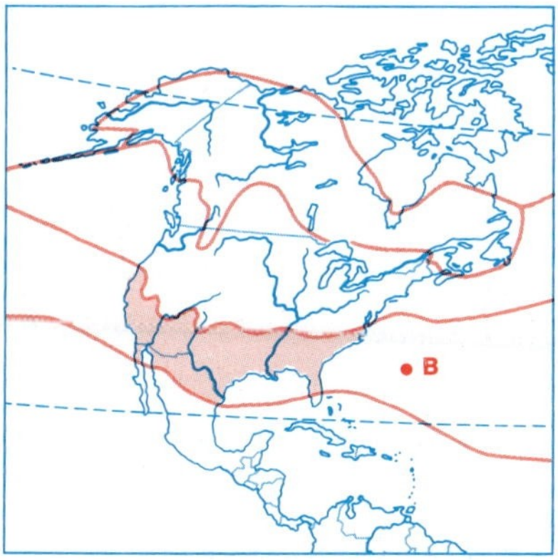

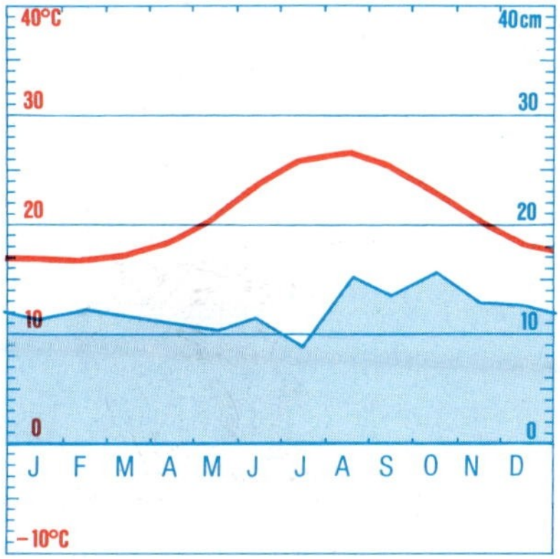

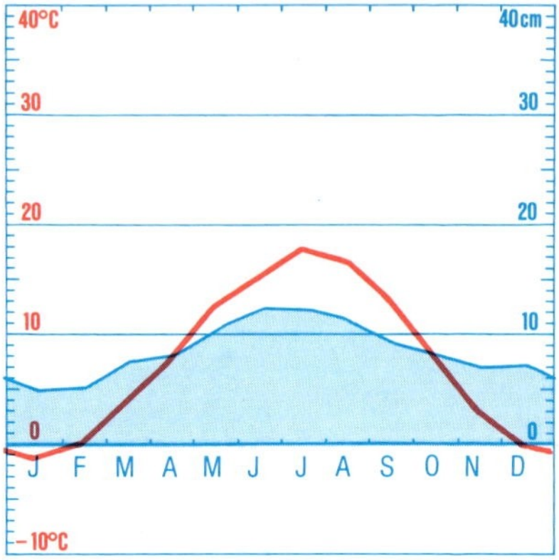

Bern / Schweiz — 30 Jahre — Zone III_3 bzw. Cf

572 m ü.M. — 46° 57′N und 7° 26′E — Jahresmittel 8,1 °C und 1028 mm

	J	F	M	A	M	J	J	A	S	O	N	D
°C	-1,0	0,1	3,8	7,7	12,6	15,7	17,4	16,7	13,3	8,2	3,2	-0,1
mm	51	52	72	82	103	122	122	110	94	82	69	69

	J	F	M	A	M	J	J	A	S	O	N	D
°C	17,2	20,2	24,4	28,8	32,0	33,2	33,0	32,8	31,2	27,7	23,0	18,0
mm	-	-	-	-	1	1	3	12	4	2	-	-

359 m ü.M. — 18° 41′N und 12° 55′E — Jahresmittel 26,8 °C und 23 mm

Bilma / Niger — 34 Jahre — Zone V_5 bzw. BW

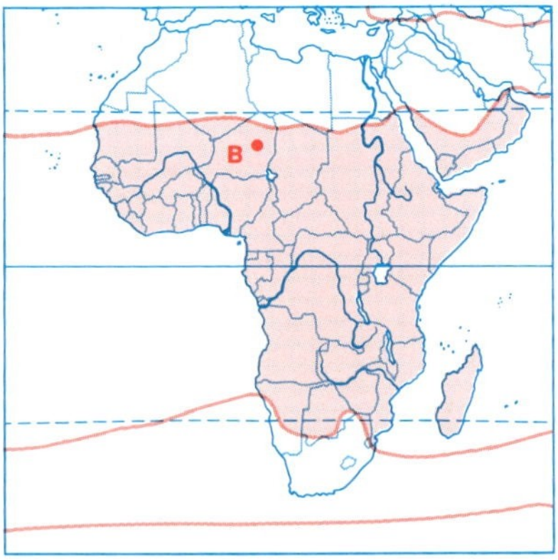

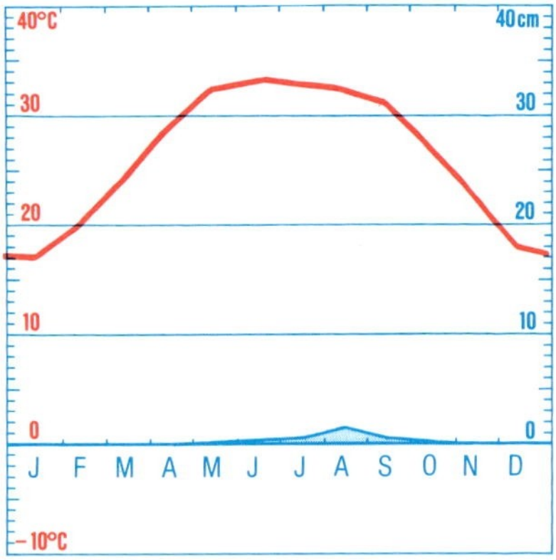

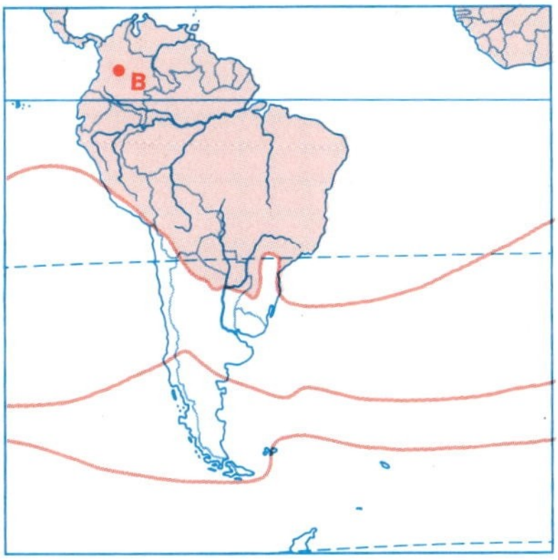

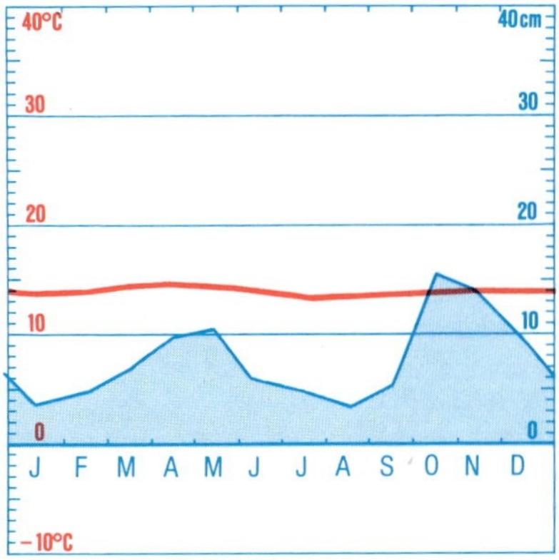

Bogotá / Kolumbien — 10 Jahre — Zone V_2 bzw. Cf

2559 m ü.M. — 4° 38′1N und 74° 6′W — Jahresmittel 14,2 °C und 939 mm

	J	F	M	A	M	J	J	A	S	O	N	D
°C	13,9	14,3	14,9	14,9	14,7	14,2	13,5	13,8	13,9	14,1	14,0	14,1
mm	38	48	66	96	103	60	48	37	53	157	140	93

	J	F	M	A	M	J	J	A	S	O	N	D
°C	24,4	25,7	26,6	27,0	27,4	27,2	26,3	25,8	26,4	27,1	26,9	24,8
mm	1	1	–	1	17	175	473	682	435	195	42	2

20 m ü.M. — 11° 51′N und 15° 39′W — Jahresmittel 26,3 °C und 2023 mm

Bissau / Guinea-Bissau — 20 Jahre — Zone V_3 bzw. Aw

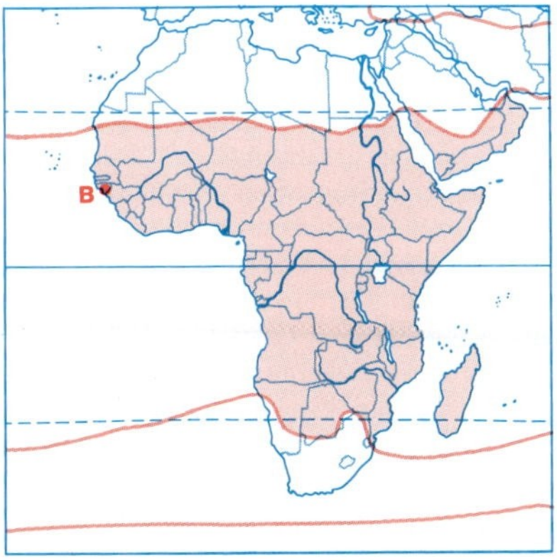

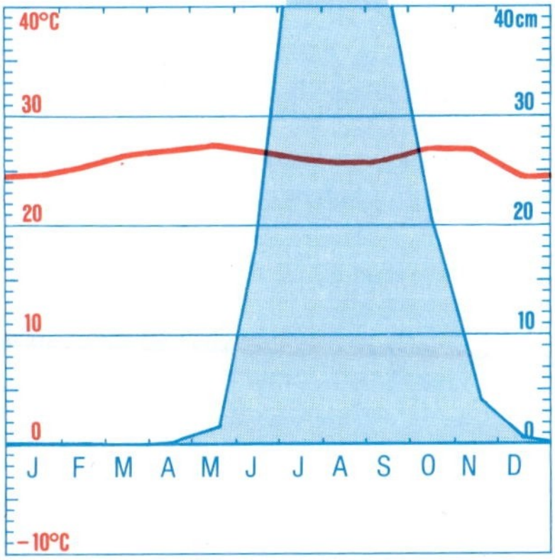

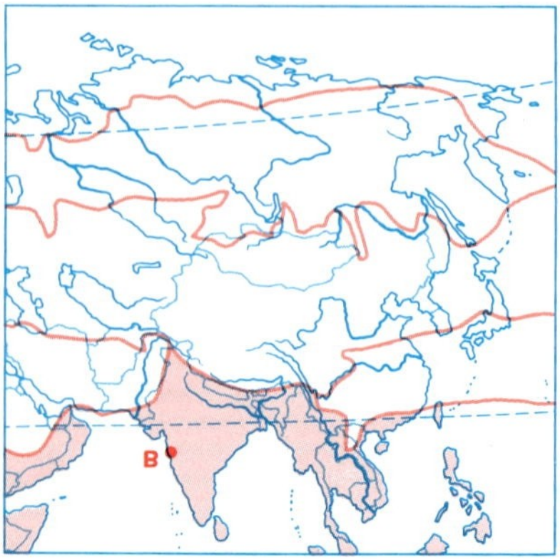

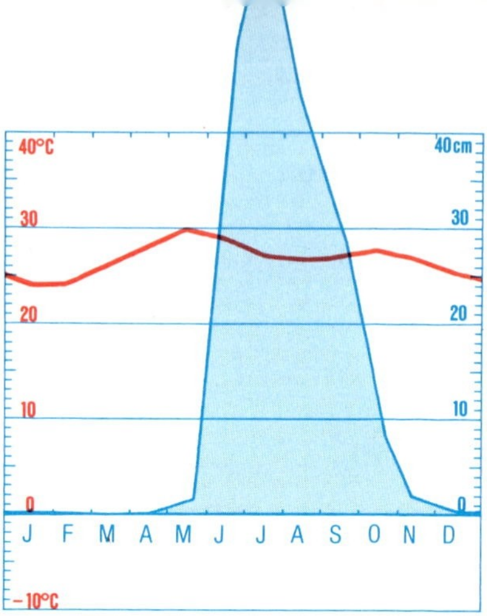

Bombay / Ind. Union
11 m ü.M. 18° 54′N und 72° 49′E

30 Jahre Zone V_3 bzw. Aw
Jahresmittel 27,3 °C und 2099 mm

°C	24,3	24,9	26,8	28,7	30,1	29,1	27,4	27,2	27,4	28,3	27,6	25,8
	J	F	M	A	M	J	J	A	S	O	N	D
mm	2	1	–	3	16	520	710	439	297	88	21	2

Bombay liegt in der tropischen Zone der wechselfeuchten Savannenklimate. Die Temperatur des kältesten Monats sinkt nicht unter 18 °C. Die Jahresschwankung ist mit 3,3 °C geringer als die Schwankung zwischen Tages- und Nachttemperaturen. In Bombay sind im Witterungsverlauf drei Jahreszeiten zu unterscheiden. Diese Unterschiede werden durch jahreszeitlich entgegengesetzte Luftströmungen hervorgerufen, die als tropische Monsune bezeichnet werden.

Der Wintermonsun weht als Nordostwind von Zentral- und Südasien zum Indischen Ozean. Er bringt relativ kühle und vor allem trockene Luft. Deshalb herrscht von Oktober an Trockenzeit. Die mittlere relative Feuchte beträgt in Bombay 67%. Von Dezember bis Februar sind selbst an der Küste zu dieser Zeit die Temperaturen merklich kühler als in den darauffolgenden Monaten. Das mittlere Minimum der Temperatur liegt in der kühltrockenen Jahreszeit bei 16,7 °C, das absolute Minimum bei 11,7 °C.

In den Monaten März, April und Mai wird es zunehmend wärmer. Die Sonneneinstrahlung nimmt zu und der Nordostmonsun bleibt aus. Deshalb können an der Küste bereits einige Gewitterregen niedergehen. Dementsprechend steigt die mittlere relative Feuchte auf 71% an. In dieser zweiten, heißtrockenen Jahreszeit verbrennt das Gras. Täglich blicken die Menschen nach Süden und erwarten die Wolkenwand des aufkommenden Sommermonsuns, mit dem die dritte Jahreszeit beginnt.

Von Juni bis Oktober weht der Südwestwind über das Arabische Meer. Seine feuchtwarmen Luftmassen bedingen die Niederschläge während der Regenzeit. Der Regen bringt etwas Abkühlung, aber die Feuchte steigt nun im Mittel auf 83%. Im Juli regnet es in Bombay an drei von zwei Tagen. Der Sommermonsun bricht meist mit heftigen Gewittern und starken Steigungsregen herein. Innerhalb von 24 Stunden fallen bis zu 409 mm Niederschlag. Schon nach zwei Tagen werden der Monsunwald und die Grassavanne grün.

Sehr warme bis heiße und trockene Winter, heiße und feuchte Sommer. Trockensavanne.

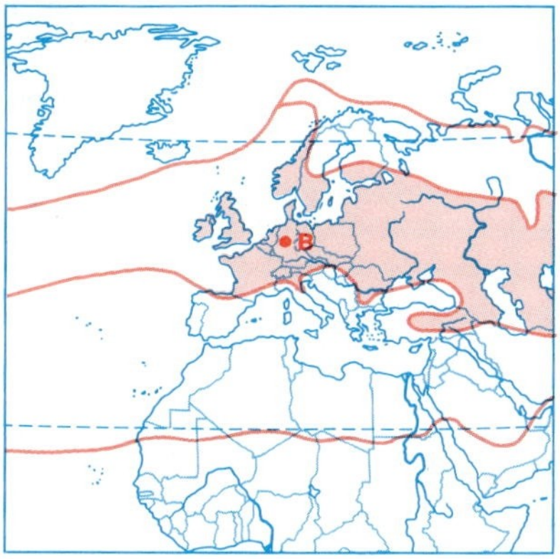

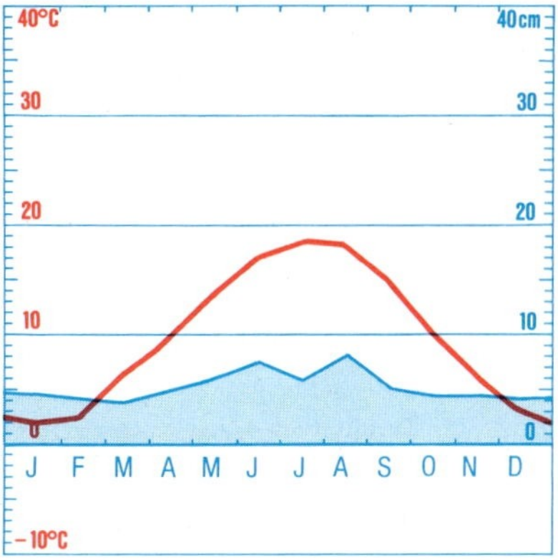

Bonn / Bundesrepublik Deutschland — 30 Jahre — Zone III_3 bzw. Cf
61 m ü.M. — 50° 43′N und 7° 5′E — Jahresmittel 10,2 °C und 640 mm

	J	F	M	A	M	J	J	A	S	O	N	D
°C	1,9	2,5	5,9	9,6	13,8	17,0	18,6	18,0	15,1	10,3	6,3	3,1
mm	47	43	34	47	58	74	67	81	51	46	48	44

	J	F	M	A	M	J	J	A	S	O	N	D
°C	28,7	28,2	25,2	19,9	15,4	11,9	11,3	13,4	17,1	21,3	24,9	27,2
mm	25	31	19	23	25	32	22	15	16	19	28	42

110 m ü.M. — 30° 13′S und 145° 58′E — Jahresmittel 20,4 °C und 298 mm
Bourke / Australien — 30 Jahre — Zone IV_3 bzw. BS

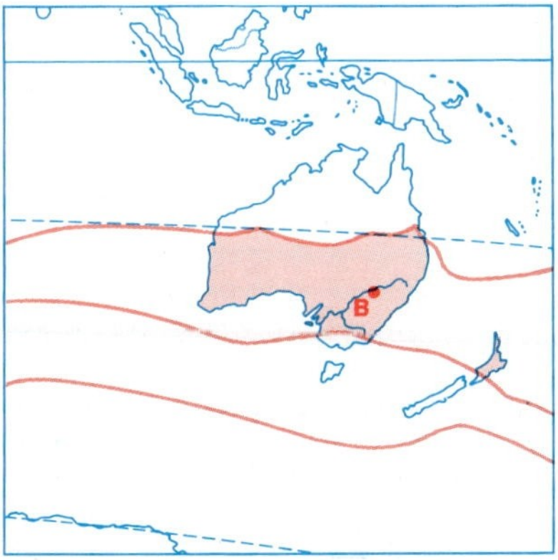

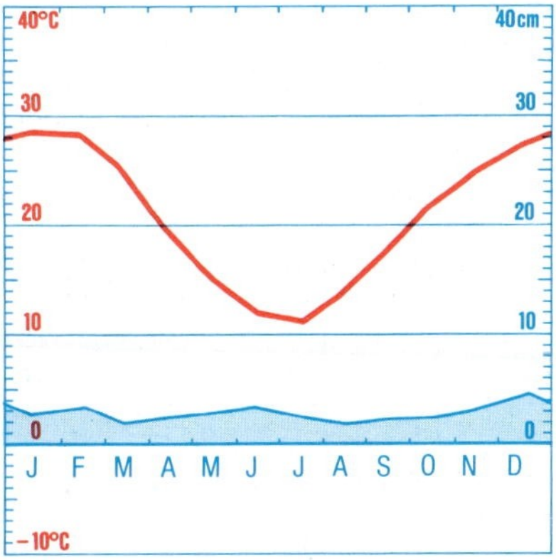

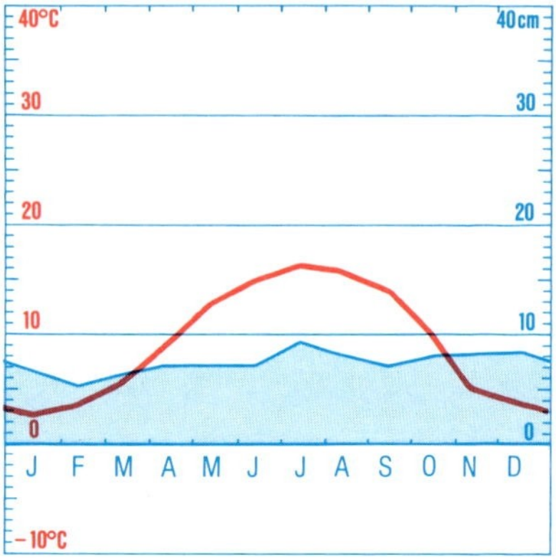

Brüssel (Uccle) / Belgien 30 Jahre Zone III_2 bzw. Cf
100 m ü.M. 50° 48′N und 4° 21′E Jahresmittel 9,4 °C und 835 mm

°C	2,7	3,1	5,5	8,2	12,8	14,9	16,8	16,4	14,0	10,0	5,2	3,4
	J	F	M	A	M	J	J	A	S	O	N	D
mm	67	50	60	63	63	65	90	75	66	76	78	82

°C	-0,8	1,1	6,2	11,4	16,8	19,9	21,9	21,1	16,9	11,2	5,3	1,3
	J	F	M	A	M	J	J	A	S	O	N	D
mm	39	39	43	52	69	67	50	48	45	54	61	50

120 m ü.M. 47° 31′N und 19° 2′E Jahresmittel 11,0 °C und 617 mm
Budapest / Ungarn 50 Jahre Zone III_3 bzw. Cf

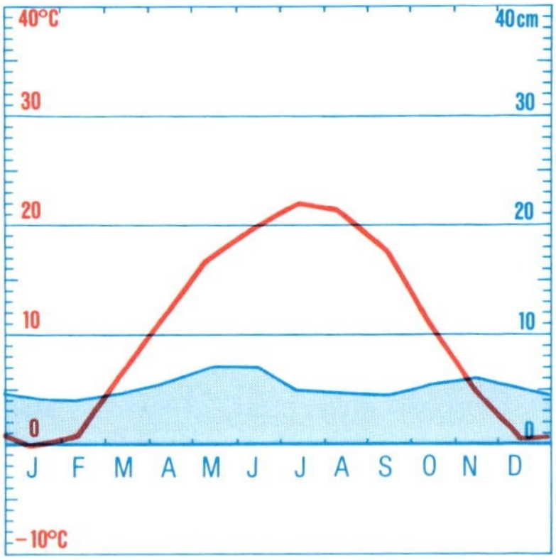

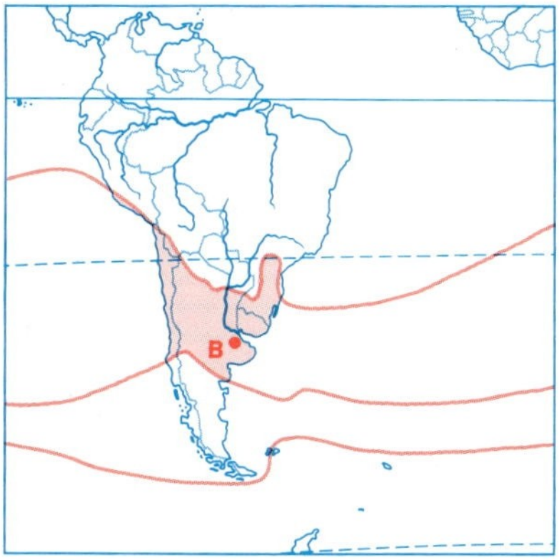

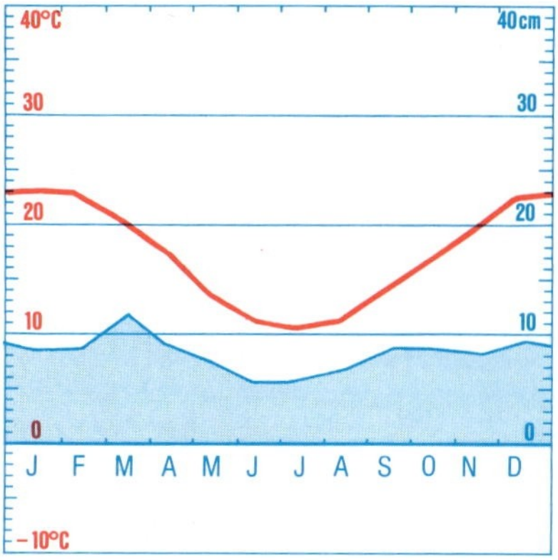

Buenos Aires / Argentinien — 30 Jahre — Zone IV_6 bzw. Cf

25 m ü.M. — 34° 35'S und 58° 29'W — Jahresmittel 16,9 °C und 992 mm

	J	F	M	A	M	J	J	A	S	O	N	D
°C	23,4	23,2	20,1	17,2	13,7	11,1	10,3	11,4	13,9	16,7	19,7	22,3
mm	87	86	117	92	77	57	55	68	88	88	84	94

Buenos Aires liegt in der Provinz der ständig feuchten Graslandklimate der warmgemäßigten Subtropen. Der Klimatyp umfaßt die östliche Pampa in Argentinien und Uruguay sowie das südliche Rio Grande do Sul. Die Sommer sind sehr warm. Das absolute Temperaturmaximum liegt im Januar bei 43,3 °C. Der mäßig warme Winter weist im Juli ein absolutes Minimum von −5,3 °C bei einem absoluten Maximum von 27,6 °C auf. Fröste sind von Mai bis September möglich. Sie treten bei Einbrüchen polarer Kaltluft auf. Mit der vordringenden Kaltfront ist ein plötzlich einsetzender Sturm aus südlichen und südwestlichen Richtungen, der Pampero, verbunden. Er führt innerhalb von 24 Stunden in Buenos Aires zu Temperaturstürzen von bis zu 30 °C. An der Kaltfront kommt es zu Starkgewittern.

Regenbringer sind die vorherrschenden Nordostwinde. Sie wehen das ganze Jahr aus dem stationären südatlantischen Hochdruckgebiet auf das Festland. Die feuchtwarmen Meeresluftmassen bringen ergiebige Regenfälle, wenn sie auf kühle Luft aufgleiten. Kühle Luftmassen werden südlich 40° S das ganze Jahr mit den Westwinden über die Anden nach Patagonien gesteuert. Je nach der Lage der Aufgleitfläche wandert das dazugehörige Niederschlagsband. In Buenos Aires besteht diese Wetterlage an sieben Tagen jeden Monats. Dann können innerhalb von 24 Stunden zwischen 75 und 194 mm Niederschlag fallen.

Das Klima der Pampa ist semihumid, denn die tatsächliche Verdunstung liegt in den Sommermonaten über den Niederschlagswerten. Da die Niederschläge im Sommer als Gewitterregen in den Abend- oder Nachtstunden fallen, wird die Verdunstung tagsüber durch eine Wolkendecke nicht beeinträchtigt. Nur die feuchtere Pampa im Nordosten wird durch ein Waldsteppenklima geprägt.

Sehr warme Sommer, mäßig warme Winter; ständig feucht, semihumid. Steppe bzw. Waldsteppe.

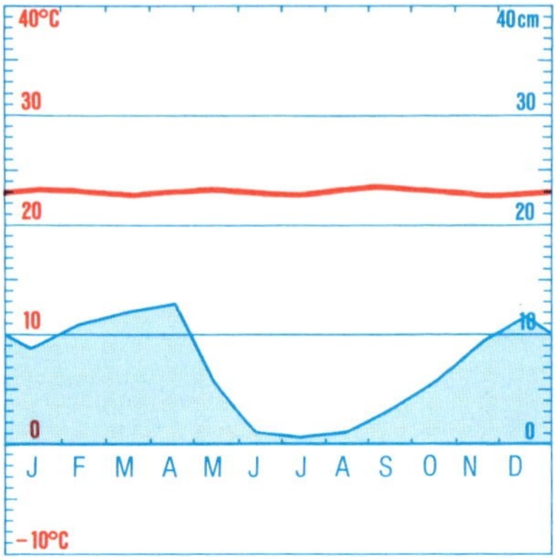

Bujumbura / Burundi — 30 Jahre — Zone V_2 bzw. Aw

799 m ü.M. — 3° 23′S und 29° 21′E — Jahresmittel 23,1 °C und 838 mm

	J	F	M	A	M	J	J	A	S	O	N	D
°C	23,1	23,0	22,8	23,1	23,1	22,9	22,6	23,3	23,8	23,6	22,7	22,9
mm	90	110	120	125	54	11	7	10	37	62	98	115

	J	F	M	A	M	J	J	A	S	O	N	D
°C	–2,8	–0,7	5,0	11,4	16,9	20,6	22,9	22,3	18,1	11,9	5,3	0,1
mm	39	32	36	44	64	92	58	52	36	42	46	40

82 m ü.M. — 44° 25′N und 26° 6′E — Jahresmittel 10,9 °C und 580 mm

Bukarest / Rumänien — 55 Jahre — Zone III_3 bzw. Cf

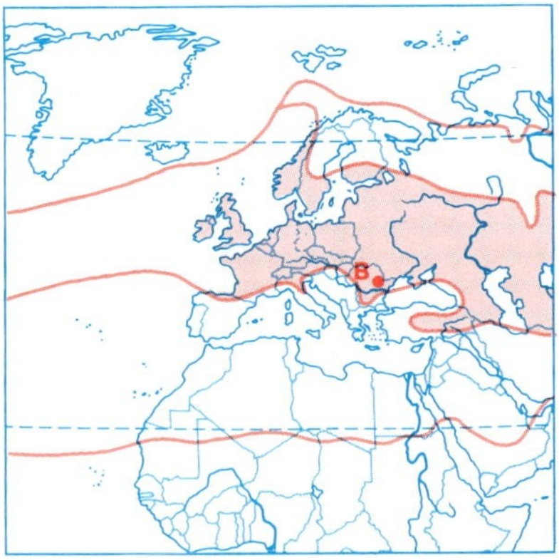

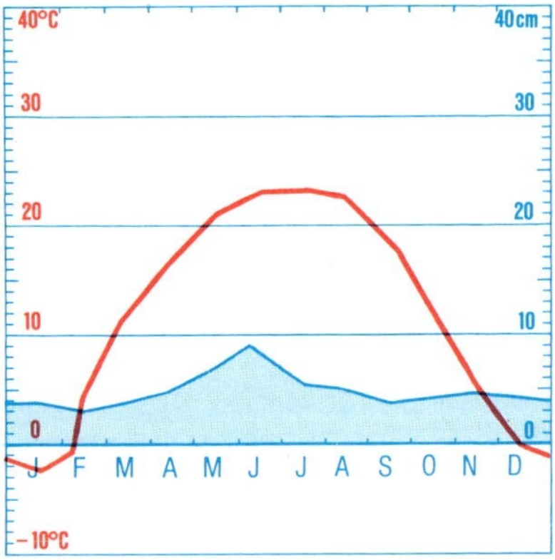

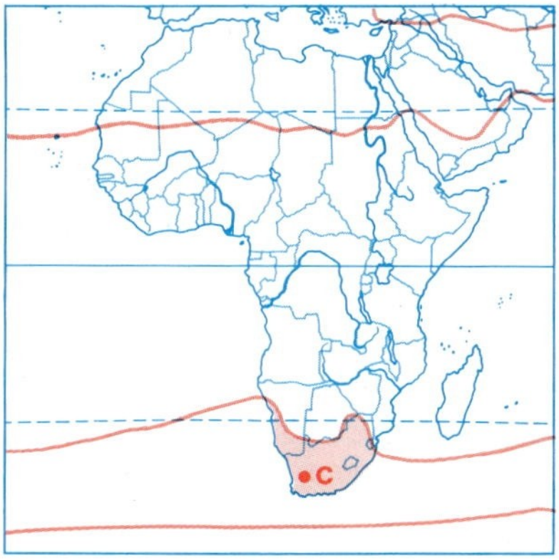

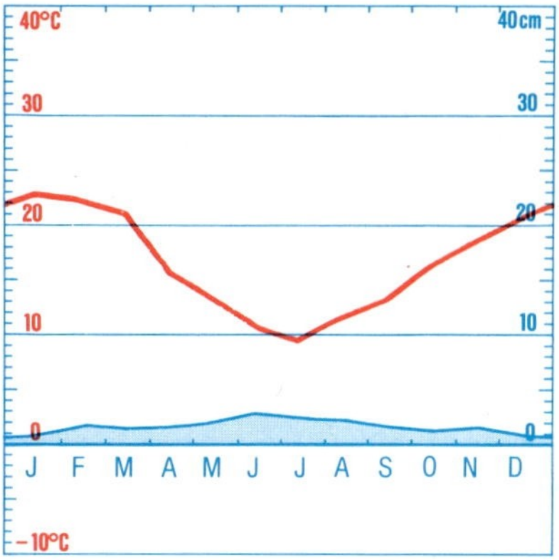

Calvinia / Rep. Südafrika — 63 Jahre — Zone IV_2 bzw. BS

981 m ü.M. — 31° 28′S und 19° 46′E — Jahresmittel 16,3 °C und 209 mm

	J	F	M	A	M	J	J	A	S	O	N	D
°C	22,8	22,5	20,9	16,1	13,2	10,7	9,5	11,3	12,9	16,6	18,4	20,7
mm	7	14	17	20	27	29	24	23	17	11	13	7

	J	F	M	A	M	J	J	A	S	O	N	D
°C	9,4	9,2	8,5	7,1	6,1	4,5	4,5	4,7	5,4	6,1	7,2	8,4
mm	125	107	142	125	137	122	102	114	122	122	119	117

15 m ü.M. — 52° 33′S und 169° 7′E — Jahresmittel 6,8 °C und 1453 mm

Campbell-Insel / Neuseeland — 24 Jahre — Zone I_4 bzw. Cf

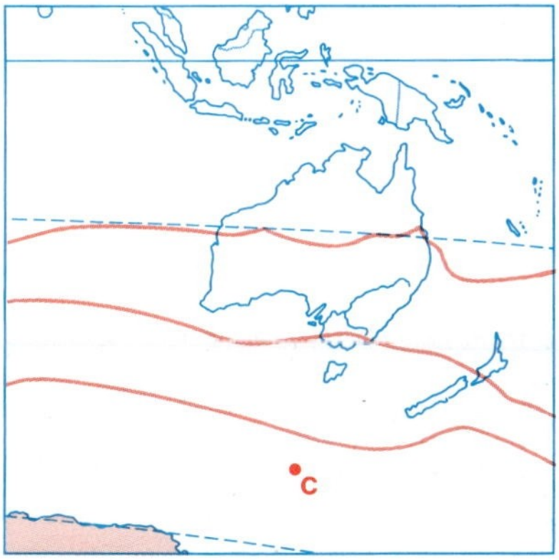

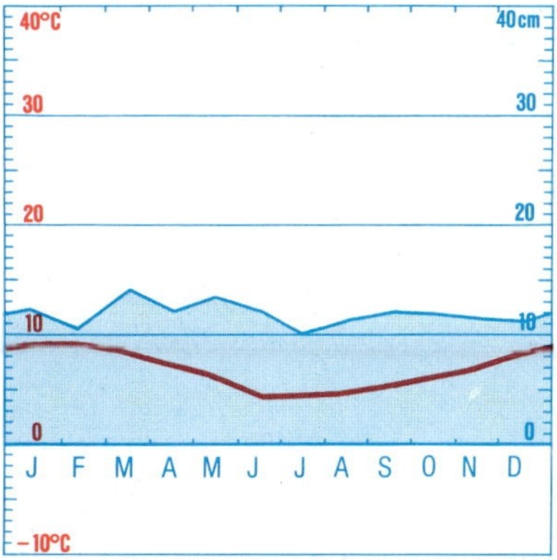

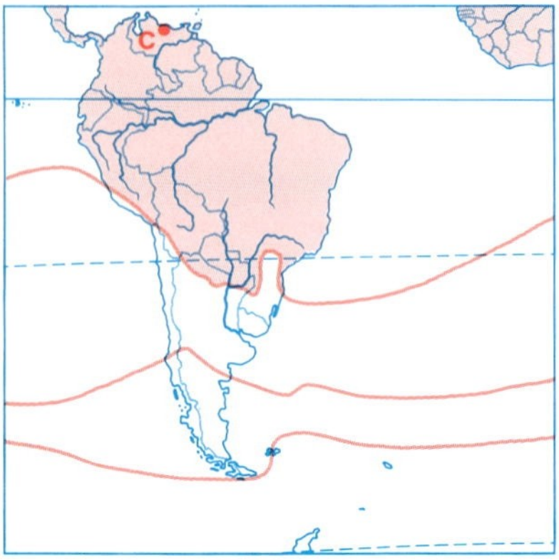

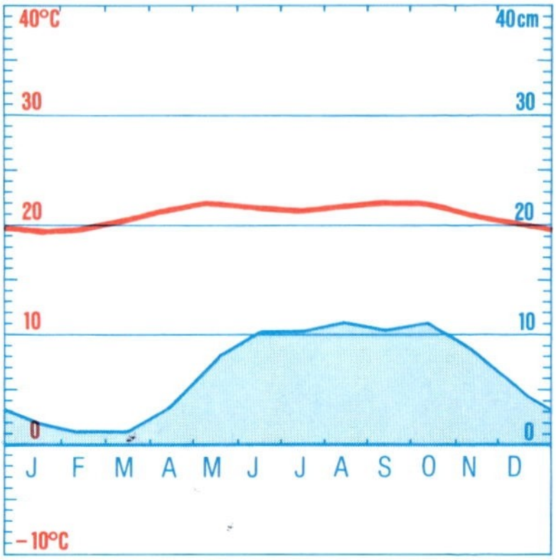

Caracas / Venezuela — 71 Jahre — Zone V_1 bzw. Aw

1043 m ü.M. — 10° 30′N und 66° 56′W — Jahresmittel 20,8 °C und 825 mm

	J	F	M	A	M	J	J	A	S	O	N	D
°C	19,2	19,3	20,1	21,4	21,9	21,4	21,2	21,4	21,6	21,6	20,8	20,1
mm	22	11	13	33	81	104	103	111	103	110	90	44

	J	F	M	A	M	J	J	A	S	O	N	D
°C	2,8	2,4	3,3	2,1	1,6	2,1	1,3	2,6	2,2	2,6	3,6	3,1
mm	134	153	128	70	36	16	11	19	50	68	115	126

4399 m ü.M. — 10° 45′S und 76° 10′W — Jahresmittel 2,5 °C und 926 mm

Cerro de Pasco / Peru — 10 Jahre — Zone V_3 bzw. Cw

Die höchstgelegene meteorologische Station!

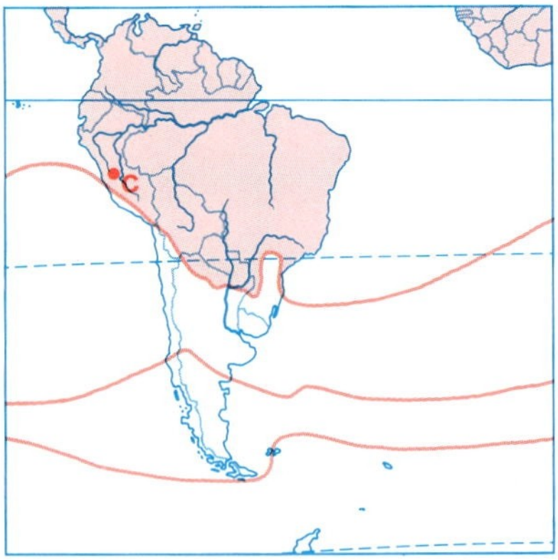

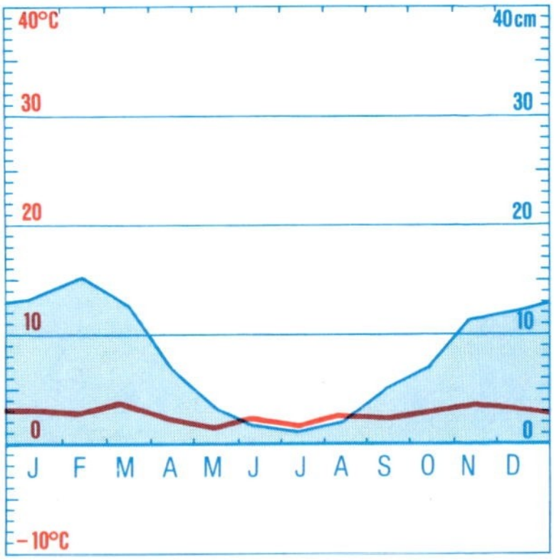

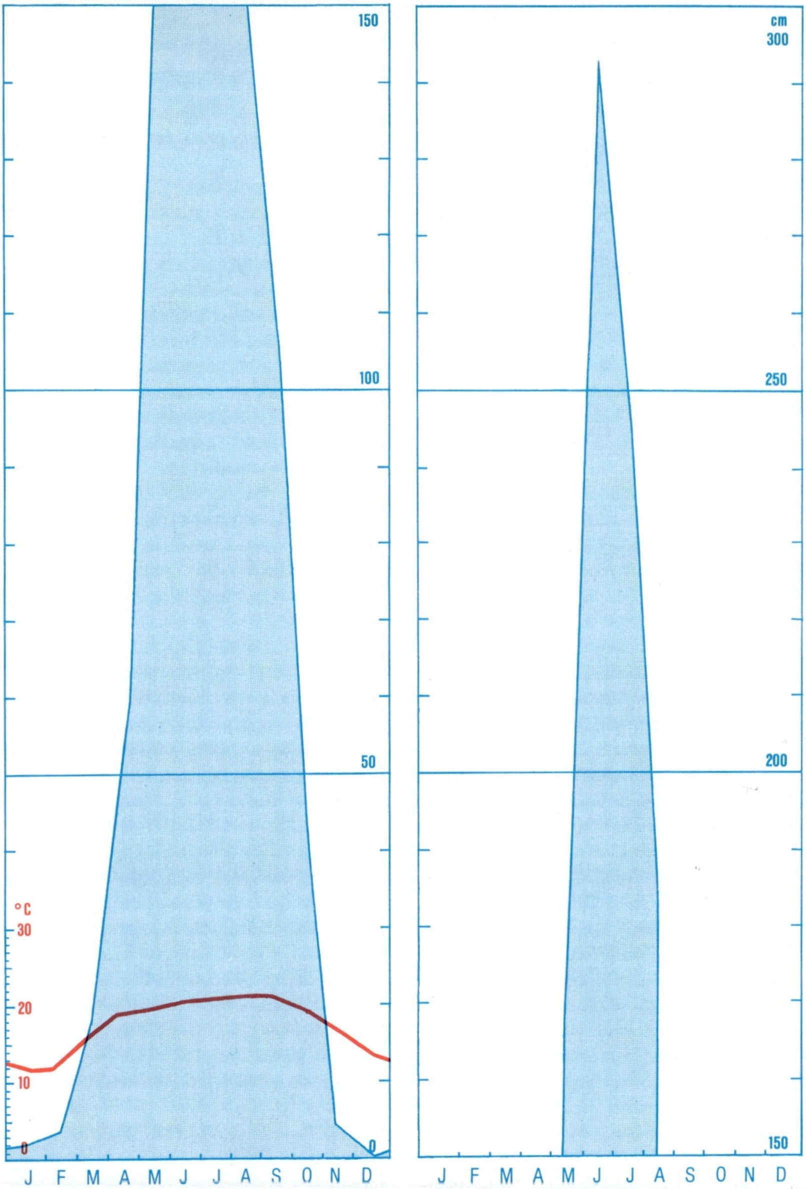

Die höchsten Jahresniederschläge! Lagekarte siehe Seite 48.

Cherrapunji / Ind. Union — 30 Jahre — Zone V_1 bzw. Cw

1312 m ü.M. — 25° 15′N und 91° 44′E — Jahresmittel 17,4 °C und 11420 mm

	J	F	M	A	M	J	J	A	S	O	N	D
°C	11,7	13,7	16,7	18,6	19,2	20,1	20,3	20,4	20,5	19,2	15,8	12,9
mm	20	37	179	605	1705	2922	2457	1828	1168	447	47	5

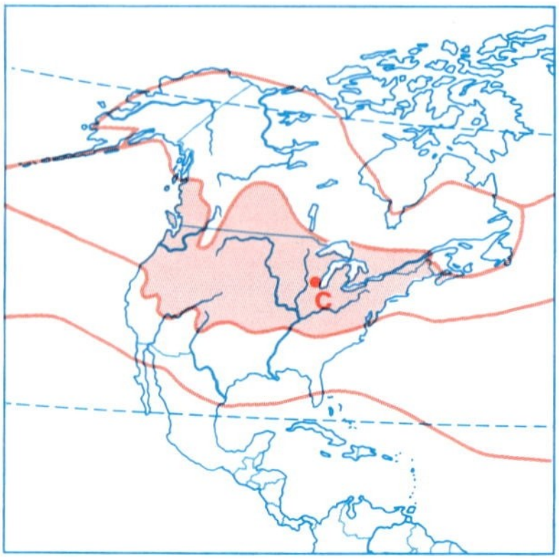

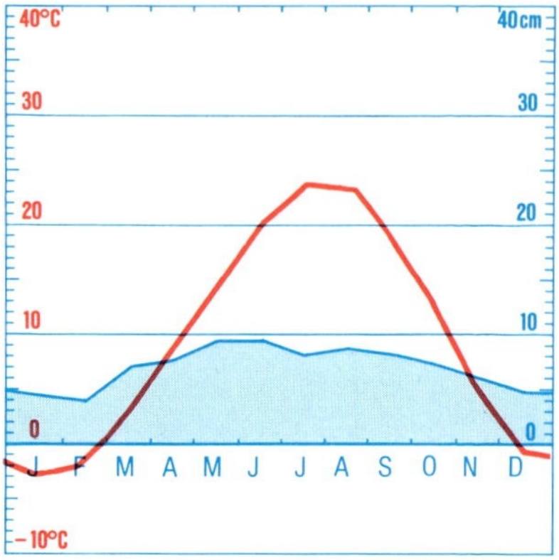

Chicago / USA — 56 Jahre — Zone III_7 bzw. Df

181 m ü.M. — 41°53′N und 87°38′W — Jahresmittel 10,6 °C und 813 mm

	J	F	M	A	M	J	J	A	S	O	N	D
°C	-2,9	-1,9	3,1	9,1	14,8	20,5	23,8	23,2	19,3	13,2	5,4	-0,8
mm	48	42	70	77	93	95	80	87	76	69	57	49

Das Klima des Mississippibeckens und Nordchinas gehört zu den kühlgemäßigten Waldklimaten auf der Ostseite der Kontinente. Es ist der Typ des sommerwarmen und sommerfeuchten Klimas. Die Temperaturen liegen zwischen 20° und 26 °C. Die Winter sind mäßig kalt bis kühl, denn nach Süden nehmen die Temperaturen allmählich zu. Die Jahresschwankung beträgt 25–35 °C.

Diese Temperaturgegensätze zwischen Sommer und Winter werden durch die Landmassen des amerikanischen bzw. asiatischen Kontinents verursacht. Im Winter entwickelt sich über dem Kontinent ein stabiles Kältehoch. Aus ihm fließen ausgekühlte und trockene Luftmassen ab. Deshalb sind die Winter verhältnismäßig schneearm. Nur der Blizzard bringt in den USA ergiebige Schneemengen. Im Sommer strömen die feuchtwarmen Luftmassen vom Meer landeinwärts in ein Hitzetief. Ergiebigere Niederschläge fallen erst, wenn die feuchtere Luft auf kältere Polarluft aufgleiten kann. Da sich die Grenzzone zwischen beiden Luftmassen verlagert, ergeben sich starke Unterschiede in den jährlichen Niederschlagsmengen. Die Winter sind nicht so niederschlagsarm wie in Nordchina.

Je nach Lage und Stärke der kontinentalen Hoch- bzw. Tiefdruckgebiete fallen die Extremtemperaturen aus. Das mittlere Minimum der Temperatur beträgt in Chicago -21,1 °C und das mittlere Maximum 34,4 °C. Die bisher gemessenen tiefsten und höchsten Temperaturen liegen bei -30,6 °C und 40,6 °C. Häufig treten im Mississippibecken im Herbst sonnenreiche und windstille Hochdrucklagen auf.

Bei gegebener Winterkälte bleibt die Verdunstung so gering, daß die Trockenheit nicht zur vollen Wirkung kommt. Der Wasserhaushalt ist noch humid, und es gedeihen sommergrüne Laubwälder. Sehr eindrucksvoll ist die herbstliche Laubfärbung. Nach Westen wird der Baumbestand zur Waldsteppe.

Mäßig kalte, trockene Winter, sehr warme, feuchte Sommer. Sommergrüner Laubwald.

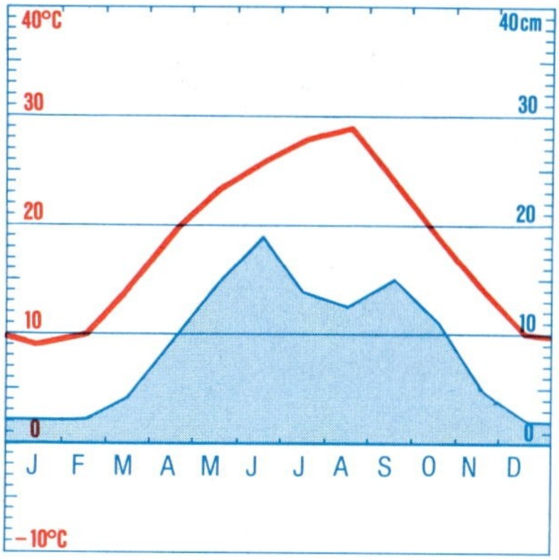

Chungking / V.R. China — 45 Jahre — Zone IV_7 bzw. Cw

261 m ü.M. — 29° 33'N und 106° 33'E — Jahresmittel 19,0 °C und 1096 mm

	J	F	M	A	M	J	J	A	S	O	N	D
°C	9,2	9,9	14,3	19,7	23,1	25,9	28,0	29,1	24,4	19,4	14,8	10,2
mm	19	20	38	97	146	186	138	126	149	110	49	21

	J	F	M	A	M	J	J	A	S	O	N	D
°C	30,9	29,9	28,8	25,8	21,8	18,7	17,8	19,9	23,7	27,6	30,1	31,3
mm	120	101	47	16	12	20	6	3	4	11	40	48

193 m ü.M. — 20° 43'S und 140° 30'E — Jahresmittel 25,5 °C und 429 mm

Cloncurry / Australien — 30 Jahre — Zone V_4 bzw. BS

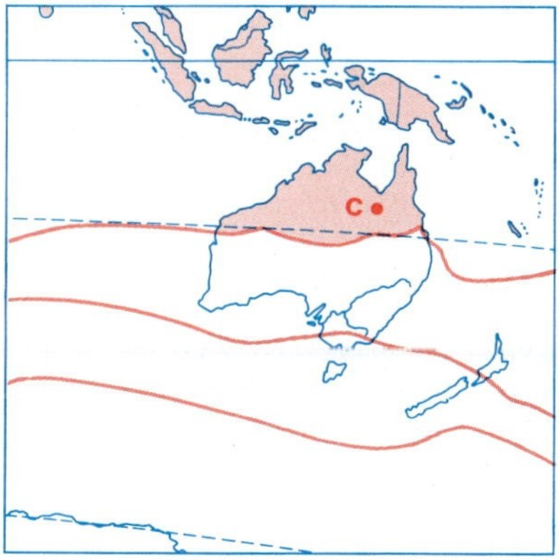

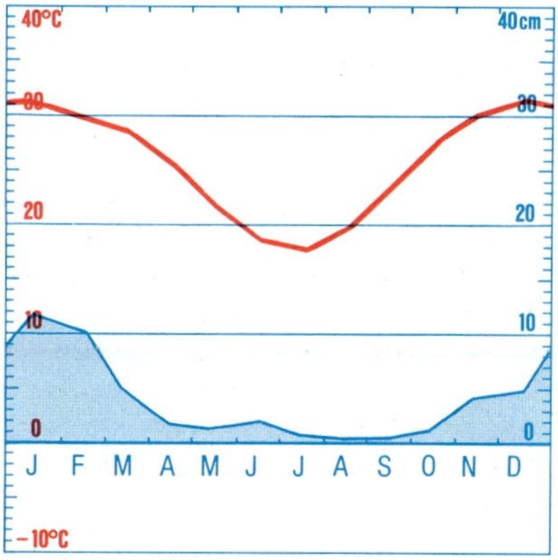

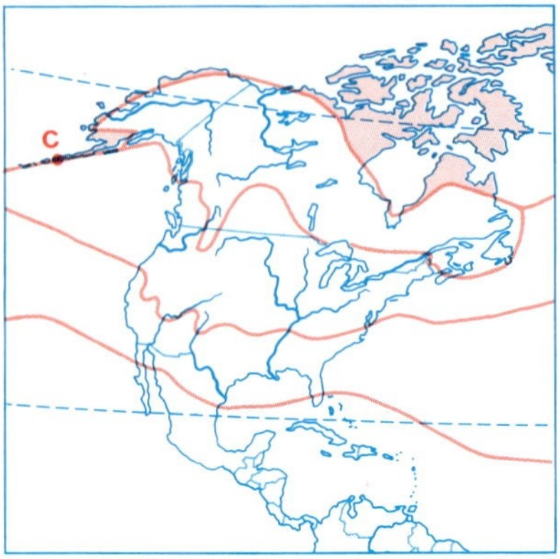

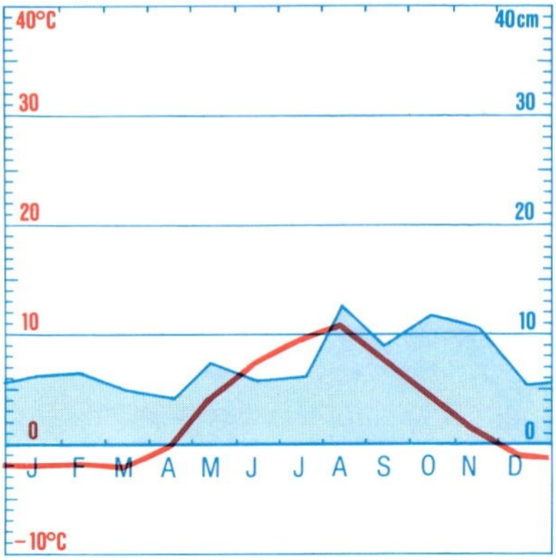

Cold Bay / USA 16 Jahre Zone I_4 bzw. Cf

27 m ü.M. 55° 12′N und 162° 43′W Jahresmittel 3,2 °C und 866 mm

	J	F	M	A	M	J	J	A	S	O	N	D
°C	−2,1	−1,8	−2,2	0,2	4,1	7,2	9,7	10,7	8,2	4,5	1,2	−1,7
mm	60	68	49	41	71	55	56	124	92	118	109	56

	J	F	M	A	M	J	J	A	S	O	N	D
°C	26,2	26,4	27,2	27,7	27,9	27,4	27,1	27,2	27,2	26,6	26,2	26,1
mm	88	96	118	260	353	212	140	124	153	354	324	175

6 m ü.M. 6° 56′N und 79° 51′E Jahresmittel 26,9 °C und 2395 mm

Colombo / Sri Lanka (Ceylon) 58 Jahre Zone V_1 bzw. Af

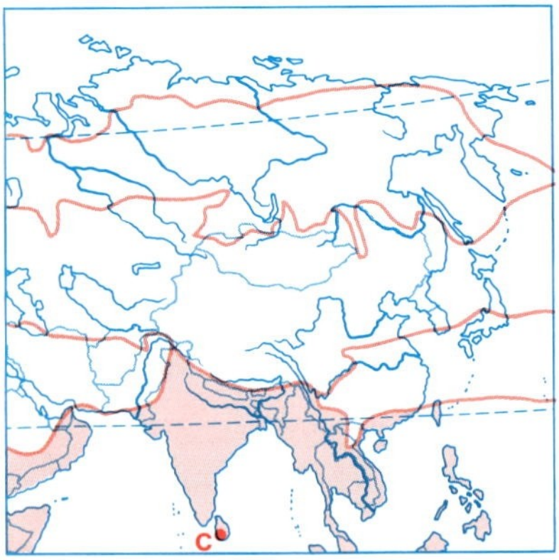

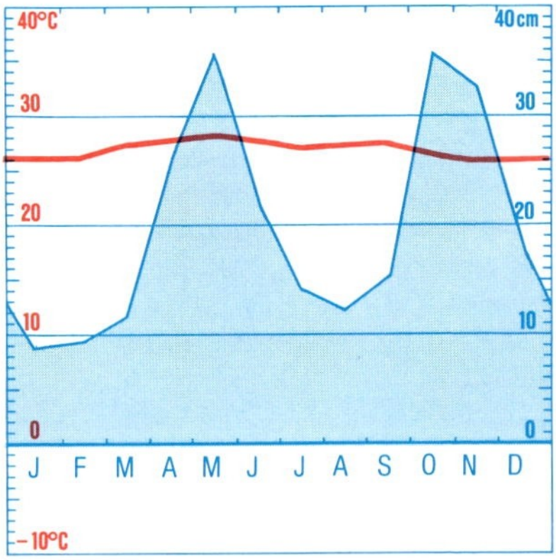

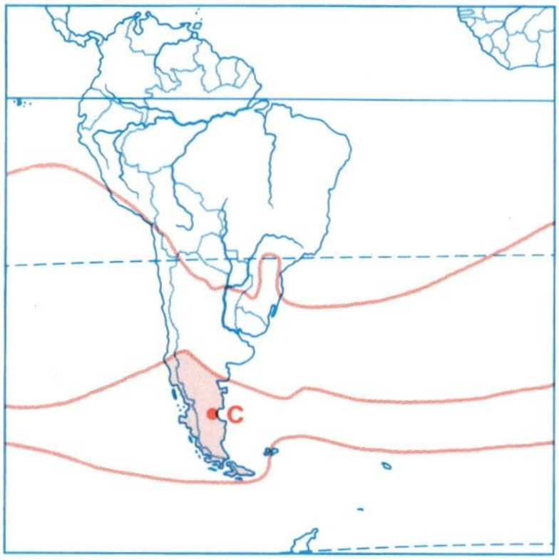

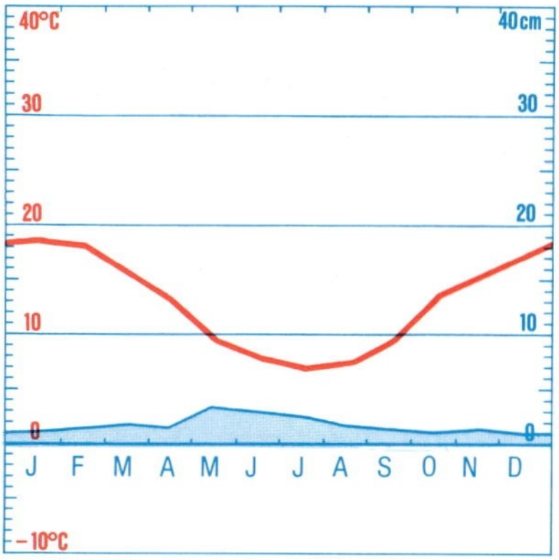

Comodoro Rivadavia / Argentinien
61 m ü.M. 45° 47′S und 67° 30′W

30 Jahre Zone III_{12} bzw. BS
Jahresmittel 12,8 °C und 210 mm

°C	18,8	18,4	15,8	13,1	9,4	7,5	6,9	7,2	9,7	13,3	15,3	17,7
	J	F	M	A	M	J	J	A	S	O	N	D
mm	11	15	18	17	31	26	23	18	15	10	14	12

Wüsten- und Halbwüstenklimate der kühlgemäßigten Zonen sind auf der Südhalbkugel nur in Ostpatagonien verbreitet. Auf der Nordhalbkugel nehmen sie bedeutende Areale der aralo-kaspischen Senke, des Tiefland von Turan, der Dsungarei, des Tarimbeckens und der Gobi ein. Bedeutend geringe Verbreitung hat der Typ im Großen Becken von Nordamerika. Während das Klima auf der Nordhalbkugel durch kalte Winter, deren kältester Monat unter 0 °C liegt, gekennzeichnet ist, liegen die Temperaturen des kältesten Monats in Ostpatagonien über 0 °C.
Dementsprechend beträgt die Schwankung der Jahrestemperatur in Comodoro nur 11,7 °C. Die Winter sind mild, weil die Festlandmasse bei weitem nicht so groß ist wie in Nordamerika oder Eurasien. Deshalb liegt das absolute Minimum der Temperatur im August bei -8,3 °C. Die Fröste gehen auf frontartige Einbrüche polarer Kaltluft, den Pampero, zurück. Im Sommer kann die Temperatur jedoch bis über 35 °C ansteigen, wenn der Zonda als trockener und warmer Fallwind von den Anden herabweht.
Die Niederschläge sind, bis auf ein Maximum in den Wintermonaten April und Mai, nahezu gleichmäßig über das Jahr verteilt. Die allgemeine Regenarmut bedingt einen semiariden Wasserhaushalt. Neben Hartgräsern wachsen in den Wüstensteppen die kissenförmig, stacheligen Polster von Mulinum spinosum. In den Wüstensteppen und Wüsten der aralokaspischen Senke und des Tieflands von Turan hat das vegetationsfreie Gebiet einen geringen Anteil. Verbreitet ist die Wermutsteppe. Über Salzböden ist der Saxaul, ein Dornstrauch, landschaftprägend. Auch in den Wüstensteppen und Wüsten der Mongolei deuten zahlreiche salzliebende Pflanzen auf den Salzgehalt der Böden. Ein ähnliches Bild bietet die Wüstensteppe in der Umgebung des Großen Salzsees. Hier gibt es auch kleinere vegetationsfreie Areale der Kernwüste.

Warme Sommer, milde Winter; arider Wasserhaushalt. Wüstensteppe und Wüste.

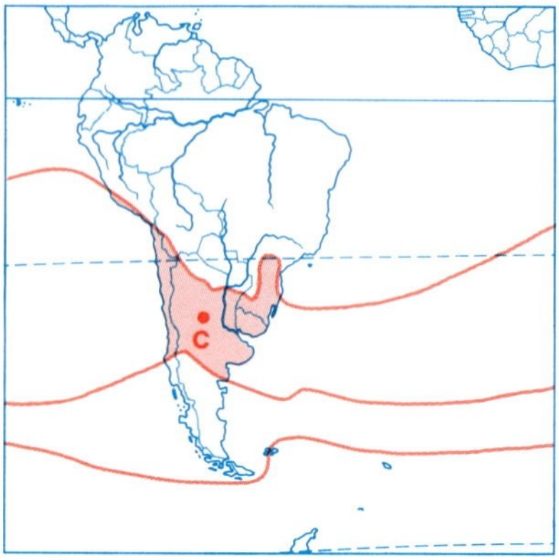

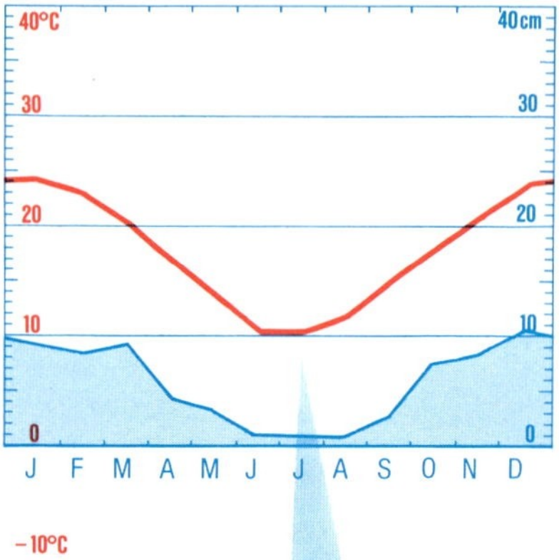

Córdoba / Argentinien — 30 Jahre — Zone IV_3 bzw. Cw

425 m ü.M. — 31° 24′S und 64° 11′W — Jahresmittel 17,6 °C und 678 mm

	J	F	M	A	M	J	J	A	S	O	N	D
°C	24,3	23,4	20,2	17,5	14,1	11,0	10,5	12,1	15,3	18,2	21,0	24,0
mm	97	87	92	45	34	10	11	11	29	74	82	106

	J	F	M	A	M	J	J	A	S	O	N	D
°C	26,6	26,9	27,2	27,8	27,4	25,5	25,0	24,8	25,6	26,2	26,8	26,9
mm	1	2	4	23	164	588	1337	1073	700	324	121	14

46 m ü.M. — 9° 30′N und 13° 43′E — Jahresmittel 26,4 °C und 4351 mm

Conakry / Guinea — 33 Jahre — Zone V_3 bzw. Af

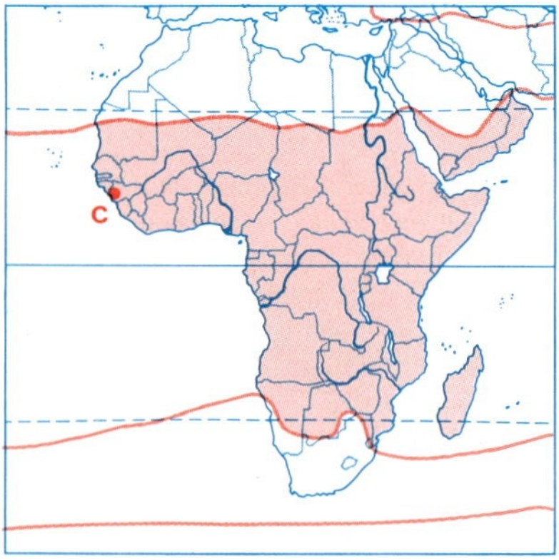

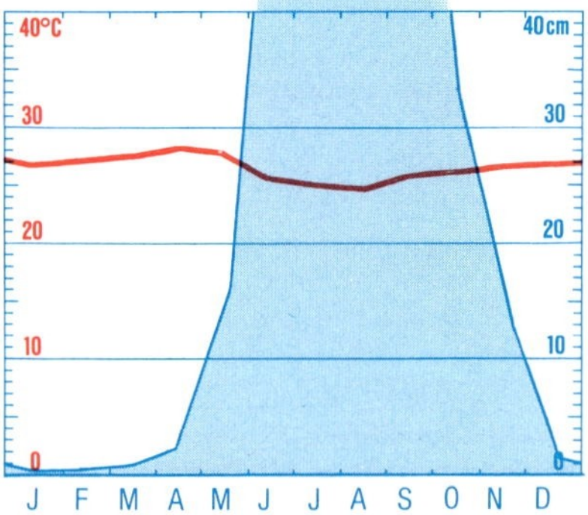

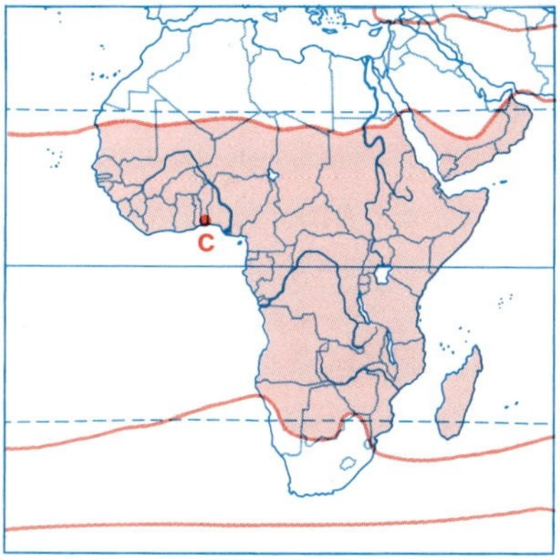

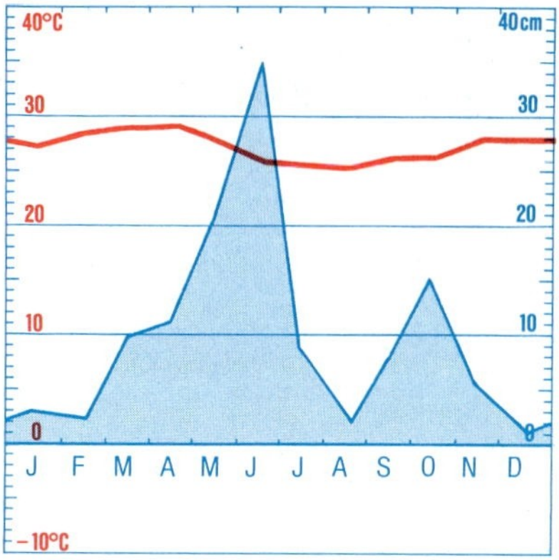

Cotonou / Benin (Dahomey) 35 Jahre Zone V_2 bzw. Aw
4 m ü.M. 6° 21′N und 2° 26′E Jahresmittel 27,6 °C und 1241 mm

	J	F	M	A	M	J	J	A	S	O	N	D
°C	27,8	28,8	29,3	29,3	28,2	26,7	26,0	25,8	26,5	26,7	28,1	28,2
mm	28	26	99	113	208	348	90	26	78	154	60	11

	J	F	M	A	M	J	J	A	S	O	N	D
°C	20,1	20,1	19,2	16,8	14,5	13,2	12,5	14,0	14,8	16,2	17,4	18,9
mm	199	173	124	78	85	88	81	83	119	130	105	147

947 m ü.M. 25° 26′S und 49° 16′W Jahresmittel 16,5 °C und 1413 mm
Curitiba / Brasilien 30 Jahre Zone IV_7 bzw. Cf

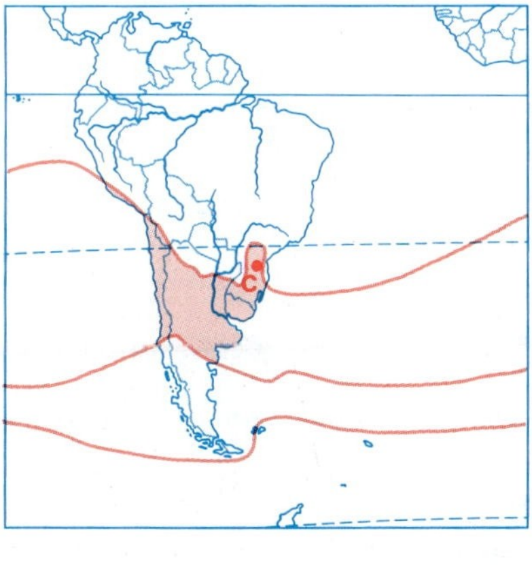

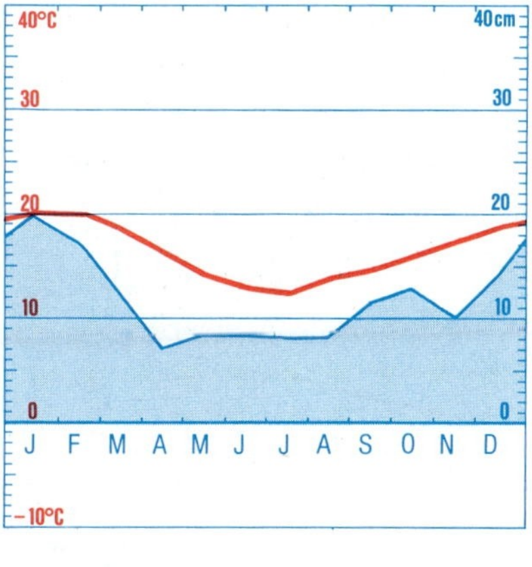

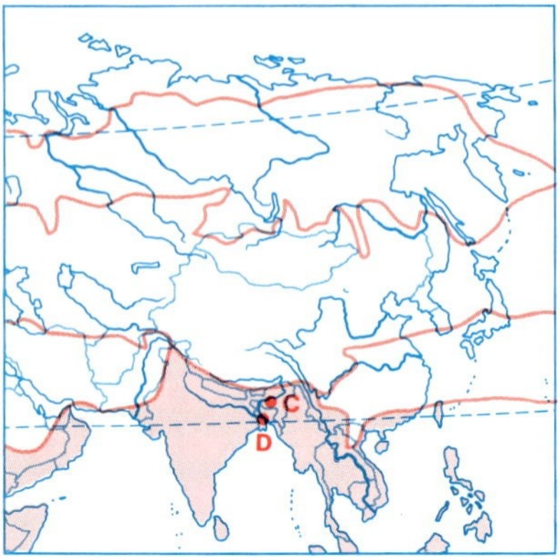

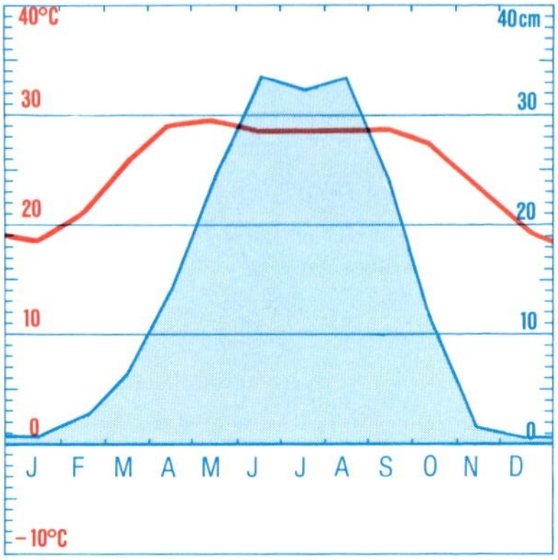

Dacca / Bangladesh — 71 Jahre — Zone V_2 bzw. Aw

? m ü.M. — 23° 43′N und 90° 25′E — Jahresmittel 25,7 °C und 1863 mm

	J	F	M	A	M	J	J	A	S	O	N	D
°C	18,6	20,7	25,7	29,2	29,6	28,8	28,3	28,6	28,5	27,3	23,1	19,5
mm	8	30	62	132	246	338	324	335	242	120	21	5

	J	F	M	A	M	J	J	A	S	O	N	D
°C	22,5	22,4	22,7	23,0	23,9	26,9	27,7	27,5	27,9	28,3	26,7	23,9
mm	1	1	–	–	1	16	157	245	146	42	3	4

37 m ü.M. — 14° 40′N und 17° 26′W — Jahresmittel 25,3 °C und 540 mm

Dakar / Senegal — 54 Jahre — Zone V_4 bzw. BS

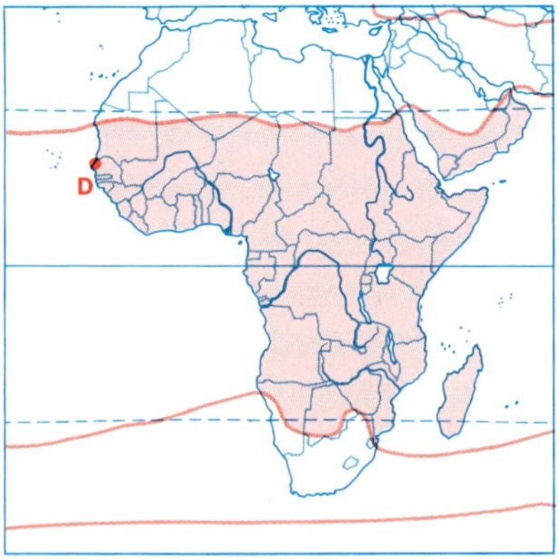

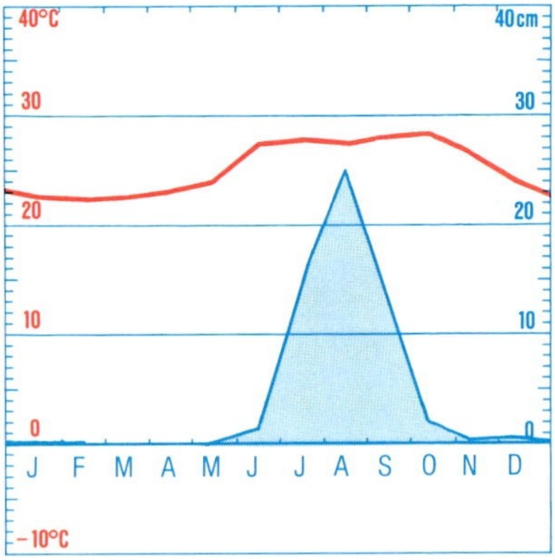

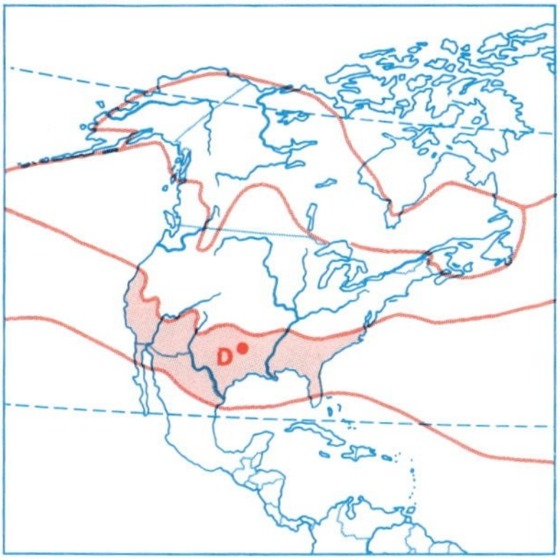

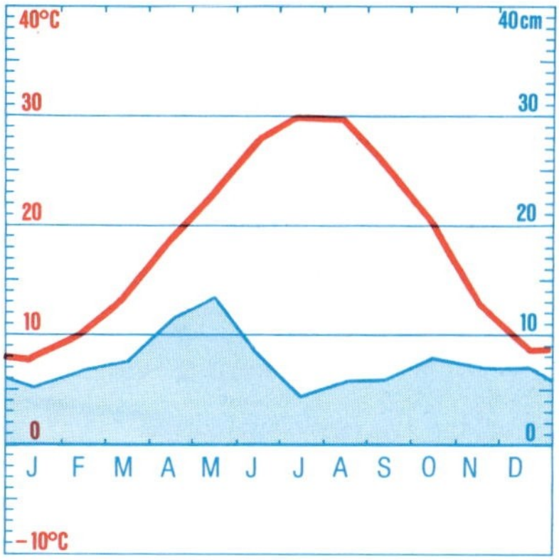

Dallas / USA | 20 Jahre | Zone IV_4 bzw. Cf
148 m ü.M. | 32° 51′N und 96° 51′W | Jahresmittel 18,9 °C und 912 mm

	J	F	M	A	M	J	J	A	S	O	N	D
°C	7,6	9,9	13,2	18,7	23,2	27,8	29,8	29,8	25,6	20,0	13,0	9,0
mm	51	65	75	115	134	87	46	59	59	78	72	70

Das Klima von Dallas gehört im Bereich der warmgemäßigten Subtropenzone zu den sommerfeuchten Steppenklimaten. Die Sommer sind heiß, das mittlere Temperaturmaximum liegt im August bei 38,9 °C. Hitzewellen und föhnartige, heiße Winde treten im Sommer auf. Das absolute Temperaturmaximum liegt bei 43,3 °C. Der milde Winter hat im Januar eine mittlere Minimumtemperatur von −7,8 °C, das mittlere Maximum liegt aber bei 23,9 °C. Fröste sind in Dallas von November bis März nicht selten. Sie sind an die Einbrüche polarer Kaltluft gebunden. Diese Norther bringen auch ergiebige Schneefälle.
Die Hauptniederschlagszeit fällt in den Spätfrühling und Frühsommer. Dieser Gang des Jahresniederschlags ist kennzeichnend für ein Klima an der Ostseite eines Kontinents. Wir finden die sommerfeuchten Steppenklimate mit 6–9 humiden Monaten in der Prärie von Texas, in Nordlaos und Tonking wie im Bergland von Yünnan, in der westlichen Pampa Argentiniens, im High- und Midland-Veld von Südafrika und im östlichen Australien.
Regenbringer ist auf der Südhalbkugel der Südostpassat mit seinen feuchtwarmen Meeresluftmassen. Dabei kommt es an den Luvseiten der Kontinente zu Steigungsregen. In Texas wie im Bergland von Yünnan steuern die Hitzetiefs über Arizona bzw. Tibet das Wettergeschehen. Sie saugen feuchtwarme Meeresluft aus dem Golf von Mexiko bzw. dem Südchinesischen Meer auf das Festland. Je nach Länge der humiden Jahreszeit entfalten sich Dornstrauch-, Kurzgras- oder Waldsteppen. In Texas wächst die Mezquite-Tallgras-Prärie, in der argentinischen Pampa wie im Panjab sind es sommergrüne und zum Teil auch immergrüne Dornstrauchformationen, in Südafrika gedeiht eine Kurzgrassteppe und in Australien der Mulga-Scrub.

Heiße feuchte Sommer, milde trockene Winter; semiarid. Dornstrauch-, Kurzgras- und Waldsteppe.

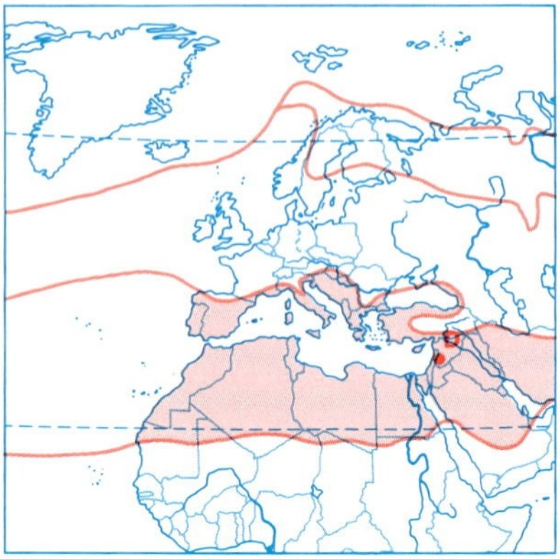

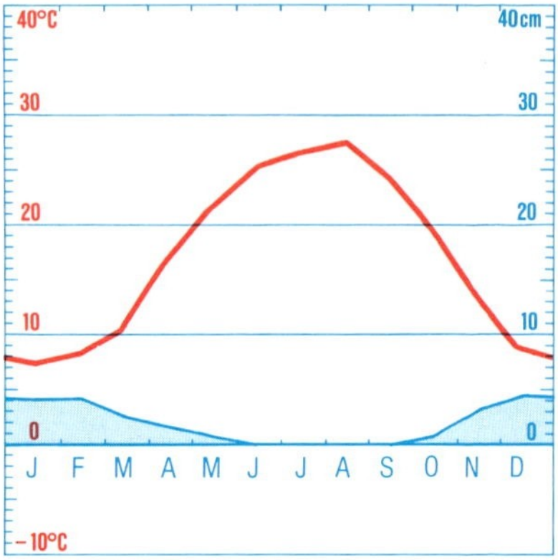

Damaskus / Syrien — ? Jahre — Zone IV_1 bzw. BS

729 m ü.M. — 33° 19′N und 36° 14′E — Jahresmittel 17,9 °C und 216 mm

	J	F	M	A	M	J	J	A	S	O	N	D
°C	7,6	8,9	11,7	16,6	21,5	25,2	26,8	27,4	24,2	19,7	13,4	8,9
mm	42	44	23	14	7	–	–	–	–	7	32	47

	J	F	M	A	M	J	J	A	S	O	N	D
°C	27,7	27,7	27,4	26,7	25,7	24,5	23,8	23,8	24,0	24,8	26,1	27,3
mm	49	75	114	289	216	25	27	24	37	63	73	83

19 m ü.M. — 6° 50′S und 39° 18′E — Jahresmittel 25,8 °C und 1075 mm

Daressalam / Tansania — 16 Jahre — Zone V_2 bzw. Aw

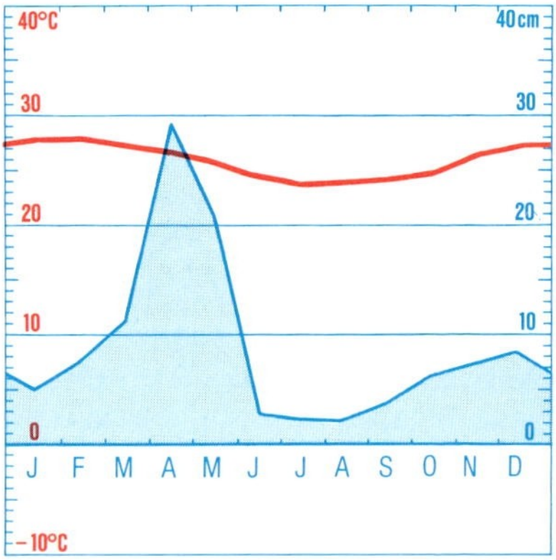

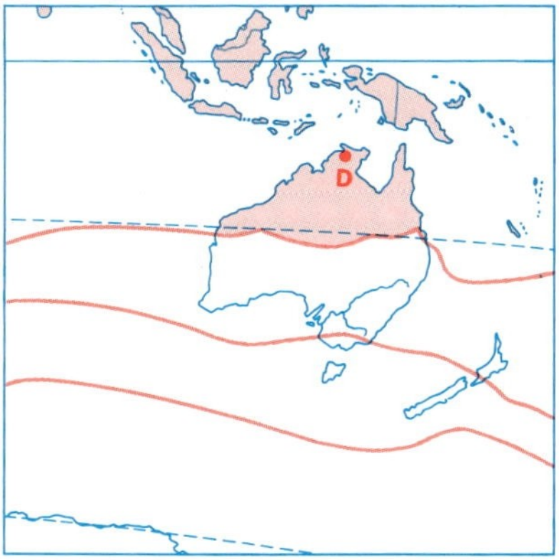

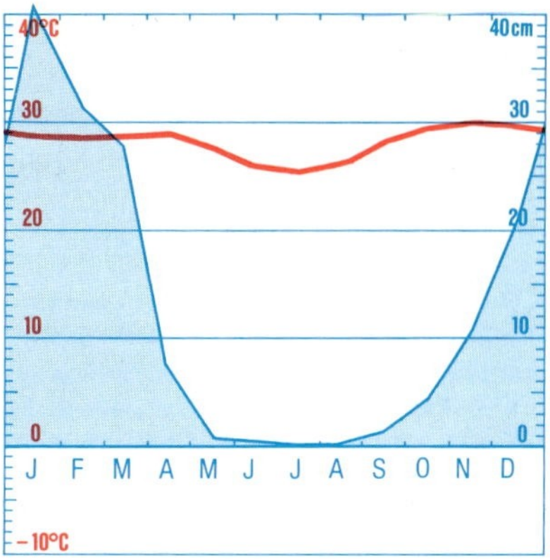

Darwin / Australien | 30 Jahre | Zone V_3 bzw. Aw
30 m ü.M. | 12° 28′S und 130° 51′E | Jahresmittel 28,0 °C und 1490 mm

°C	28,7	28,6	28,7	28,8	27,4	25,8	25,1	26,2	28,1	29,4	29,8	29,4
	J	F	M	A	M	J	J	A	S	O	N	D
mm	411	314	284	78	8	2	0	1	15	49	110	218

°C	11,4	14,7	19,9	25,2	29,4	35,1	39,0	37,7	33,4	25,8	16,9	11,7
	J	F	M	A	M	J	J	A	S	O	N	D
mm	6	6	4	3	2	1	0	0	0	2	4	1

51 m u.M. | 36° 27′N und 116° 52′W | Jahresmittel 24,9 °C und 41 mm
Death Valley / USA | 49 Jahre | Zone IV_5 bzw. BW

Das höchste Monatsmittel der Temperaturen aller Stationen!

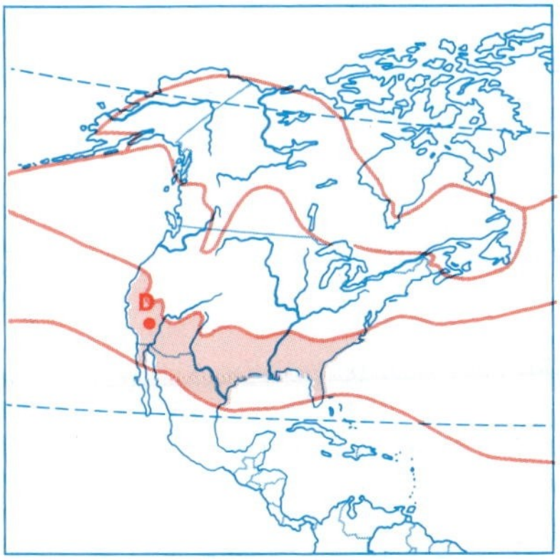

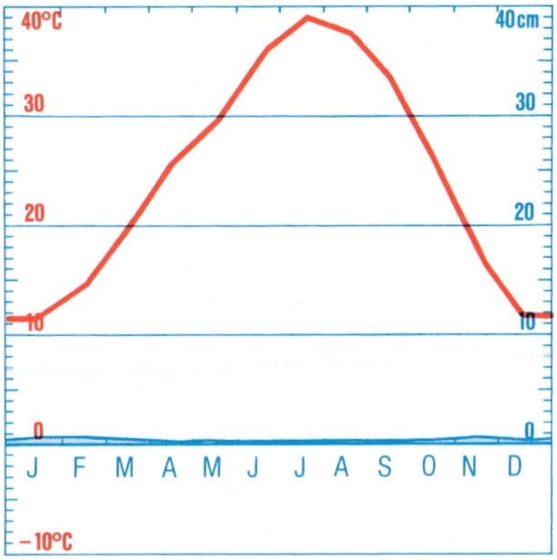

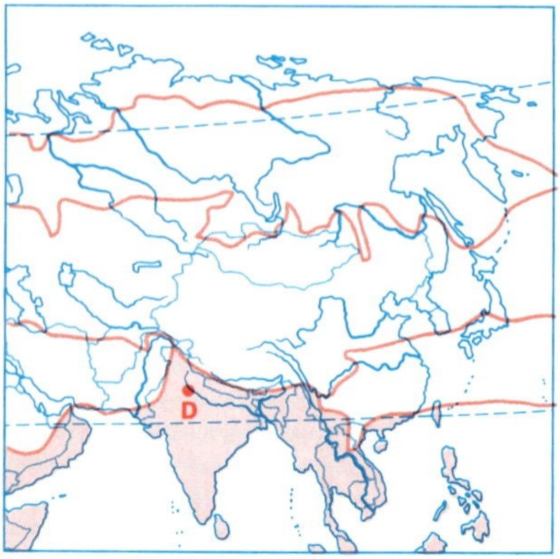

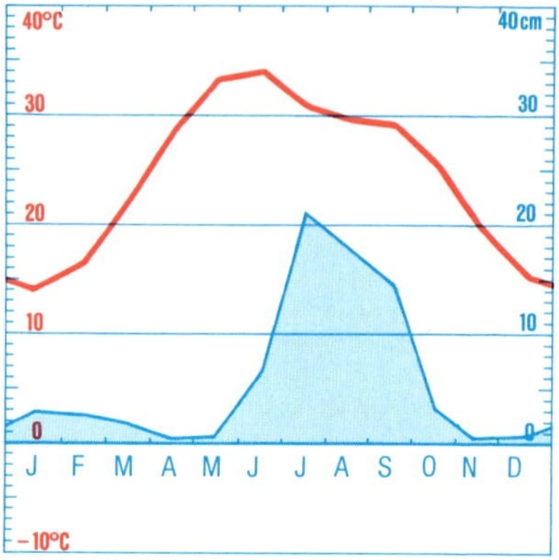

Delhi / Indische Union
216 m ü.M. 28° 35′N und 77° 12′E

30 Jahre Zone V_4 bzw. BS
Jahresmittel 25,3 °C und 714 mm

°C	14,3	16,8	22,7	28,6	33,6	34,3	31,3	29,9	29,3	25,9	20,3	15,7
	J	F	M	A	M	J	J	A	S	O	N	D
mm	25	22	17	7	8	65	211	173	150	31	1	5

Die Dornsavannenklimate der Tropen haben eine Trockenzeit von 7,5–10 Monaten. Unter diesen semiariden Bedingungen wachsen Dorn- und Sukkulentensavannen mit Tonnen- und Flaschenbäumen als Anpassung an die Wasserknappheit. Wir finden das Dornsavannenklima in Mexiko, in Nordostbrasilien, im nördlichen Gran Chaco, im Sahel, im östlichen und südlichen Afrika, an der Westküste Madagaskars, in Vorderindien und in Nordaustralien.

In Delhi beträgt die Jahresschwankung der Temperatur 19,7 °C. In der Region sind im Witterungsverlauf drei Jahreszeiten zu unterscheiden, die durch jahreszeitlich gegensätzliche Luftströmungen hervorgerufen werden. Der Wintermonsun weht als Nordwestwind aus dem Hochland von Tibet. Beim Absteigen erwärmt sich die Luft und trocknet aus. Deshalb beginnt von Oktober an die Trockenzeit. Die mittlere relative Feuchte beträgt im November in Delhi nur 41%. Die Monatstemperaturen sinken bis zum Februar. Das mittlere Minimum dieser kühl-trockenen Jahreszeit liegt bei 2,2 °C, das absolute Minimum bei −0,6 °C im Januar.

In den Monaten März, April und Mai wird es mit zunehmender Sonneneinstrahlung wärmer. Der Nordostmonsun bleibt aus, die mittlere relative Feuchte sinkt auf 27% im April. Das mittlere Maximum der Temperatur steigt im Mai auf 44,4 °C, das absolute Maximum liegt sogar bei 46,1 °C. In dieser heißtrockenen Jahreszeit wird der Boden steinhart, die Vegetation verdorrt.

Mit dem aufkommenden Sommermonsun beginnt im Juni die dritte Jahreszeit. Von Juni bis Oktober weht der Südwestwind. Er bringt zwar feuchtwarme Meeresluft, aber im Juli und August kommt es nur an durchschnittlich acht Tagen zu stärkeren Gewitterregen. Im Juni fallen maximal 236 mm in 24 Stunden. Die mittlere relative Feuchte steigt auf 72% im August. Die Dornsavanne wird rasch grün. Nach zwei bis drei Monaten ist die Wachstumszeit durch die einsetzende aride Periode beendet.

Sehr heiße mäßig feuchte Sommer, mäßig warme trockene Winter. Dornsavanne.

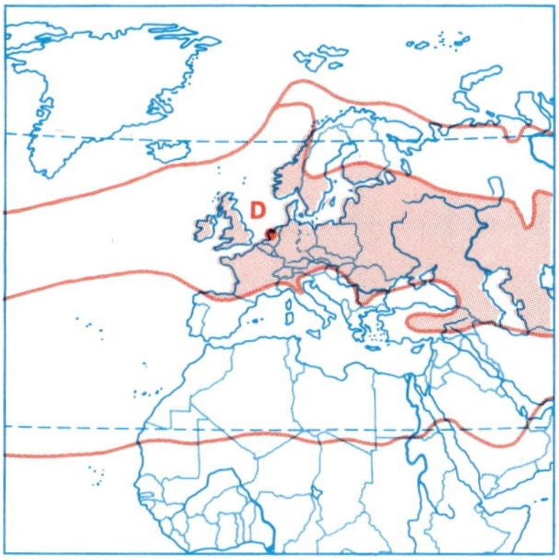

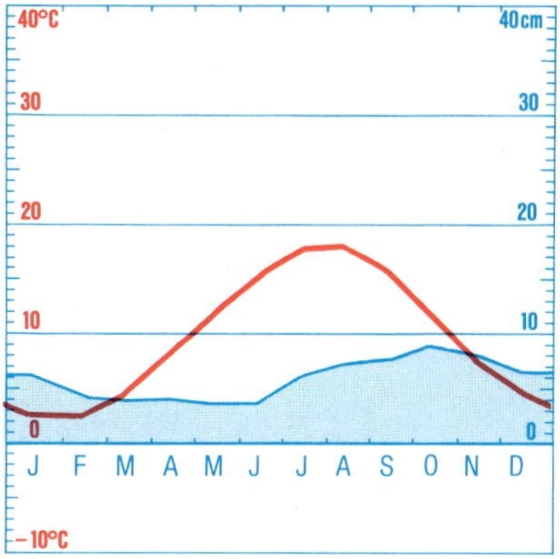

Den Helder / Niederlande | 30 Jahre | Zone III_2 bzw. Cf
4 m ü.M. | 52° 58′N und 4° 45′E | Jahresmittel 10,0 °C und 712 mm

	J	F	M	A	M	J	J	A	S	O	N	D
°C	2,7	2,6	4,8	8,1	11,9	15,3	17,4	17,8	15,7	11,6	7,3	4,4
mm	64	46	39	40	38	37	64	71	75	90	83	65

	J	F	M	A	M	J	J	A	S	O	N	D
°C	−24,1	−24,2	−24,9	−19,2	−7,0	0,7	4,9	5,4	1,9	−6,6	−17,0	−21,3
mm	20	13	17	9	11	23	32	46	42	21	14	18

20 m ü.M. | 73° 30′N und 80° 20′E | Jahresmittel −10,7 °C und 266 mm
Dickson / SU | 30 Jahre | Zone I_3 bzw. ET

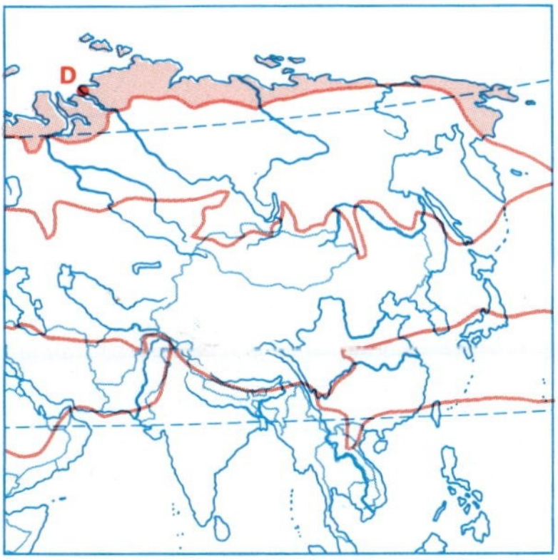

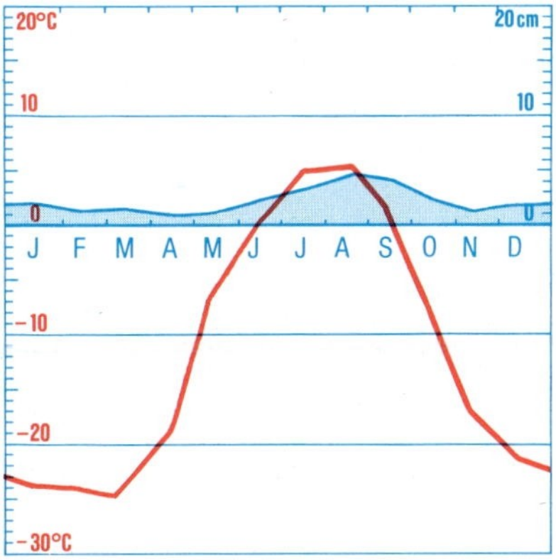

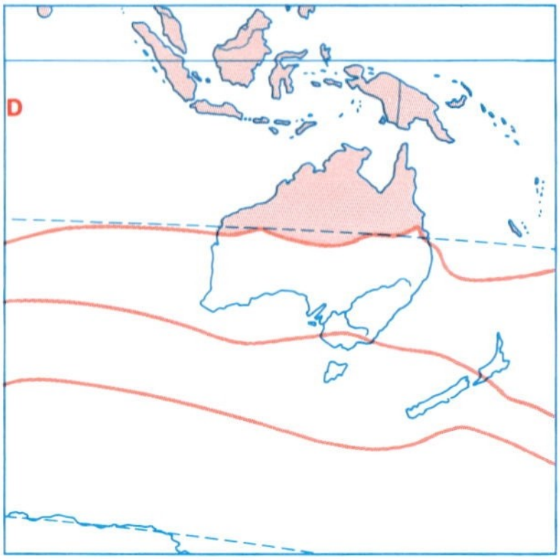

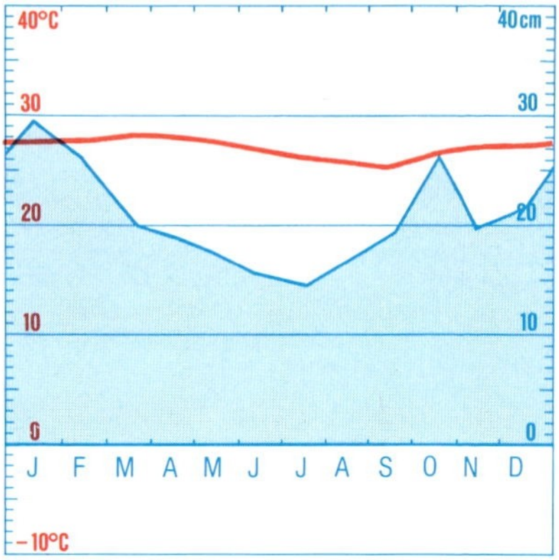

Diego Garcia / Chagos-Inseln (brit.) — 18 Jahre — Zone V_1 bzw. Af

2 m ü.M. — 6° 34′S und 72° 24′E — Jahresmittel 27,1 °C und 2471 mm

	J	F	M	A	M	J	J	A	S	O	N	D
°C	27,7	27,7	28,2	28,1	27,5	26,5	26,0	25,6	26,1	26,5	27,1	27,7
mm	297	265	202	194	173	153	149	166	190	261	199	222

	J	F	M	A	M	J	J	A	S	O	N	D
°C	27,7	27,6	27,4	27,4	27,0	26,8	25,5	25,1	25,4	26,0	27,2	27,4
mm	140	139	133	104	75	38	20	12	9	22	61	145

4 m ü.M. — 8° 35′S und 125° 35′E — Jahresmittel 26,6 °C und 898 mm

Dili / Indonesien — 40 Jahre — Zone V_1 bzw. Aw

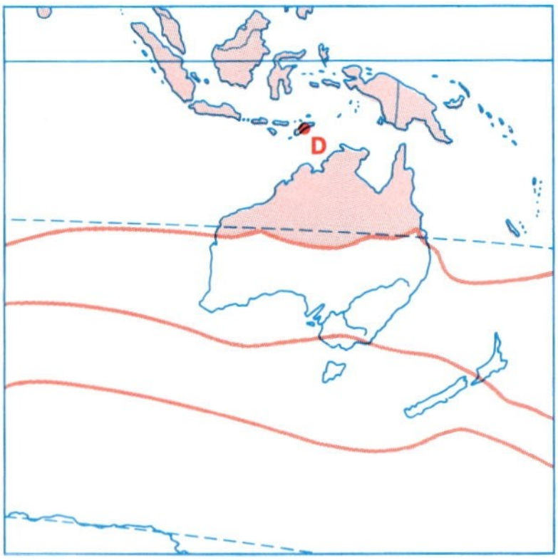

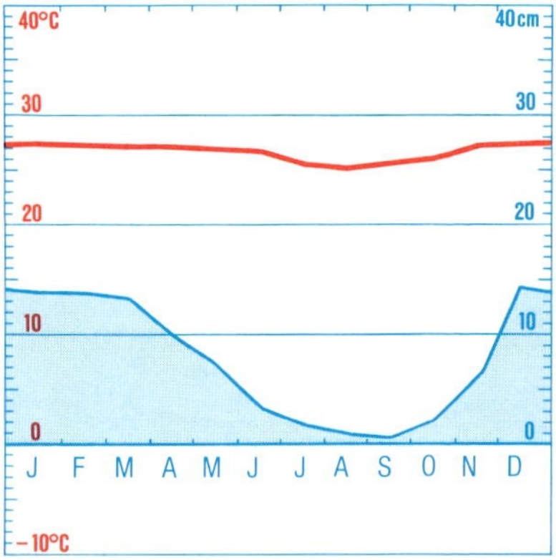

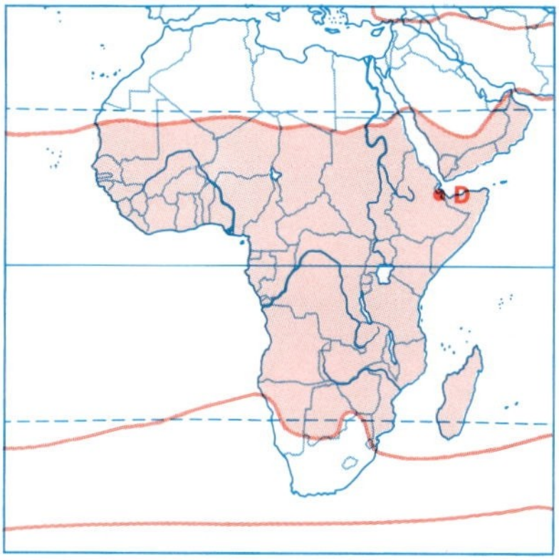

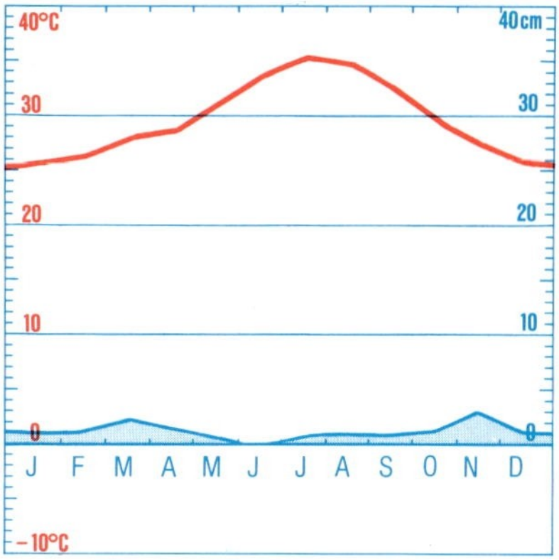

Djibouti / Djibouti — 70 Jahre — Zone V_5 bzw. BW

3 m ü.M. — 11° 36′N und 43° 9′E — Jahresmittel 29,8 °C und 133 mm

	J	F	M	A	M	J	J	A	S	O	N	D
°C	25,4	26,0	27,6	28,8	30,9	33,8	35,1	34,4	32,7	29,7	27,5	25,9
mm	11	12	20	12	6	–	7	8	6	11	27	12

	J	F	M	A	M	J	J	A	S	O	N	D
°C	19,0	19,5	23,1	28,3	32,9	33,5	33,8	34,3	32,8	30,2	24,7	20,5
mm	–	–	1	–	1	–	9	13	–	–	–	–

225 m ü.M. — 19° 10′N und 30° 29′E — Jahresmittel 27,7 °C und 24 mm

Dongola / Sudan — 16 Jahre — Zone V_5 bzw. BW

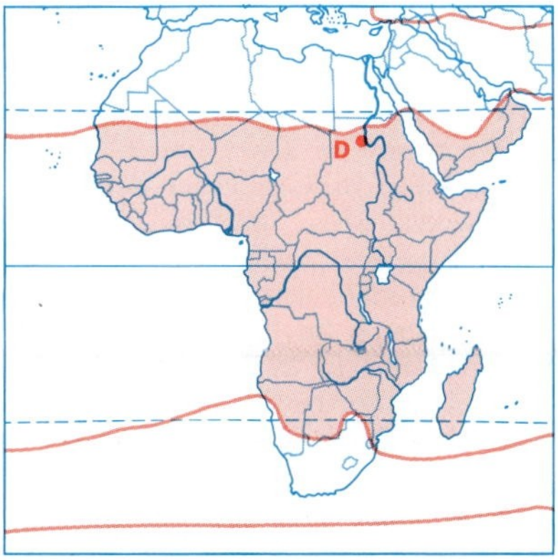

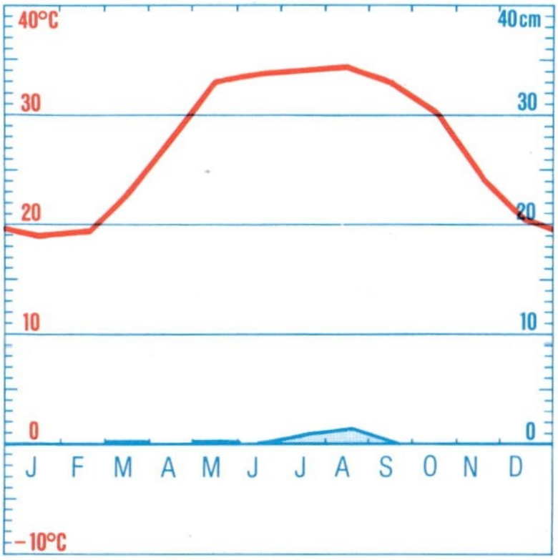

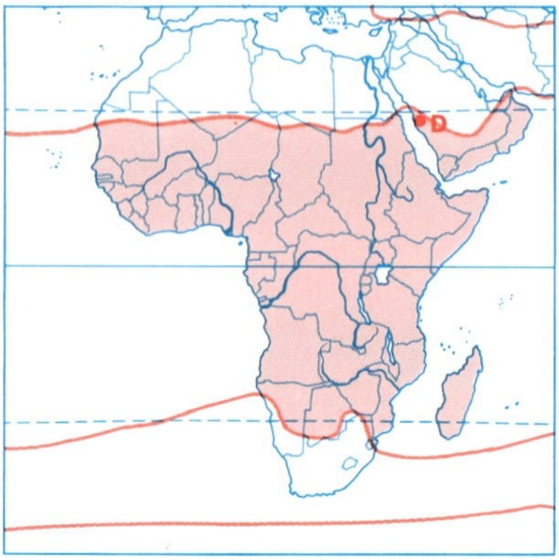

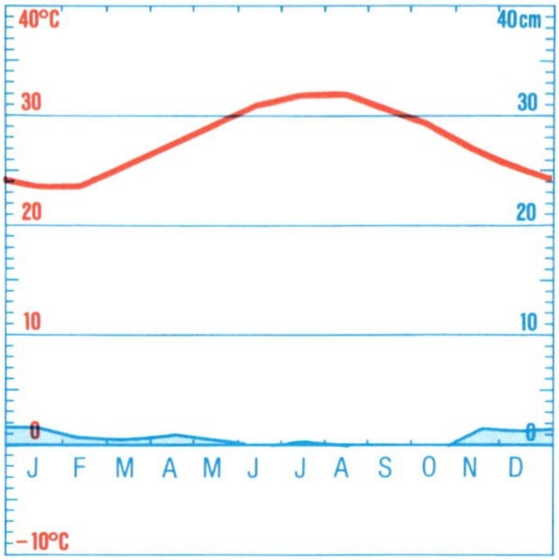

Djidda / Saudi Arabien — 15 Jahre — Zone V_5 bzw. BW

11 m ü.M. — 21° 30′N und 39° 12′E — Jahresmittel 28,0 °C und 60 mm

	J	F	M	A	M	J	J	A	S	O	N	D
°C	23,7	23,5	25,3	27,4	29,2	31,0	31,9	32,0	30,7	29,1	27,1	25,1
mm	16	3	2	8	2	–	1	–	–	–	15	13

Entsprechend der Lage Saudi Arabiens im Trockengürtel der Alten Welt herrscht ein trockenes und heißes Klima. Bei der Größe der Arabischen Halbinsel und den abwechslungsreichen Oberflächenformen ergeben sich jedoch deutliche Abstufungen der Trockenheit und der Temperaturverhältnisse. Besonders einprägsam ist der Unterschied im Sommer zwischen dem feuchtschwülen Klima von Djidda und dem trockenen und extrem heißen Klima von Er-Riad.

Starken Schwankungen sind die Niederschläge unterworfen. Im Landesinnern sinken die Werte auf weniger als 100 mm pro Jahr. Nur die Rub-el-Khali hat niederschlagsfreie Trockenperioden, die bis zu 15 Jahren andauern können.

Djidda ist eine Hafen-, Industrie- und Verwaltungsstadt am Roten Meer. Die Sommer sind sehr heiß und schwül. Die mittlere relative Feuchte schwankt während des Jahres zwischen 52 und 63%. Das mittlere Temperaturmaximum beträgt im Juni 42,2 °C, das mittlere Minimum liegt immer noch bei 20,6 °C. Die Wintermonate sind sehr warm, sie bringen nur eine geringe Temperaturerniedrigung. Das mitttlere Minimum der Jahrestemperatur liegt immer noch bei 13,3 °C, aber das mittlere Maximum steigt auf 32,2 °C. So ist die Jahresschwankung der Temperatur mit 8,1 °C gering. Die täglichen Temperaturschwankungen sind zwar nicht so groß wie im Binnenland, sie führen jedoch vor allem im Winter zur Bildung von Küstennebel. Taufall ist in der Nacht häufig. Am Tage kann das Wetter stark dunstig sein. Die geringen Niederschläge fallen vorwiegend im Winter. Sie unterliegen aber starken jährlichen Schwankungen. Außerdem regnet es meist nicht mehr als an ein oder zwei Tagen im Monat. Im Januar können dann bis zu 13 mm in 24 Stunden fallen, im September sogar bis zu 140 mm.

Bei diesem Feuchtigkeitsdargebot entfaltet sich die Vegetation der Halbwüste.

Sehr heiße trockene Sommer, sehr warme mäßig feuchte Winter. Halbwüste.

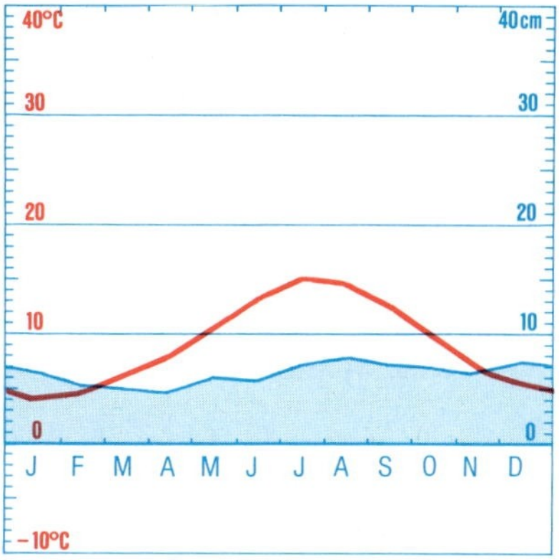

Dublin / Irland | 30 Jahre | Zone III_2 bzw. Cf
? m ü.M. | 53° 20′N und 6° 15′W | Jahresmittel 9,6 °C und 763 mm

	J	F	M	A	M	J	J	A	S	O	N	D
°C	4,5	4,9	6,5	8,2	10,7	13,8	15,3	15,0	13,1	10,1	7,1	5,5
mm	67	55	51	45	60	57	70	74	72	70	67	75

	J	F	M	A	M	J	J	A	S	O	N	D
°C	−14,1	−11,6	−5,5	4,4	11,2	14,3	17,3	15,6	10,8	5,1	−4,2	−10,4
mm	24	20	21	28	46	80	85	65	34	23	22	25

? m ü.M. | 53° 33′N und 113° 28′W | Jahresmittel 2,7 °C und 325 mm
Edmonton / Kanada | 30 Jahre | Zone II_2 bzw. Df

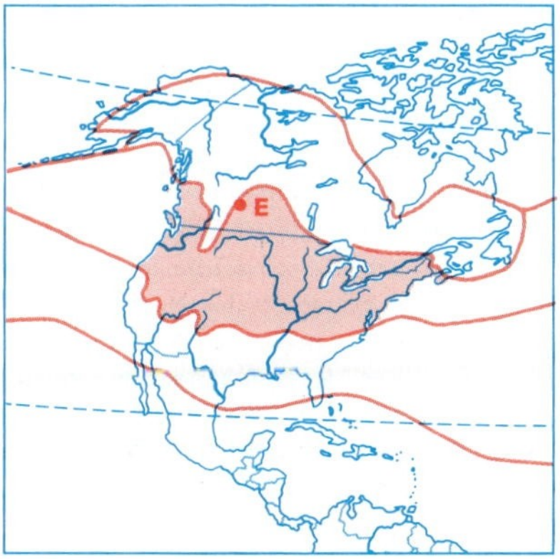

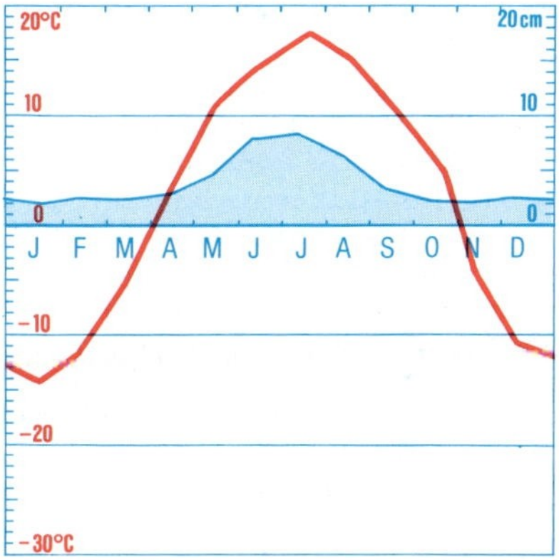

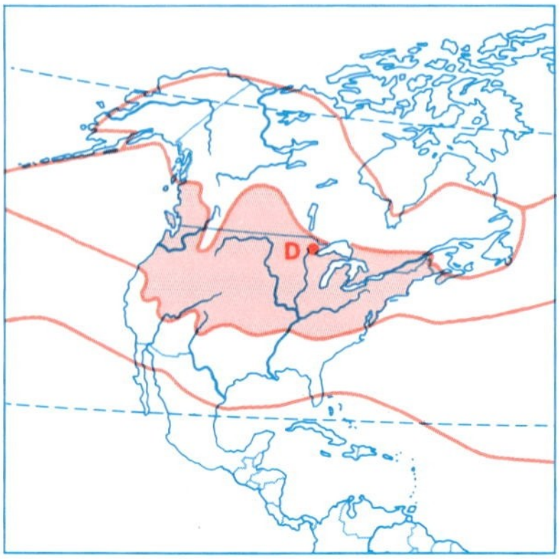

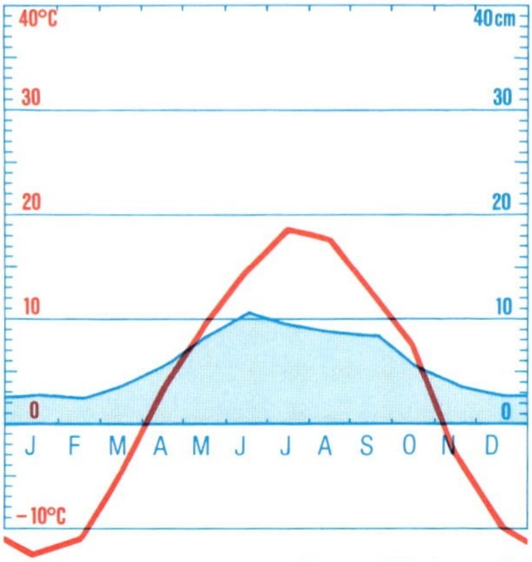

Duluth / USA
429 m ü.M. 46° 50'N und 92° 11'W

89 Jahre Zone III_5 bzw. Df
Jahresmittel 3,8 °C und 726 mm

°C	-12,3	-10,5	-4,9	3,8	9,7	14,9	18,8	18,0	12,7	7,4	-2,3	-9,5
	J	F	M	A	M	J	J	A	S	O	N	D
mm	26	25	39	53	83	107	96	87	86	57	40	28

Duluth in Minnesota ist kennzeichnend für das hochkontinentale winterkalte Waldklima der kühlgemäßigten Klimazonen. Die Januartemperaturen können -10 °C bis -20 °C erreichen. Die Jahresschwankung der Temperatur liegt zwischen -30° und -40 °C, in Duluth beträgt sie 31,8 °C. Die Verbreitung dieses Klimatyps ist auf die Nordhalbkugel beschränkt. Er findet sich in Nordamerika im Süden von Saskatchewan und Manitoba sowie in Minnesota. In Westsibirien bildet das Klima eine Provinz vom Ural bei Swerdlowsk bis östlich von Nowosibirsk.

Der kalte Winter dauert von November bis März und der warme Sommer von Juni bis August. Entsprechend kurz sind die Übergangsjahreszeiten. Zu allen Jahreszeiten ist die Schwankung der Tagestemperatur deutlich ausgeprägt. Das mittlere Maximum der Temperatur wird mit 32,2 °C im Juli und das mittlere Minimum im Januar mit -31,7 °C erreicht. Bei extremen Kaltlufteinbrüchen aus dem Polargebiet können in Duluth bis zu -40 °C erreicht werden. Sie sind in der Regel von heftigen Schneestürmen, den Blizzards oder dem Buran in Sibirien, begleitet.

Der Jahresniederschlag ist mäßig hoch. Das Niederschlagsmaximum liegt in den Sommermonaten, da im Winter die trokkene Polarluft überwiegt. Es bildet sich eine geschlossene, aber nicht sehr mächtige Schneedecke. Insgesamt ist der Wasserhaushalt humid bis semihumid, so daß die Bodenfeuchtigkeit für das Gedeihen von Laubbäumen noch ausreicht. Allerdings setzen nach Süden als Übergang zu den Steppen bereits Waldsteppen ein. Auf eine zunehmende Trockenheit ist auch der wachsende Anteil an Birken zurückzuführen. Nach Norden gehen die sommergrünen Mischwälder in das boreale Nadelwaldgebiet durch allmähliche Zunahme des Anteils an Nadelbäumen über. In dieser Region sind die natürlichen Wälder durch Besiedlung seit dem 18. Jh. zu etwa 50% gerodet worden.

Warme Sommer, kalte Winter; mäßiger Niederschlag. Sommergrüner Laubwald und Waldsteppe.

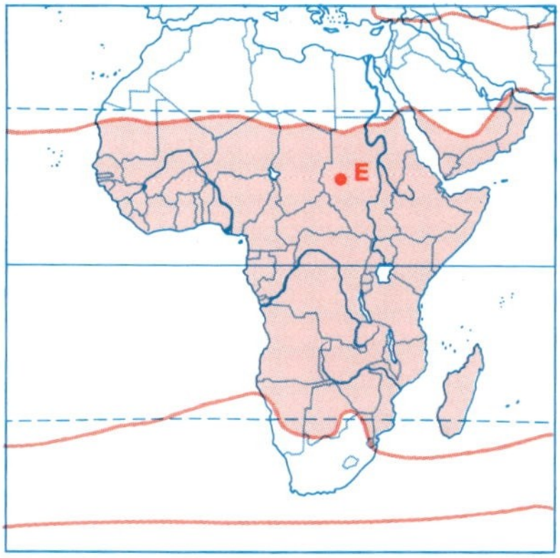

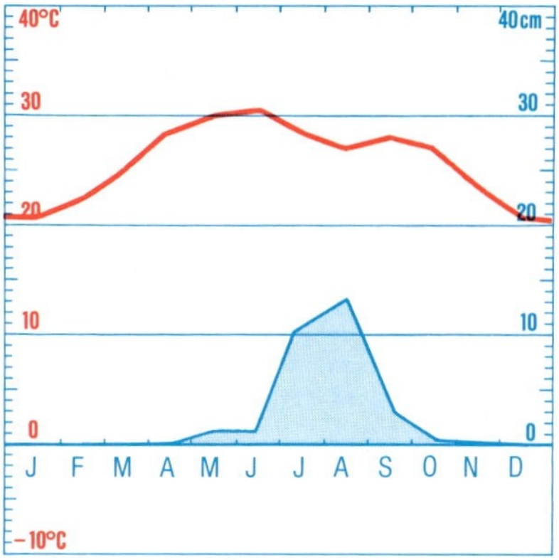

El Fasher / Sudan — 30 Jahre — Zone V_4 bzw. BS

730 m ü.M. — 13° 38′N und 25° 20′E — Jahresmittel 26,1 °C und 303 mm

	J	F	M	A	M	J	J	A	S	O	N	D
°C	20,5	22,1	25,1	28,3	30,0	30,5	28,8	27,1	28,0	27,6	23,7	20,9
mm	–	–	1	1	11	15	101	135	35	6	–	–

	J	F	M	A	M	J	J	A	S	O	N	D
°C	21,8	21,9	22,3	21,9	21,7	21,1	20,5	20,7	21,1	21,6	21,7	21,6
mm	69	86	159	264	245	115	73	80	77	95	132	117

1146 m ü.M. — 0° 4′N und 32° 29′E — Jahresmittel 21,5 °C und 1512 mm

Entebbe / Uganda — 67 Jahre — Zone V_2 bzw. Aw

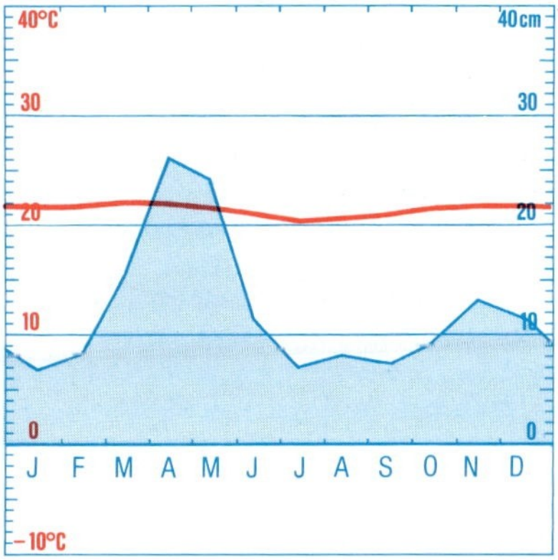

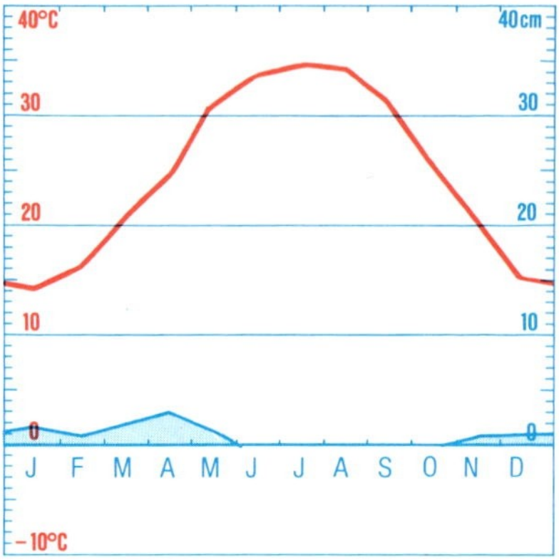

Er-Riad / Saudi Arabien — 19 Jahre — Zone IV_5 bzw. BW

624 m ü.M. — 24° 42′N und 46° 43′E — Jahresmittel 25,3 °C und 105 mm

	J	F	M	A	M	J	J	A	S	O	N	D
°C	14,3	16,6	21,2	24,7	30,9	33,7	34,8	34,5	31,4	26,2	20,2	15,3
mm	19	9	16	26	13	–	–	–	–	–	11	11

	J	F	M	A	M	J	J	A	S	O	N	D
°C	27,2	27,2	26,8	26,8	26,7	26,1	26,0	26,0	26,4	26,8	26,9	27,2
mm	82	158	300	306	192	100	31	14	17	9	17	30

26 m ü.M. — 3° 46′S und 38° 33′W — Jahresmittel 26,7 °C und 1256 mm

Fortaleza / Brasilien — 30 Jahre — Zone V_3 bzw. Aw

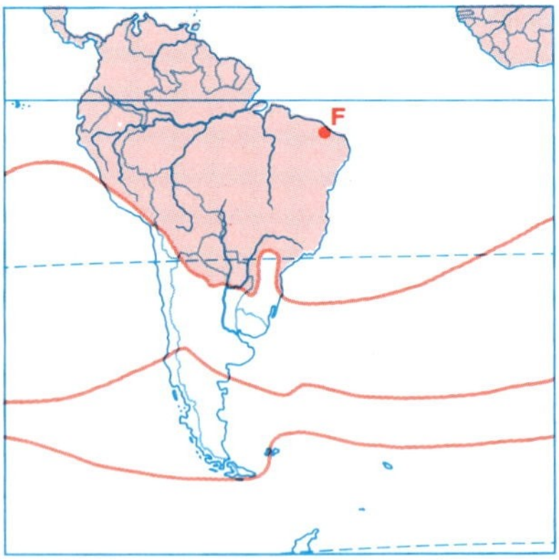

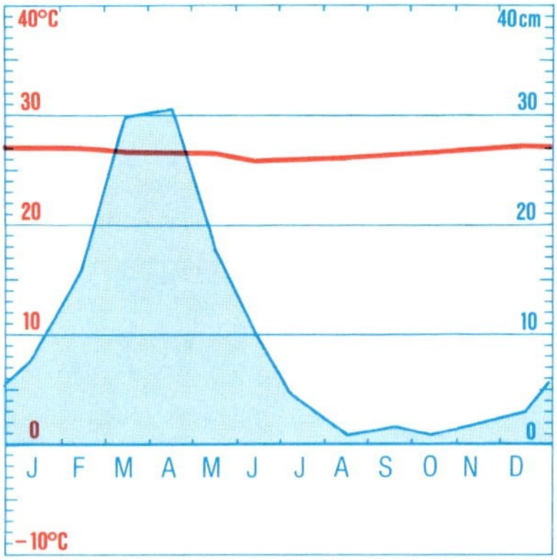

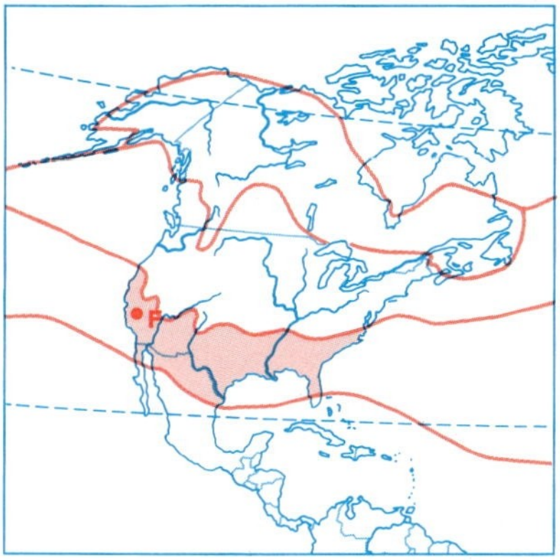

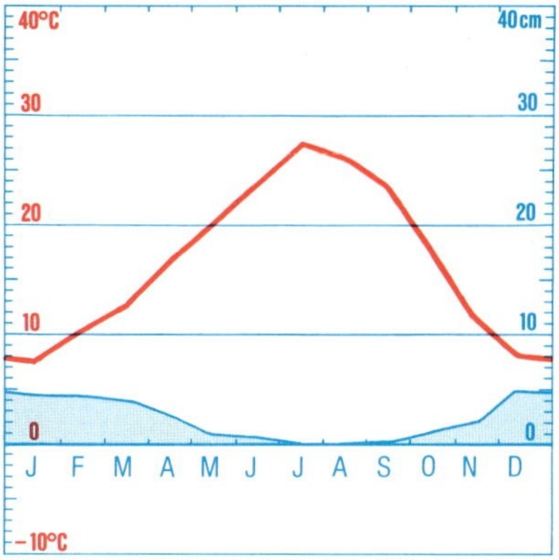

Fresno / USA 30 Jahre Zone IV_2 bzw. BS
101 m ü.M. 36° 47′N und 119° 42′W Jahresmittel 17,3 °C und 249 mm

	J	F	M	A	M	J	J	A	S	O	N	D
°C	7,7	10,3	12,9	16,5	20,2	23,8	27,6	26,3	23,6	18,3	12,2	8,3
mm	47	47	42	26	8	4	–	–	2	13	21	48

	J	F	M	A	M	J	J	A	S	O	N	D
°C	26,7	27,0	26,7	27,8	27,6	26,6	26,2	25,4	25,8	26,3	26,8	26,8
mm	9	9	18	58	163	344	853	847	557	268	123	40

11 m ü.M. 8° 30′N und 13° 14′W Jahresmittel 26,7 °C und 3289 mm
Freetown / Sierra Leone 31 Jahre Zone V_2 bzw. Af

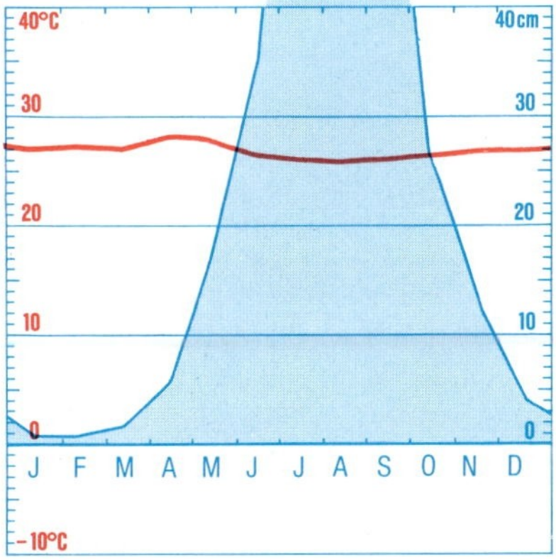

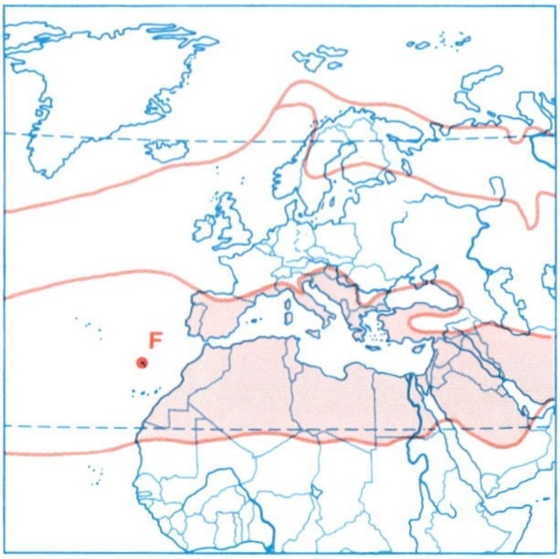

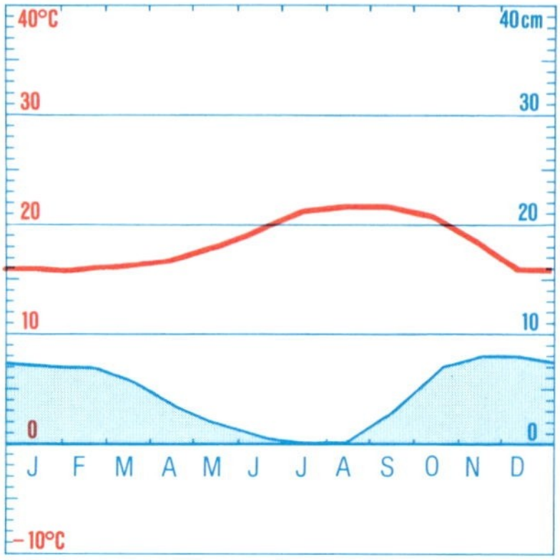

Funchal / Madeira (portugies.) 30 Jahre Zone IV_1 bzw. Cs
13 m ü.M. 32° 38′N und 16° 55′W Jahresmittel 18,7 °C und 514 mm

	J	F	M	A	M	J	J	A	S	O	N	D
°C	16,0	15,8	16,2	16,9	17,9	19,8	21,2	22,1	22,0	20,9	18,8	16,2
mm	70	71	59	37	18	4	1	2	24	68	81	78

	J	F	M	A	M	J	J	A	S	O	N	D
°C	25,1	24,7	22,8	19,5	15,2	12,1	12,0	14,7	19,0	22,8	23,9	24,6
mm	90	88	85	35	14	6	5	5	13	41	63	95

983 m ü.M. 24° 40′S und 25° 55′E Jahresmittel 19,7 °C und 540 mm
Gaborone / Botswana 40 Jahre Zone IV_3 bzw. BS

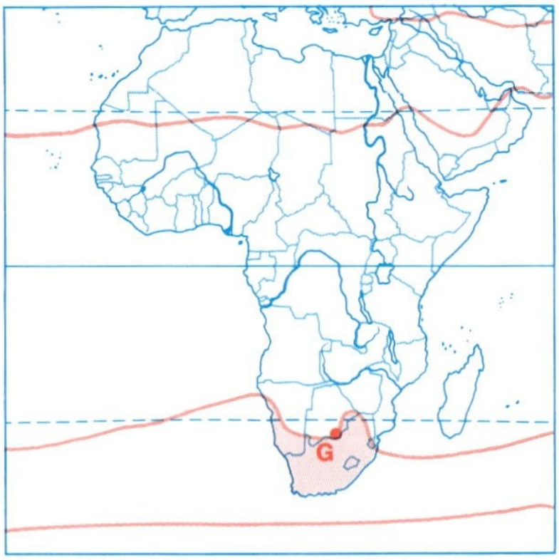

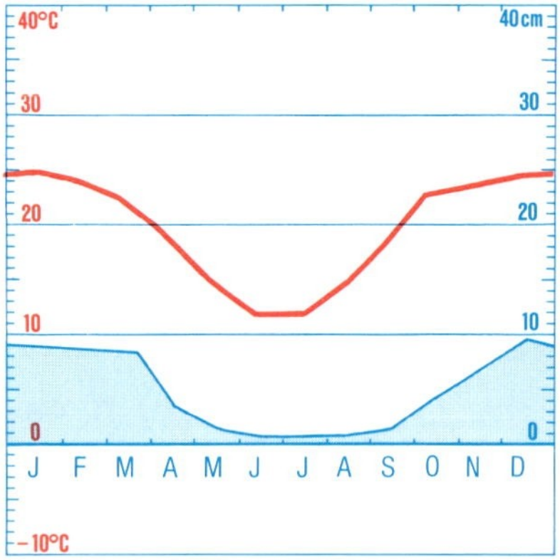

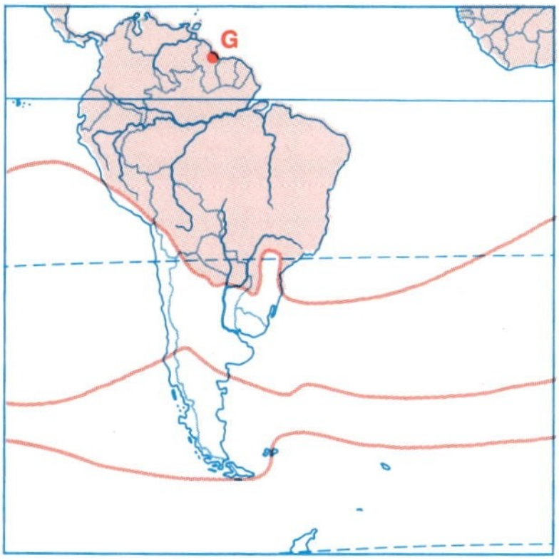

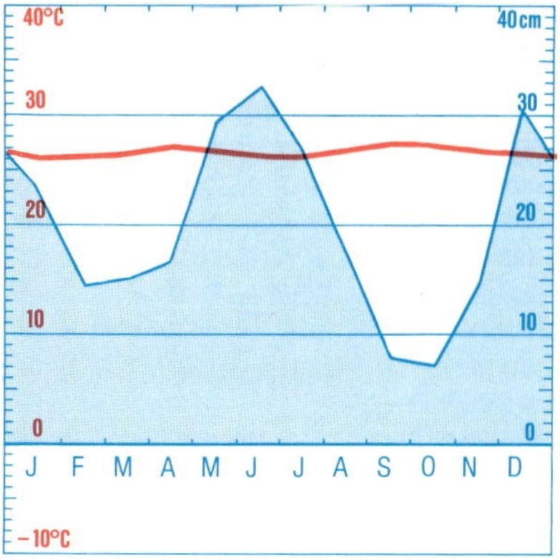

Georgetown / Guyana | 76 Jahre | Zone V_1 bzw. Af
? m ü.M. | 6° 49′N und 58° 11′W | Jahresmittel 26,8 °C und 2355 mm

	J	F	M	A	M	J	J	A	S	O	N	D
°C	26,1	26,6	26,7	27,2	26,8	26,4	26,5	26,9	27,7	27,4	27,0	26,8
mm	237	143	149	166	297	323	270	172	79	74	145	306

	J	F	M	A	M	J	J	A	S	O	N	D
°C	-6,7	-6,2	-4,9	-2,7	1,7	4,7	6,8	6,7	3,9	-0,3	-3,6	-6,2
mm	55	49	50	32	45	55	76	86	97	70	73	48

27 m ü.M. | 64° 10′N und 51° 45′W | Jahresmittel -0,7 °C und 710 mm
Godthåb / Grönland (dän.) | 16 Jahre | Zone I_3 bzw. ET

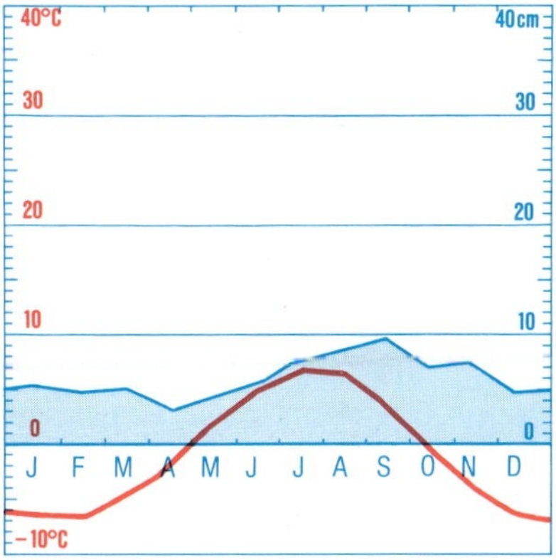

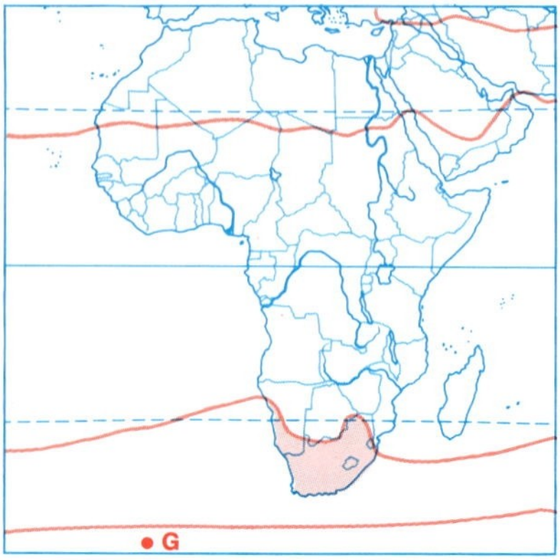

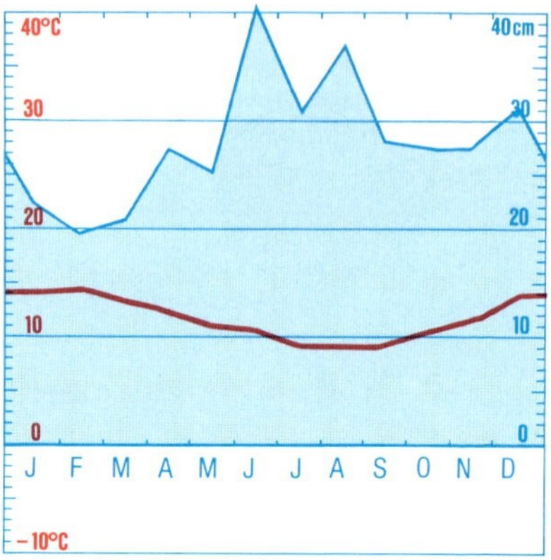

Gough-Insel (brit.) 30 Jahre Zone III_1 bzw. Cf
? m ü.M. 40°21′S und 5°31′W Jahresmittel 11,9°C und 3398 mm

°C	14,3	15,0	13,6	12,6	11,5	10,7	9,6	9,6	9,7	10,3	11,7	14,0
	J	F	M	A	M	J	J	A	S	O	N	D
mm	226	197	206	271	252	410	313	379	280	274	277	312

°C	17,6	18,4	19,9	20,9	21,1	20,0	19,8	19,9	19,8	18,9	17,8	17,6
	J	F	M	A	M	J	J	A	S	O	N	D
mm	3	2	7	17	127	258	193	197	266	148	23	8

1501 m ü.M. 14°35′N und 90°32′W Jahresmittel 19,3°C und 1248 mm
Guatemala / Guatemala 32 Jahre Zone V_2 bzw. Cw

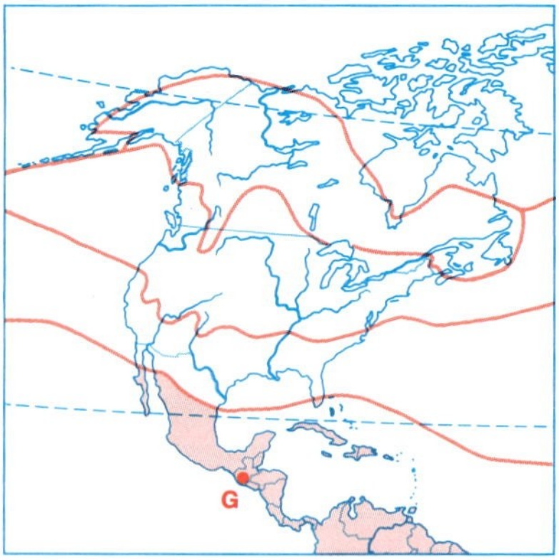

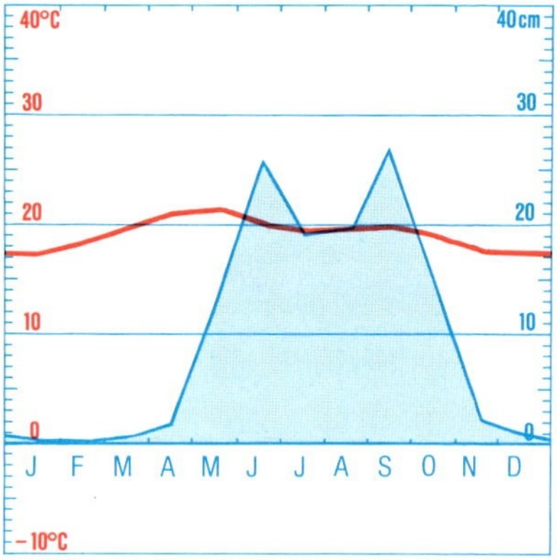

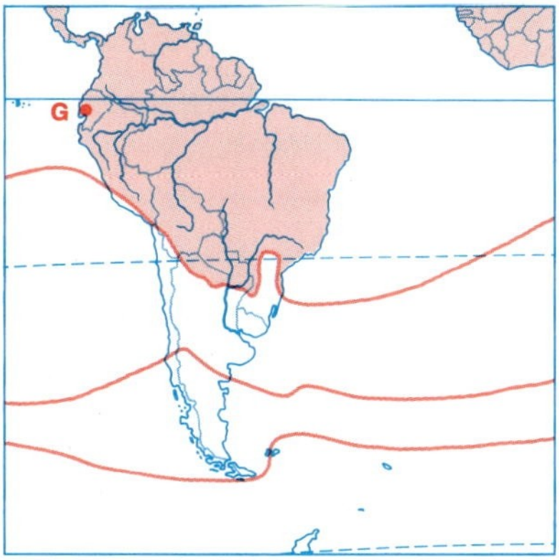

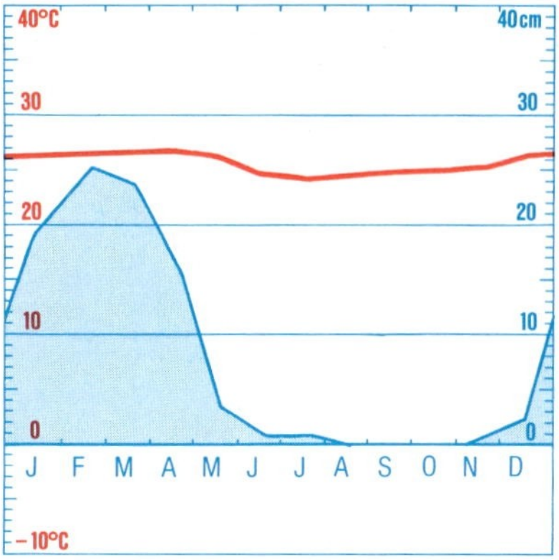

Guayaquil / Ecuador — 21 Jahre — Zone V_4 bzw. Aw

6 m ü.M. — 2° 12′S und 79° 53′W — Jahresmittel 25,4 °C und 917 mm

	J	F	M	A	M	J	J	A	S	O	N	D
°C	26,3	26,2	26,5	26,7	26,0	24,7	24,0	24,3	24,4	24,6	25,1	26,1
mm	195	261	237	157	31	5	6	–	–	2	1	22

	J	F	M	A	M	J	J	A	S	O	N	D
°C	21,8	22,1	23,1	24,4	25,6	26,5	26,9	27,2	26,8	25,4	23,6	22,3
mm	62	39	50	52	104	146	105	108	150	184	84	52

? m ü.M. — 23° 9′N und 82° 22′W — Jahresmittel 24,7 °C und 1136 mm

Habana / Kuba — 51 Jahre — Zone V_2 bzw. Aw

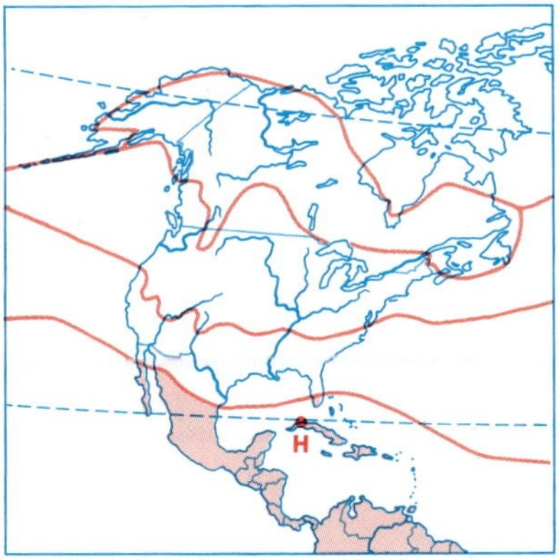

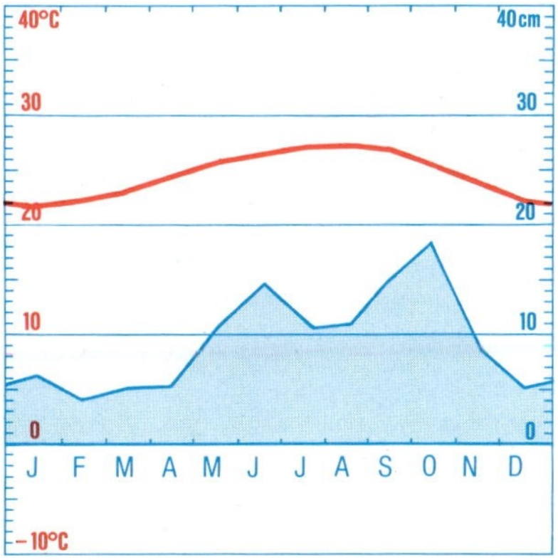

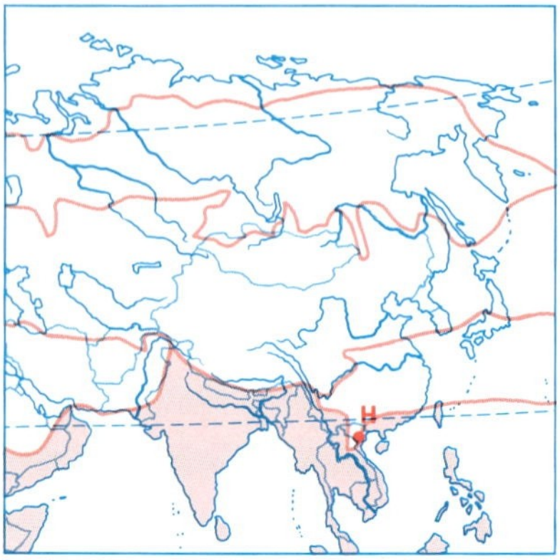

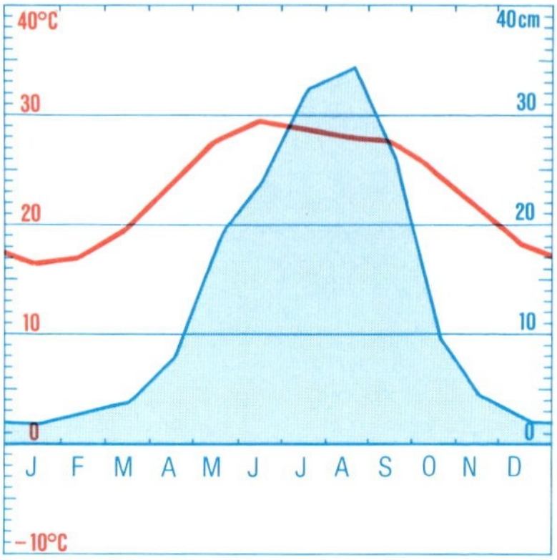

Hanoi / Vietnam | 31 Jahre | Zone V_2 bzw. Cw

10 m ü.M. | 21° 3′N und 105° 52′E | Jahresmittel 23,9 °C und 1682 mm

	J	F	M	A	M	J	J	A	S	O	N	D
°C	16,7	17,2	20,0	23,9	27,8	29,4	28,9	28,3	27,8	25,0	21,7	18,3
mm	18	28	38	81	196	239	323	343	254	99	43	20

	J	F	M	A	M	J	J	A	S	O	N	D
°C	20,7	20,6	20,0	19,1	16,2	13,9	13,8	15,6	18,6	21,4	21,4	20,9
mm	192	198	115	25	10	5	1	2	4	29	97	161

1462 m ü.M. | 17° 50′S und 31° 1′E | Jahresmittel 18,6 °C und 840 mm

Harare (Salisbury) / Simbabwe | 15 Jahre | Zone V_3 bzw. Cw

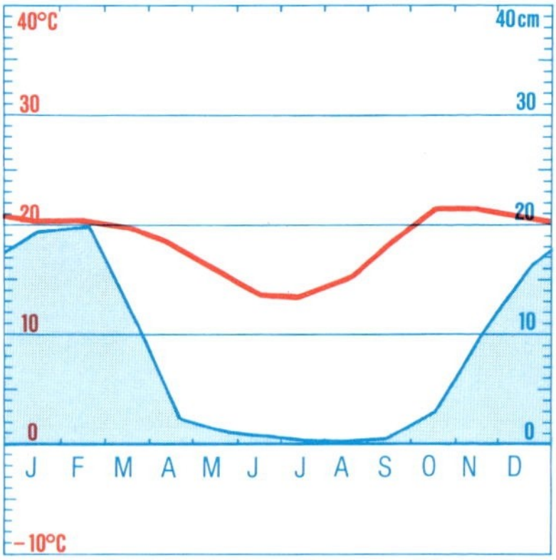

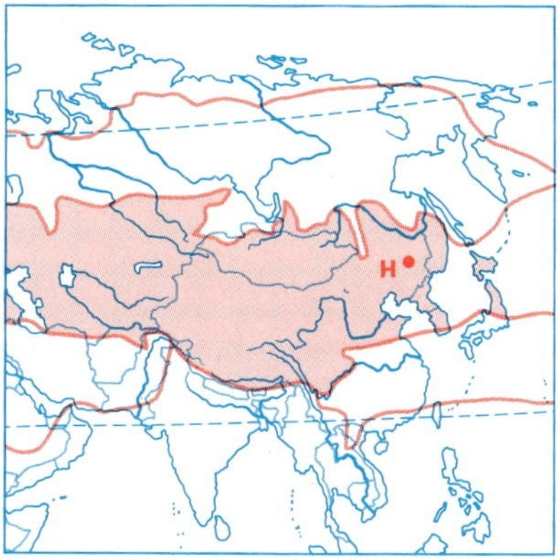

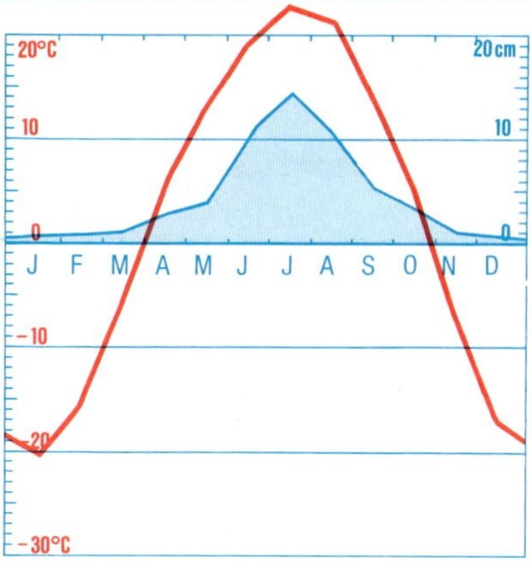

Harbin / V.R. China 28 Jahre Zone III_6 bzw. Dw
159 m ü.M. 45° 43′N und 126° 50′E Jahresmittel 2,9 °C und 546 mm

	J	F	M	A	M	J	J	A	S	O	N	D
°C	-20,0	-15,5	-6,0	5,7	13,4	19,2	22,6	21,1	14,0	5,0	-7,0	-17,1
mm	5	5	10	23	43	104	147	107	56	31	10	5

Das Klima im Amurgebiet und in der Mandschurei gehört zu den kühlgemäßigten Waldklimaten der Ostseite der Kontinente auf der Nordhalbkugel. Es ist ein hochkontinentaler Typ mit langem und sehr kaltem Winter sowie sehr warmem Sommer. Die Übergangsjahreszeiten sind entsprechend kurz. Die Jahresamplitude der Temperatur ist größer als 40 °C, in Harbin beträgt sie 43,4 °C.

Diese extremen Temperaturgegensätze werden durch die große asiatische Festlandmasse verursacht. Im Winter entwickelt sich über dem Kontinent ein stabiles Kältehoch. Aus ihm fließen stark ausgekühlte und trockene Luftmassen ab. Deshalb sind die Winter auch sehr schneearm. Diese kalte Luftströmung wird Wintermonsun genannt. Im Sommer entsteht über der Mongolei bei ständig aufsteigender Luft ein Hitzetief. In das Tief strömen die feuchtwarmen Luftmassen des Sommermonsuns vom Meer landeinwärts. Ergiebigere Niederschläge fallen aber erst, wenn die feuchtere Luft auf kältere Luft aufgleitet. Da sich die Grenzzone zwischen beiden Luftmassen verlagert, ergeben sich starke Unterschiede in den Niederschlagsmengen.

Je nach Lage und Stärke der kontinentalen Hoch- bzw. Tiefdruckgebiete fallen die Extremtemperaturen aus. Das mittlere Minimum der Temperatur beträgt -33,9 °C und das mittlere Maximum 33,3 °C. Die bisher gemessenen tiefsten und höchsten Temperaturen liegen in Harbin sogar bei -41,4 °C und 39,1 °C.

Da die Julitemperatur über 20 °C liegt, ist diese Klimaprovinz frei von Dauerfrostboden. Es gedeiht ein sommergrüner Laub- und Mischwald. Er ist sehr artenreich. Am unteren Amur sind z.B. der Korkbaum und die mongolische Eiche beheimatet. Einige einheimische Garten- und Parkgewächse stammen aus dieser Region. Infolge der Besiedlung seit dem 18. Jh. ist der natürliche Waldbestand z. T. in Kulturland umgewandelt worden.

Lange sehr kalte trockene Winter, sehr warme niederschlagsreiche Sommer. Sommergrüner Laubwald.

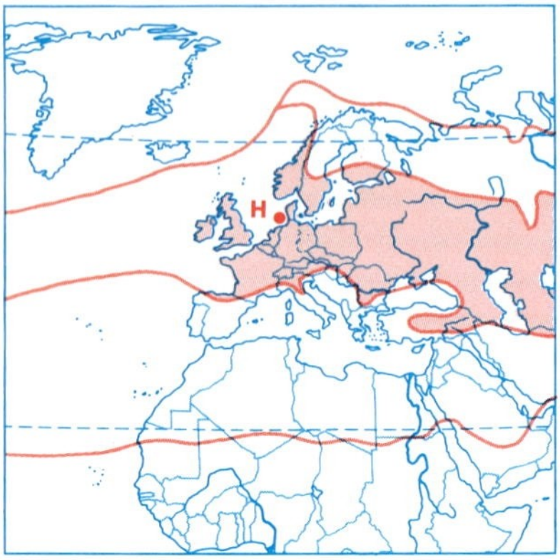

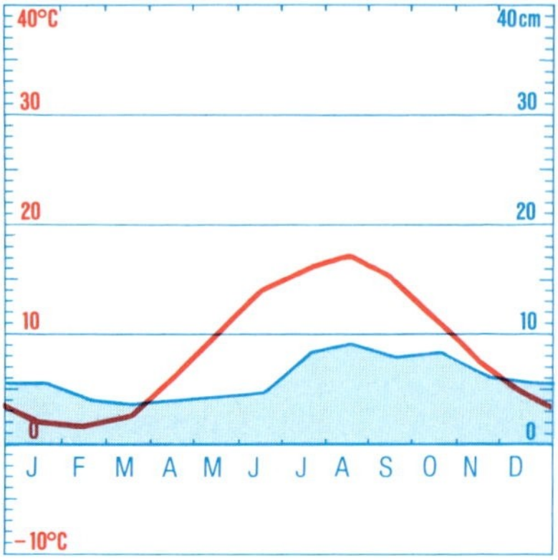

Helgoland/Bundesrepublik Deutschland 30 Jahre Zone III_3 bzw. Cf

5 m ü.M. 54° 11′N und 7° 54′E Jahresmittel 9,1 °C und 708 mm

	J	F	M	A	M	J	J	A	S	O	N	D
°C	2,2	1,7	2,9	6,2	10,3	13,8	16,3	17,0	15,3	11,2	7,5	4,7
mm	54	43	35	39	43	44	81	89	80	82	63	55

	J	F	M	A	M	J	J	A	S	O	N	D
°C	-5,5	-6,3	-4,1	1,6	7,8	13,1	16,7	16,1	11,5	6,2	1,8	-2,0
mm	56	42	36	44	41	51	68	72	71	73	68	66

45 m ü.M. 60° 12′N und 24° 55′E Jahresmittel 4,7 °C und 688 mm

Helsinki/Finnland 30 Jahre Zone III_4 bzw. Df

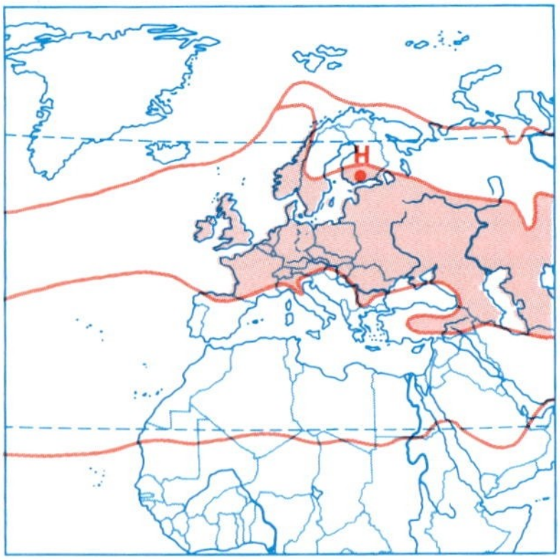

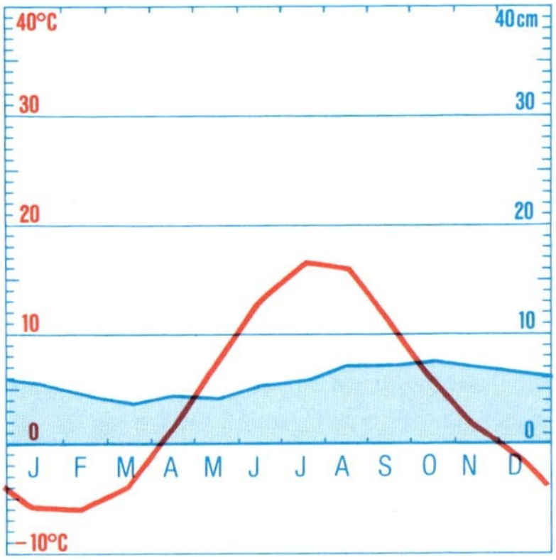

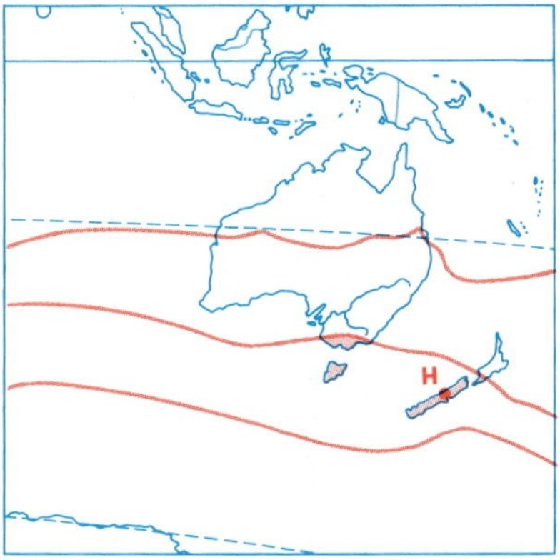

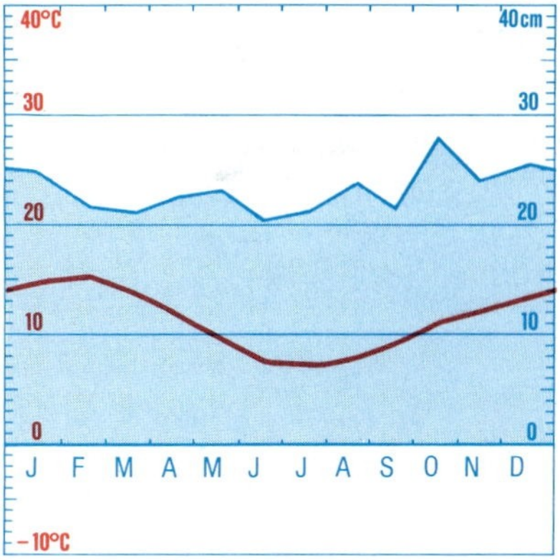

Hokitika / Neuseeland — 30 Jahre — Zone III_1 bzw. Cf

4 m ü.M. — 42° 43′S und 170° 57′E — Jahresmittel 11,1 °C und 2764 mm

	J	F	M	A	M	J	J	A	S	O	N	D
°C	14,8	15,1	14,1	11,9	9,6	7,2	6,9	7,7	9,1	10,7	12,1	13,6
mm	249	218	213	224	229	203	211	236	211	277	241	252

	J	F	M	A	M	J	J	A	S	O	N	D
°C	22,3	22,3	22,7	23,4	24,3	25,4	25,9	26,3	26,2	25,6	24,4	23,0
mm	124	86	96	27	17	4	10	23	17	34	58	83

2 m ü.M. — 21° 20′N und 157° 55′W — Jahresmittel 24,3 °C und 559 mm

Honolulu / USA — 14 Jahre — Zone V_3 bzw. Aw

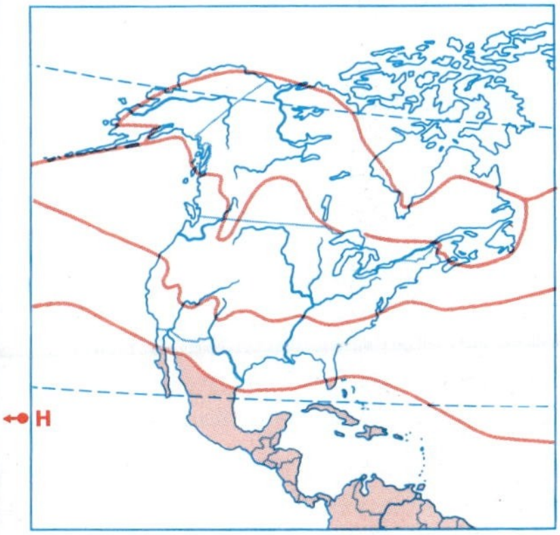

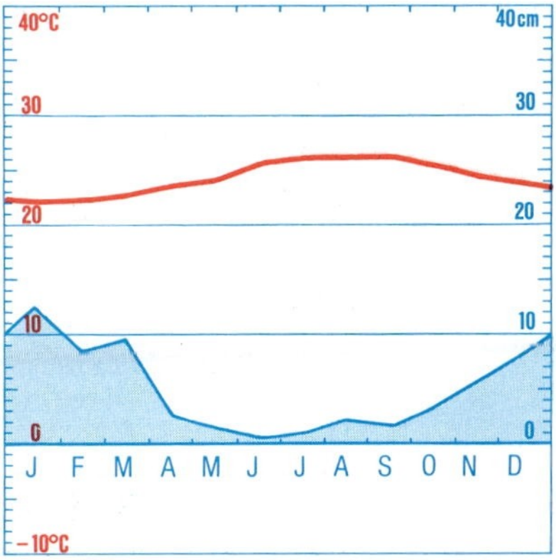

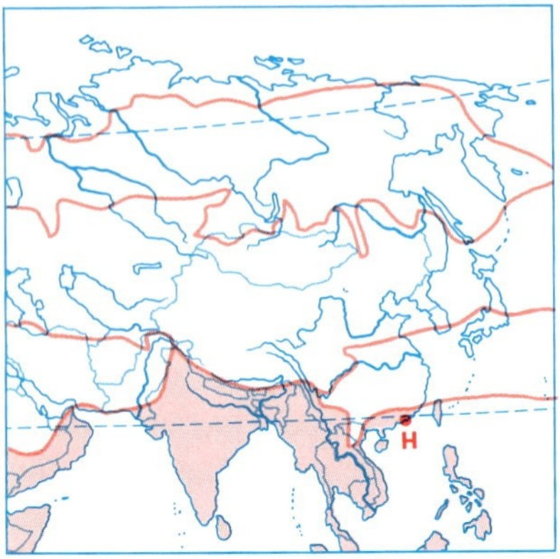

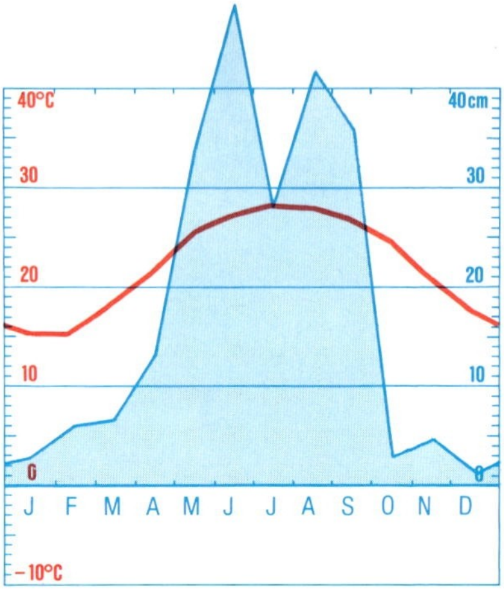

Hongkong (brit.) — 30 Jahre — Zone V_2 bzw. Cw

33 m ü.M. — 22° 18′N und 114° 10′E — Jahresmittel 22,6 °C und 2265 mm

	J	F	M	A	M	J	J	A	S	O	N	D
°C	15,4	15,8	18,2	21,8	25,6	27,5	28,4	27,9	27,3	24,7	21,2	17,4
mm	30	60	70	133	332	479	286	415	364	33	46	17

Hongkong kennzeichnet den Typus des Feuchtsavannenklimas der Tropen an der Luvseite von Südostasien. Der kälteste Monat liegt über 18 °C, und die Trockenzeit dauert nur 2,5–5 Monate.

Hongkong hat zwei ausgeprägte Jahreszeiten. Die sommerliche Regenzeit dauert von April bis Oktober. Sie ist heiß und feucht. In der kürzeren warmen, winterlichen Trockenzeit sinken die Monatsdurchschnittstemperaturen unter 20 °C und der Niederschlag läßt deutlich nach. Die Jahresschwankung der Temperatur ist für tropische Verhältnisse mit 13,1 °C hoch. Ursache dieser Temperatur- und Niederschlagsschwankungen ist die Lage in der Nähe des Wendekreises und am Südchinesischen Meer. Einerseits nimmt die Sonneneinstrahlung zwischen Juni/Juli und Dezember ab, andererseits beeinflussen während des Jahres Luftmassen mit unterschiedlichen Eigenschaften die Witterung.

Während der Sommermonate weht der Südostmonsun vom Meer. Er führt sehr warme und feuchte Luft heran. Die mittlere relative Feuchte liegt über 80%, nachts und morgens erreicht sie 100%. Die feuchtheiße Luft steigt über dem erhitzten Festland auf. Es kommt zu ergiebigen tropischen Gewittergüssen. Während des Sommers regnet es an zwei von drei Tagen.

Im Oktober wechselt der Monsun. In der Übergangszeit treten Wirbelstürme, die Taifune auf. Je nach Richtung des Wintermonsuns fällt der Niederschlag und die Temperatur des folgenden Winters aus. Bei Nordwestwind ist die Luft kühl und trocken. Dann sinkt das mittlere Maximum der Temperatur auf 23,3 °C im Januar. Im Binnenland können Nachtfröste auftreten. Weht der Monsun aus nördlichen oder östlichen Richtungen, so bringt er feuchte Luft. Im Durchschnitt regnet es dann an vier Tagen eines Monats.

Heiße feuchte Sommer, Regenzeit; warme trockene Winter, Trockenzeit. Monsunwald.

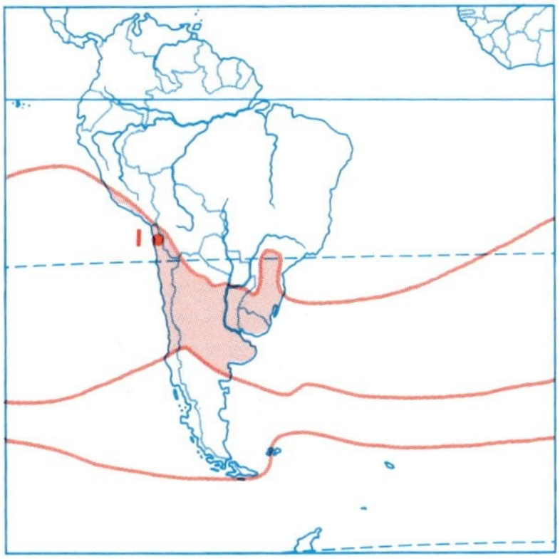

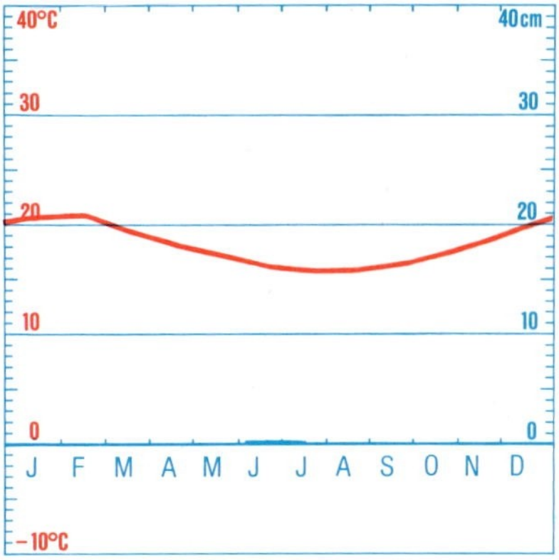

Iquique / Chile — 30 Jahre — Zone V_5 bzw. BW

515 m ü.M. — 20° 13′S und 70° 9′W — Jahresmittel 17,9 °C und 2 mm

	J	F	M	A	M	J	J	A	S	O	N	D
°C	20,9	20,8	19,7	18,3	17,2	16,0	15,4	15,4	16,1	17,1	18,5	19,8
mm	–	–	–	–	–	1	1	–	–	–	–	–

	J	F	M	A	M	J	J	A	S	O	N	D
°C	20,1	20,9	23,2	26,0	28,2	29,3	29,3	28,8	27,0	25,0	23,3	20,9
mm	192	94	64	62	74	101	49	135	545	705	641	369

16 m ü.M. — 16° 24′N und 107° 41′E — Jahresmittel 25,2 °C und 3032 mm

Huë / Vietnam — 15 Jahre — Zone V_1 bzw. Af

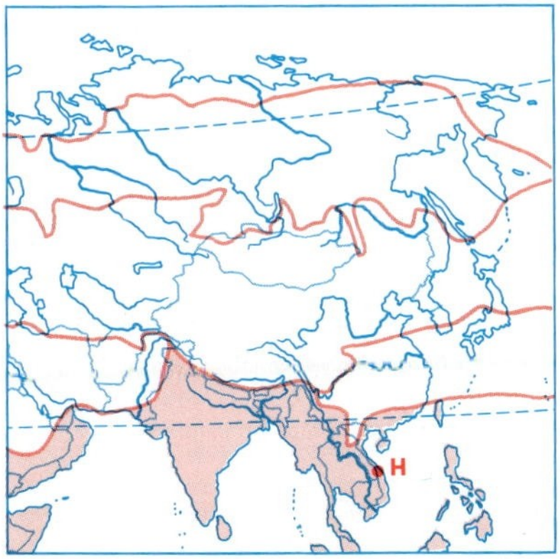

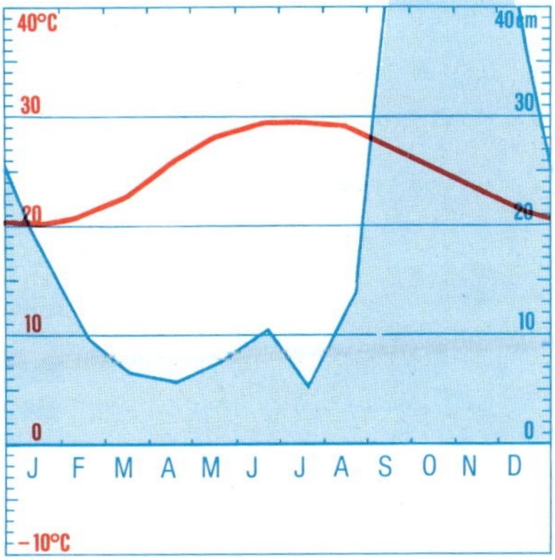

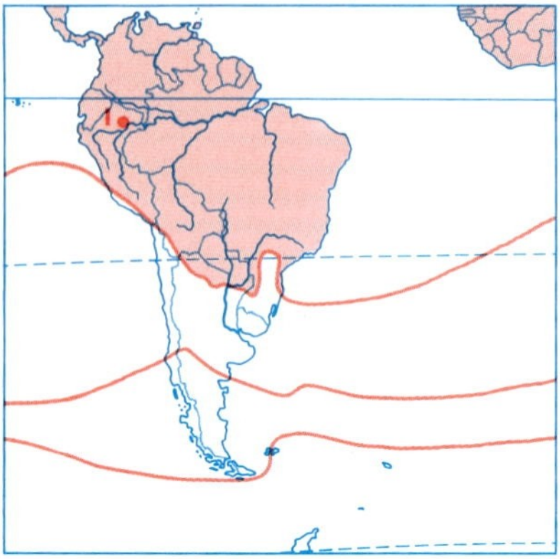

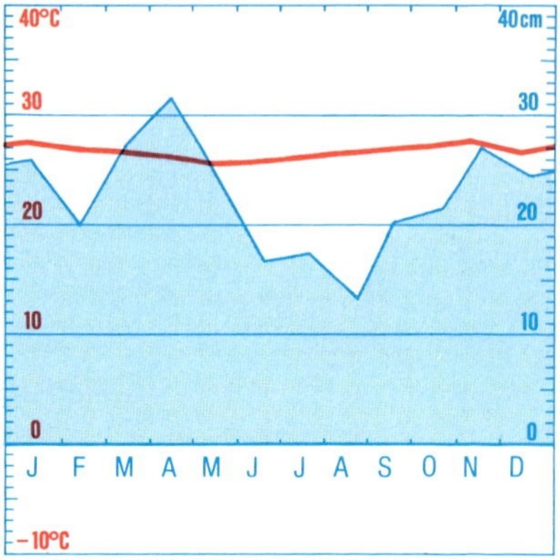

Iquitos / Peru | 10 Jahre | Zone V_1 bzw. Af

117 m ü.M. | 3° 45'S und 73° 15'W | Jahresmittel 26,5 °C und 2727 mm

	J	F	M	A	M	J	J	A	S	O	N	D
°C	27,4	26,6	26,5	26,4	26,0	25,6	25,6	26,3	26,6	26,7	26,9	27,5
mm	260	200	270	314	257	172	177	138	204	219	270	246

	J	F	M	A	M	J	J	A	S	O	N	D
°C	-20,7	-17,8	-10,0	1,6	8,8	15,4	17,9	15,1	8,2	1,1	-10,8	-18,4
mm	12	8	9	15	29	83	102	99	49	20	17	15

485 m ü.M. | 52° 16'N und 104° 20'E | Jahresmittel -0,8 °C und 458 mm

Irkutsk / SU | 30 Jahre | Zone II_2 bzw. Dw

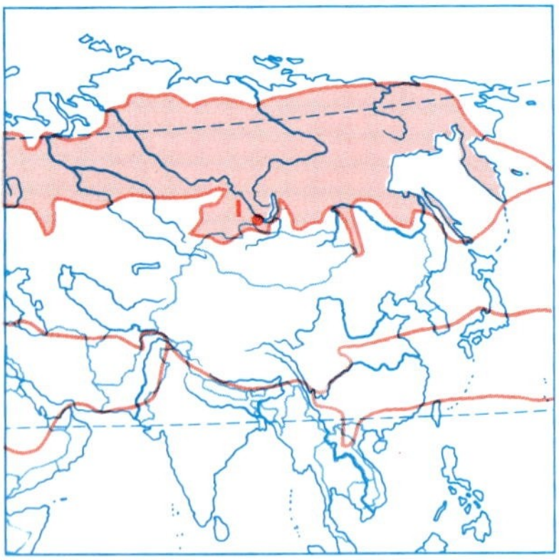

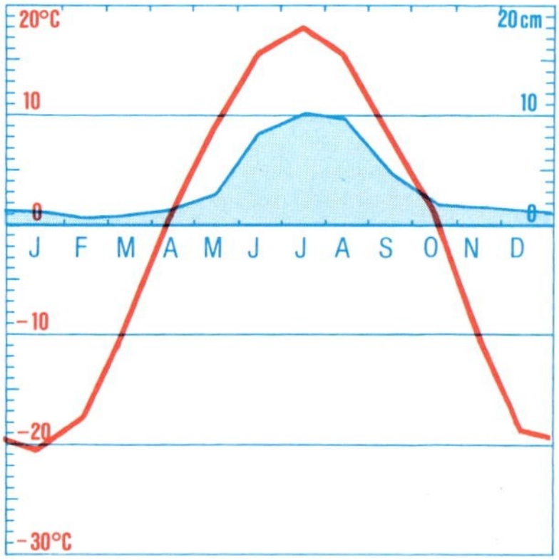

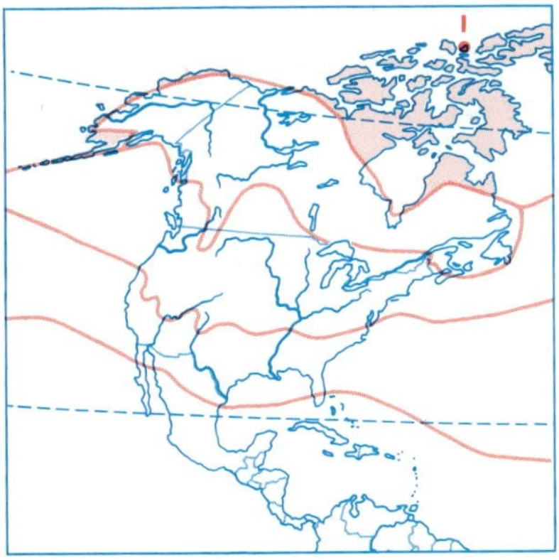

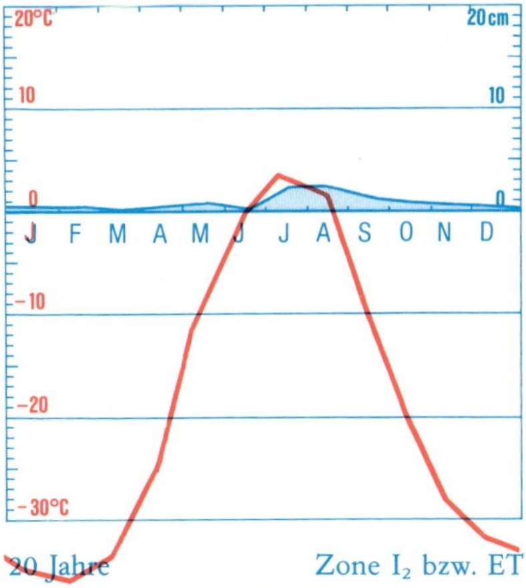

Isachsen / Kanada | 20 Jahre | Zone I_2 bzw. ET

? m ü.M. 78° 50′N und 103° 30′W | Jahresmittel −18,9 °C und 99 mm

	J	F	M	A	M	J	J	A	S	O	N	D
°C	−35,2	−36,6	−34,5	−25,0	−11,6	−0,4	3,6	1,3	−8,5	−19,2	−28,3	−32,7
mm	2	2	1	4	8	3	22	23	18	10	4	2

Klimadiagramm nach Walter siehe Seite 173.

Isachsen liegt in einer nach Westen sich öffnenden Bucht der Prince-Gustav-Adolf-See auf der zu den Königin-Elisabeth-Inseln gehörenden Ellef-Ringnes-Insel. Die Klimawerte kennzeichnen das polare Klima der Frostschuttzone, denn der wärmste Monat liegt unter 6 °C. Nur im Juli und August steigt die monatliche Durchschnittstemperatur während eines kurzen arktischen Sommers über den Gefrierpunkt, obwohl die Sonne zwischen April und September (Polartag) nicht untergeht. Die geringe Strahlungswärme der schräg auffallenden Sonnenstrahlen reicht gerade aus, um den Schnee für wenige Wochen abzutauen. Der Dauerfrostboden taut dann nur einige Zentimeter tief auf.

Die folgende Polarnacht bringt nicht nur ständige Dunkelheit, sondern auch extrem kalte und lange Winter. So erklärt sich die hohe jährliche Temperaturschwankung von 40 °C. Isachsen hat ausgeprägte thermische Jahreszeiten, die im wesentlichen auf die jahreszeitlich stark schwankende Sonneneinstrahlung zurückzuführen sind. Dagegen sind die täglichen Temperaturschwankungen das ganze Jahr hindurch äußerst gering.

Das mittlere Minimum der Temperatur liegt im Januar bei −48,9 °C, das mittlere Maximum im Juli bei 13,9 °C. Die bisher niedrigste gemessene Temperatur lag bei −52,8 °C, die höchste bei 18,9 °C. Diese bemerkenswerten Abweichungen ergeben sich aus der je nach Bewölkung abweichenden Sonnenscheindauer.

Bei diesen Temperaturverhältnissen herrscht die Frostverwitterung vor. Jedoch gedeihen in geschützten Lagen Flechten und Schneealgen. Sie schmiegen sich dem Boden an und färben ihn während der Blütezeit zartrosa. Die Vegetationsform wird als Kältewüstensteppe bezeichnet.

Fast ganzjährig liegt die Klimazone im Einflußbereich des polaren Kältehochs. Es herrschen Nordwinde vor, die trokkene Luft heranführen. Nur im kurzen Sommer steigt die Luftfeuchtigkeit.

Kurze kühle Sommer, lange extrem kalte Winter; seminival. Kältewüstensteppe.

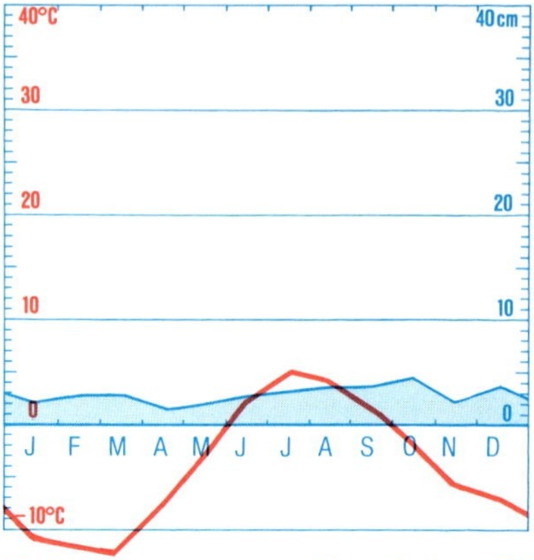

Isfjord / Spitzbergen (norweg.) — 30 Jahre — Zone I_2 bzw. ET

9 m ü.M. — 78° 4′N und 13° 38′E — Jahresmittelwert -3,7 °C und 354 mm

	J	F	M	A	M	J	J	A	S	O	N	D
°C	-10,3	-10,8	-11,9	-8,2	-2,7	2,1	5,0	4,5	1,3	-2,4	-5,3	-6,9
mm	22	31	31	16	21	26	32	36	36	44	23	36

	J	F	M	A	M	J	J	A	S	O	N	D
°C	25,7	25,6	26,0	26,5	26,6	26,3	26,1	26,3	26,6	26,7	26,4	25,9
mm	308	312	199	131	103	87	60	40	69	112	137	212

8 m ü.M. — 6° 11′S und 106° 50′E — Jahresmittel 26,2 °C und 1770 mm

Jakarta / Indonesien — 63 Jahre — Zone V_1 bzw. Af

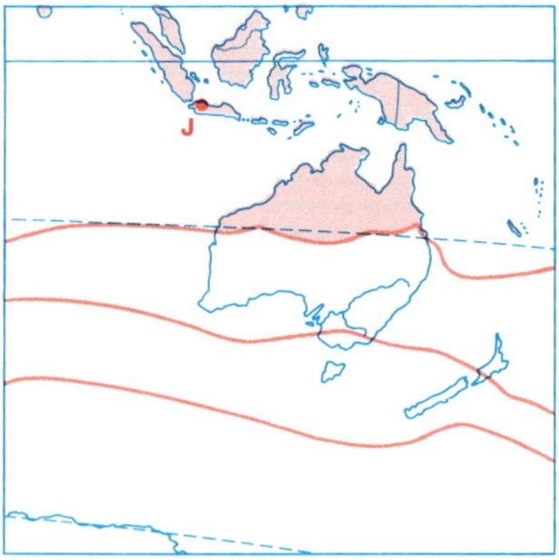

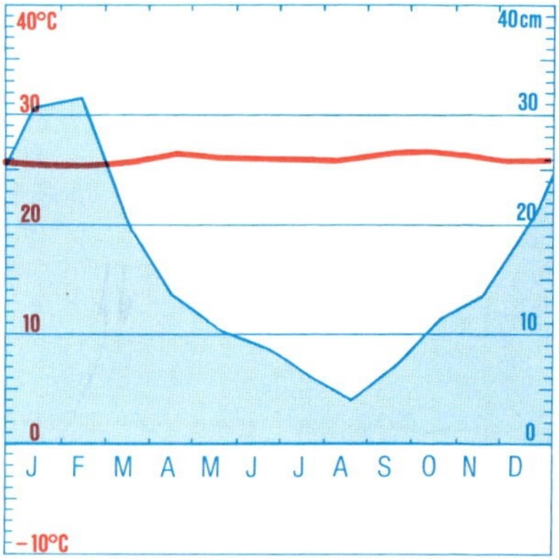

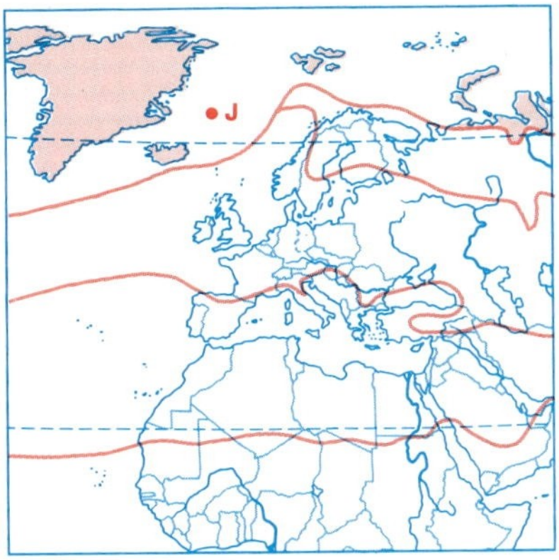

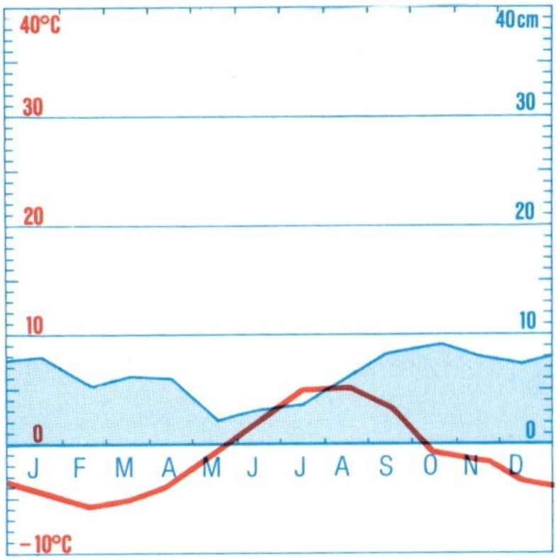

Jan Mayen (norweg.) 30 Jahre Zone I_2 bzw. Df
9 m ü.M. 70° 57′N und 8° 40′W Jahresmittel -0,4 °C und 735 mm

	J	F	M	A	M	J	J	A	S	O	N	D
°C	-4,0	-5,2	-4,8	-3,4	-0,5	2,4	5,2	5,5	3,8	0,9	-1,2	-2,9
mm	79	54	63	58	23	28	36	61	83	93	82	75

	J	F	M	A	M	J	J	A	S	O	N	D
°C	8,8	9,5	11,1	15,5	20,8	22,4	23,6	23,8	22,2	20,2	16,4	11,0
mm	129	106	85	17	5	–	–	–	1	8	62	83

760 m ü.M. 31° 47′N und 35° 13′E Jahresmittel 17,1 °C und 497 mm
Jerusalem / Israel 11 Jahre Zone IV_1 bzw. Cs

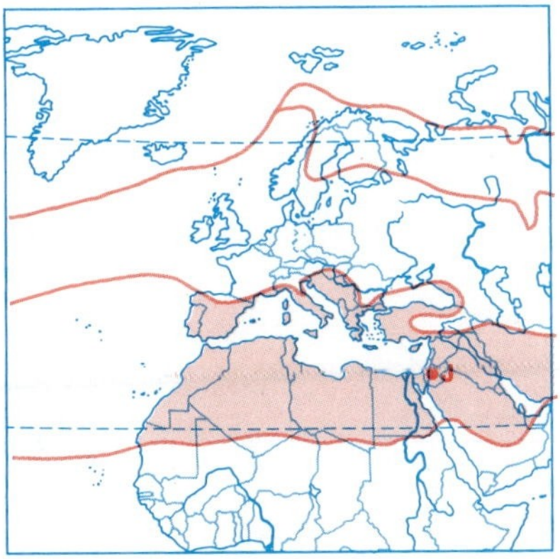

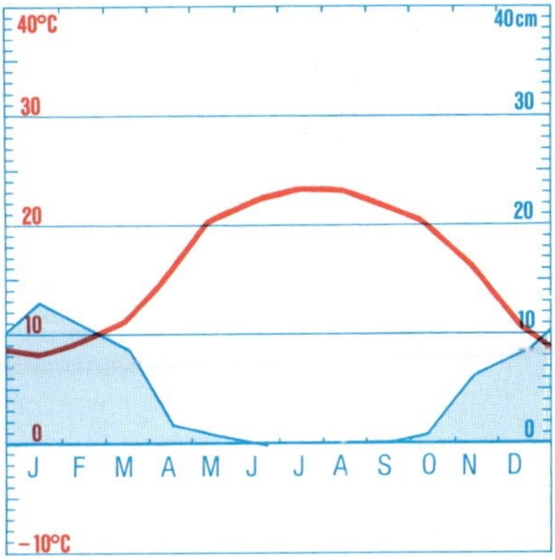

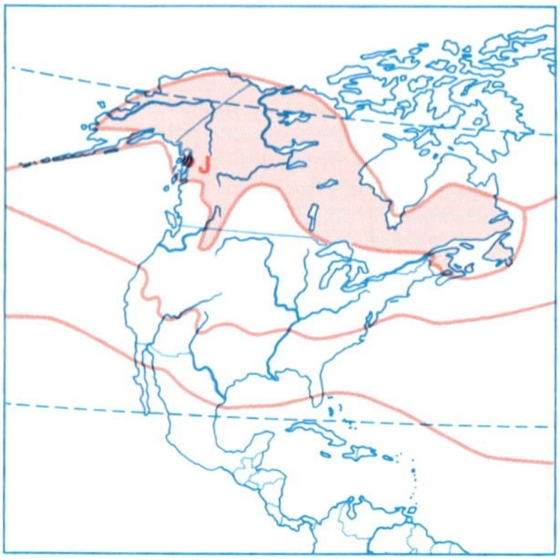

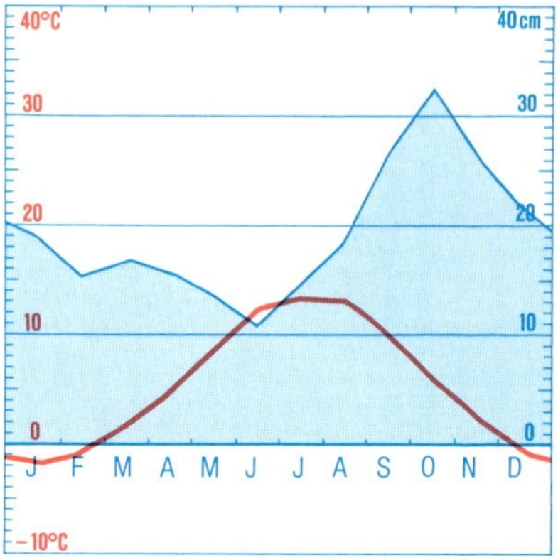

Juneau / USA — 38 Jahre — Zone II_1 bzw. Cf

5 m ü.M. — 58° 22'N und 134° 35'W — Jahresmittel 5,9 °C und 2222 mm

	J	F	M	A	M	J	J	A	S	O	N	D
°C	−1,7	−0,9	1,3	4,8	8,9	12,6	13,7	13,4	10,6	6,6	2,5	−0,6
mm	190	155	164	152	136	104	148	188	262	320	264	209

	J	F	M	A	M	J	J	A	S	O	N	D
°C	−2,6	0,1	6,5	11,6	16,3	22,2	24,7	23,8	19,5	12,7	3,2	0,1
mm	28	29	71	100	20	1	7	2	1	3	19	24

1802 m ü.M. — 34° 33'N und 69° 12'E — Jahresmittel 11,5 °C und 305 mm

Kabul / Afghanistan — ? Jahre — Zone III_{10} bzw. Cs

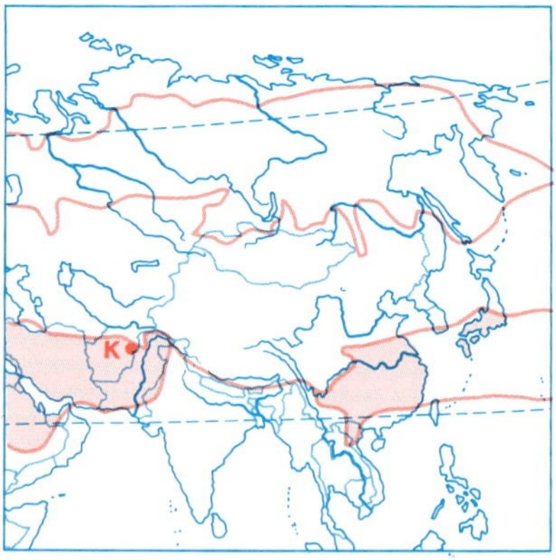

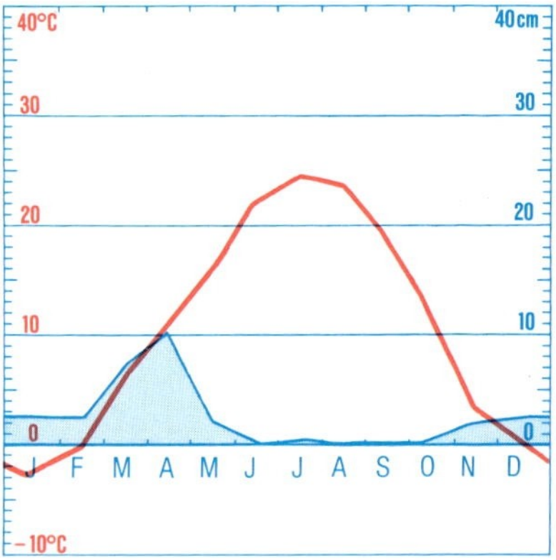

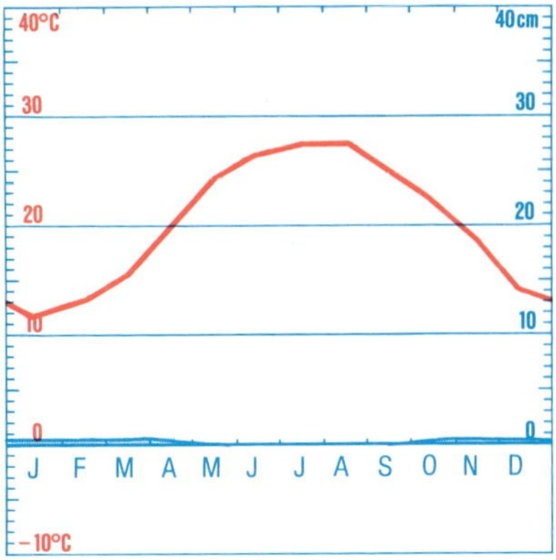

Kairo / Ägypten — 37 Jahre — Zone IV$_2$ bzw. BW

20 m ü.M. — 30° 3′N und 31° 15′E — Jahresmittel 20,8 °C und 26 mm

	J	F	M	A	M	J	J	A	S	O	N	D
°C	12,3	13,5	16,3	20,2	24,2	26,8	27,7	27,6	25,3	22,7	18,7	14,0
mm	5	4	4	2	2	–	–	–	–	2	2	5

Das Klima von Kairo hat die Merkmale eines winterfeuchten Steppenklimas der warmgemäßigten Subtropen. Die Sommer sind heiß, das mittlere Temperaturmaximum beträgt von Juni bis August 35 °C. Im mäßig warmem bis warmem Winter liegt das mittlere Maximum der Temperatur im Januar und Februar nur bei 9 °C, das mittlere Maximum sogar bei 20 °C. Die jährliche Schwankung der Monatsmittel ist mit 15 °C mäßig.

Der wenige Niederschlag fällt ausschließlich während der Wintermonate. In dieser verhältnismäßig feuchten Jahreszeit erreichen schwache, aus der Westwindzone wandernde Zyklonen die Klimaprovinz. Ihre feuchten Luftmassen bringen allerdings keine ergiebigen Niederschläge. An der Vorderseite mittelmeerischer Tiefdruckgebiete entfaltet sich der Chamsin als heißer, trockener, mit Staub und Sand beladener Wüstenwind aus südlichen Richtungen. Er weht im Frühjahr und dauert zwei bis vier Tage.

In den Sommermonaten bestimmen das Subtropenhoch und die Passatwinde die Witterung. Die warmen und trockenen Passatluftmassen bedingen das niederschlagsfreie Wetter. Die mittlere relative Luftfeuchtigkeit sinkt unter 40%.

Da weniger als fünf Monate humid bis semihumid sind, setzt sich die Vegetation aus sommerdürren Gras- und Strauchsteppen zusammen. In Nordafrika gedeihen Gräser wie Halfa und Esparto, daneben aber auch Dornsträucher und dornige Polstersträucher wie Berberitzenarten, Wacholder, Ginster- und Rosenarten. Hinzu kommen Sukkulenten, die in ihren Blättern und Stämmen Wasser speichern. In der Alten Welt sind es Euphorbien und in Amerika Kakteen.

Das winterfeuchte Steppenklima ist in beiden Halbkugeln etwa zwischen 30° und 25° Breite auf den Westseiten aller Kontinente verbreitet. Dieser Klimatyp ist in Kalifornien, in Nordafrika, im Nahen und Mittleren Osten (Irak, Iran), in Mittelchile, in Südafrika (Karru) und Südwest-Australien verbreitet.

Heiße trockene Sommer, warme mäßigfeuchte Winter. Gras- und Strauchsteppen.

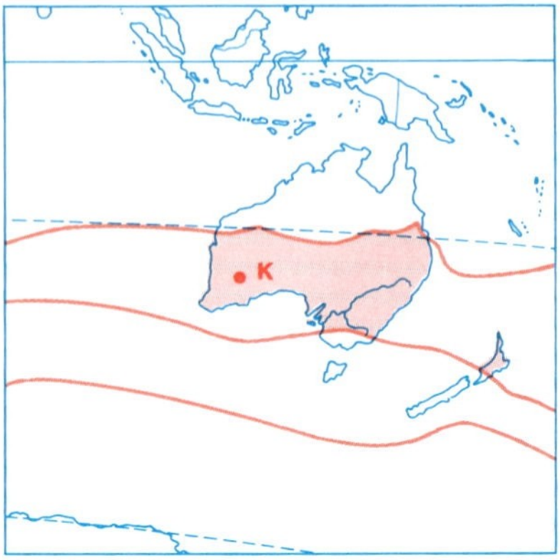

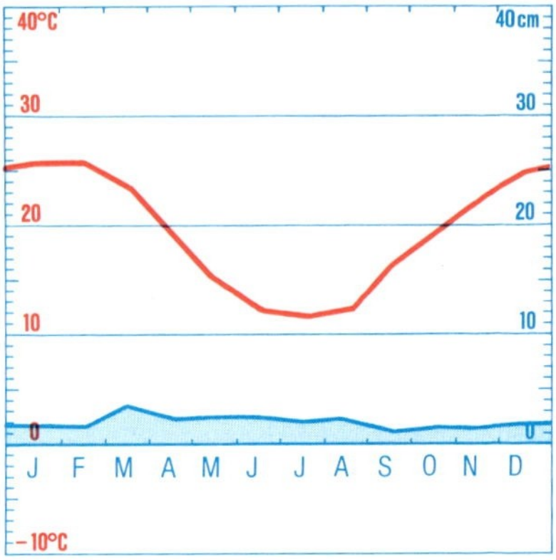

Kalgoorlie / Australien 30 Jahre Zone IV_5 bzw. BW
380 m ü.M. 30° 45′S und 121° 30′E Jahresmittel 19,0 °C und 240 mm

°C	25,9	25,9	23,2	19,3	15,3	12,3	11,5	12,7	16,1	18,8	22,4	24,8
	J	F	M	A	M	J	J	A	S	O	N	D
mm	18	17	32	25	25	25	21	22	10	15	15	17

°C	26,8	26,7	26,6	26,7	26,1	25,3	24,6	24,6	25,3	26,3	27,3	27,5
	J	F	M	A	M	J	J	A	S	O	N	D
mm	377	350	404	278	66	24	19	8	5	9	41	200

27 m ü.M. 10° 43′S und 142° 27′E Jahresmittel 26,2 °C und 1781 mm
Kap York / Australien 30 Jahre Zone V_3 bzw. Aw

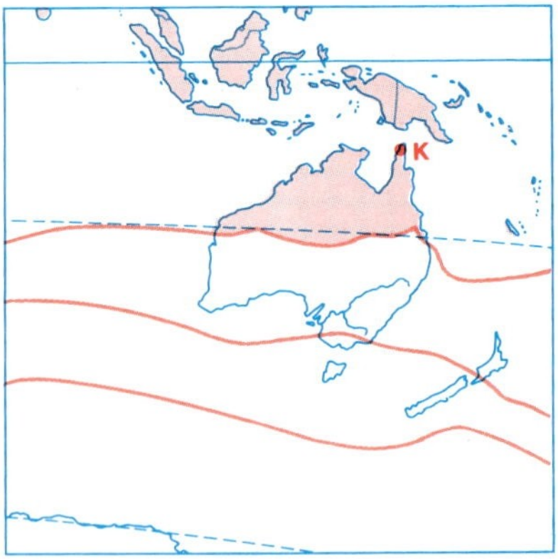

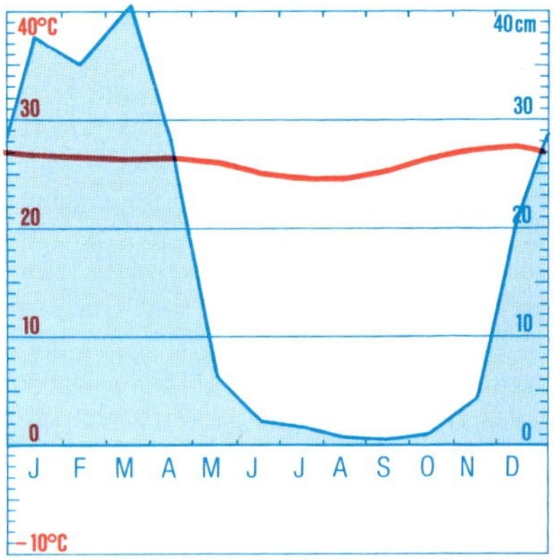

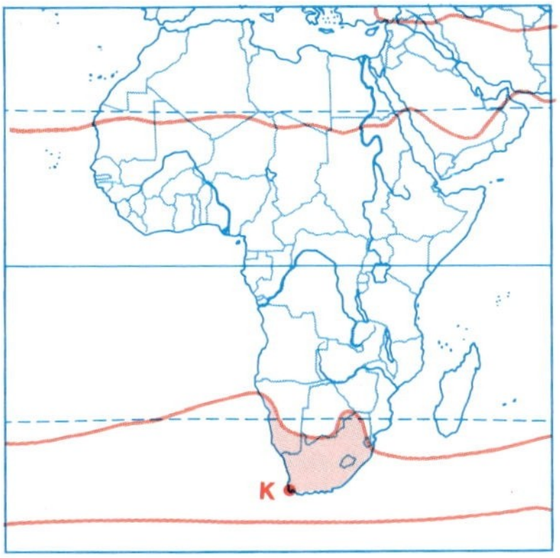

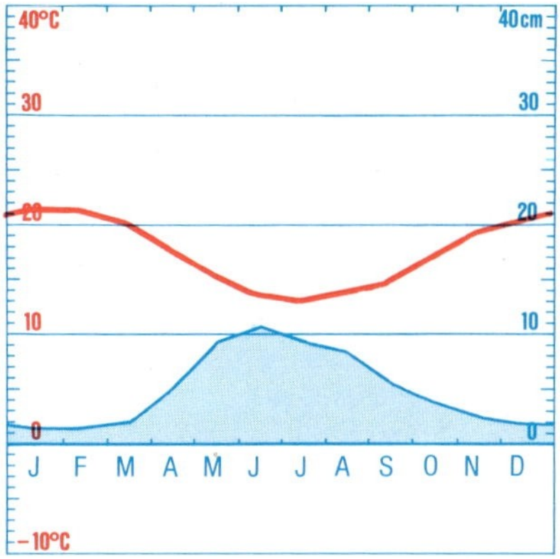

Kapstadt / Rep. Südafrika — 99 Jahre — Zone IV_1 bzw. Cs

12 m ü.M. — 33° 56′S und 18° 29′E — Jahresmittel 17,3 °C und 627 mm

	J	F	M	A	M	J	J	A	S	O	N	D
°C	21,5	21,7	20,5	18,1	15,3	13,7	12,9	13,7	14,7	16,9	19,1	20,4
mm	17	15	22	49	94	109	94	83	58	40	26	20

Klimadiagramm nach Walter siehe Seite 173.

Das Klima von Kapstadt hat die Merkmale eines Winterregenklimas vom Mittelmeertyp in der warmgemäßigten Subtropenzone. Nach den in Griechenland regelmäßig zwischen Juni und Oktober wehenden Nordwinden wird das Klima auch Etesienklima genannt. Die Sommer sind sehr warm, das mittlere Temperaturmaximum beträgt im Februar 26 °C, und im mäßig warmen bis kühlen Winter liegt das Minimum der Temperatur im Juli bei nur 10 °C. Die Schwankung der Monatsmitteltemperatur ist mit 7,5 °C gering.

Kennzeichnender als der Temperaturgang ist die Niederschlagsverteilung während des Jahres. Im Winter liegt Kapstadt in der Westwindzone der mittleren Breiten. Dann bringen die feuchten Luftmassen der Zyklonen ergiebige Regenfälle, so daß die kühle Jahreszeit mit der humiden zusammenfällt. In den Sommermonaten bestimmt das subtropische Hochdruckgebiet mit trockener Luft die Witterung. Der Sommer ist deshalb bis auf Gewitterregen ohne Niederschlag. Bei der hohen Verdunstung kommt es zur Ausbildung einer ariden Jahreszeit.

Da wenigstens fünf Monte humid sind, setzt sich die Vegetation aus sommergrünen und immergrünen Gehölzen mit Hartlaubgewächsen zusammen. Neben lichten Wäldern gibt es Gehölzformationen mit immergrünen Sträuchern und Dornsträuchern wie die Macchie. Viele Pflanzen haben im Frühjahr und Frühsommer nur eine kurze Vegetationsdauer, dann verdorren sie, oder die Gehölze werfen das Laub ab. Die immergrünen Bäume und Sträucher grünen und blühen zwischen Frühjahr und Herbst, sie können aber im Winter fruchten. Zu ihnen gehören Korkeiche, Steineiche, Lorbeer, Kastanie, Flaumeiche, Myrte u. Mäusedorn.

Das Mittelmeerklima ist in beiden Halbkugeln etwa zwischen 30° und 40° Breite auf der Westseite aller Kontinente verbreitet. Der Klimatyp findet sich in Kalifornien und im eurasiatisch-afrikanischen Mittelmeergebiet sowie in Mittelchile, in Kapland und ist Australien im Südwesten.

Sehr warme trockene Sommer, mäßig warme feuchte Winter. Subtropische Hartlaubgehölze.

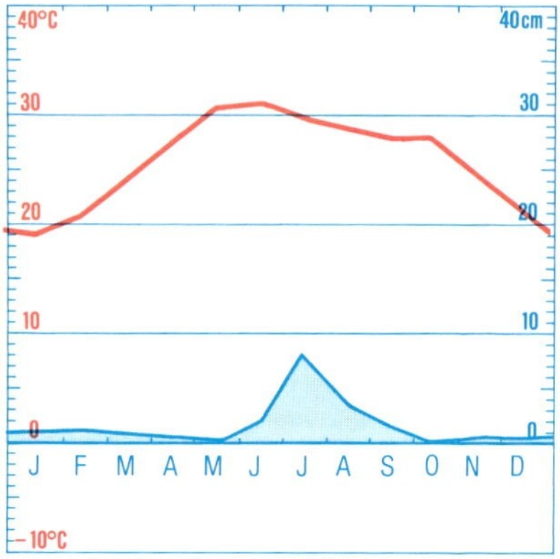

Karachi / Pakistan — 62 Jahre — Zone V_5 bzw. BW

? m ü.M. — 24° 52′N und 67° 3′E — Jahresmittel 26,0 °C und 196 mm

	J	F	M	A	M	J	J	A	S	O	N	D
°C	19,1	20,8	24,5	27,4	30,3	30,7	29,8	28,8	27,9	27,8	24,7	20,4
mm	11	12	8	4	2	18	82	36	15	0	4	4

	J	F	M	A	M	J	J	A	S	O	N	D
°C	-15,3	-14,5	-8,9	3,8	12,8	18,2	20,1	18,0	11,6	3,2	-7,8	-13,6
mm	11	11	15	22	28	41	43	28	21	24	15	14

555 m ü.M. — 49° 50′N und 73° 10′E — Jahresmittel 2,3 °C und 273 mm

Karaganda / SU — 29 Jahre — Zone III_9 bzw. BS

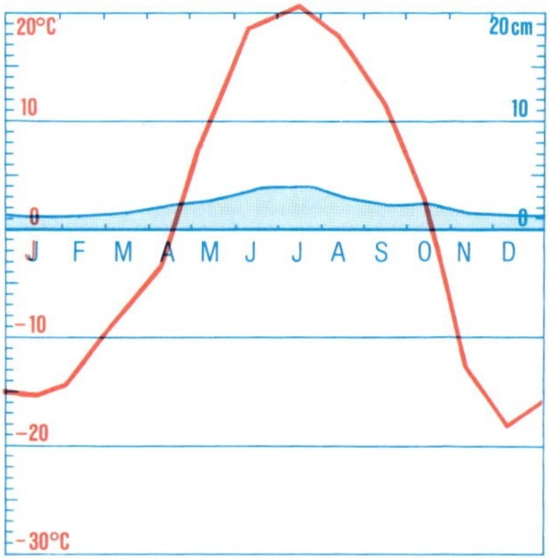

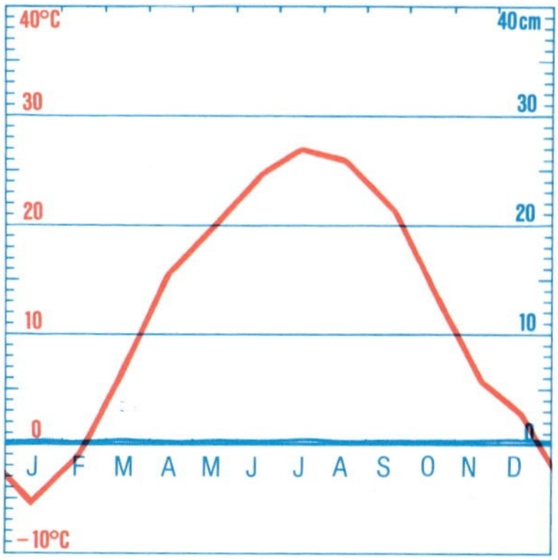

Kashgar / V.R. China | 18 Jahre | Zone III_{12} bzw. BS
1309 m ü.M. | 39° 24′N und 76° 7′E | Jahresmittel 12,2 °C und 86 mm

	J	F	M	A	M	J	J	A	S	O	N	D
°C	−5,3	−0,6	7,5	15,3	20,5	24,7	26,7	25,6	21,1	13,9	5,3	−2,6
mm	15	3	13	5	8	5	10	8	3	3	5	8

	J	F	M	A	M	J	J	A	S	O	N	D
°C	9,7	12,2	15,7	19,3	22,1	24,1	23,9	23,7	23,0	19,4	14,9	11,3
mm	15	41	23	58	122	246	373	345	155	38	8	3

1287 m ü.M. | 27° 42′N und 85° 20′E | Jahresmittel 18,3 °C und 1428 mm
Katmandu / Nepal | 10 Jahre | Zone V_2 bzw. Cw

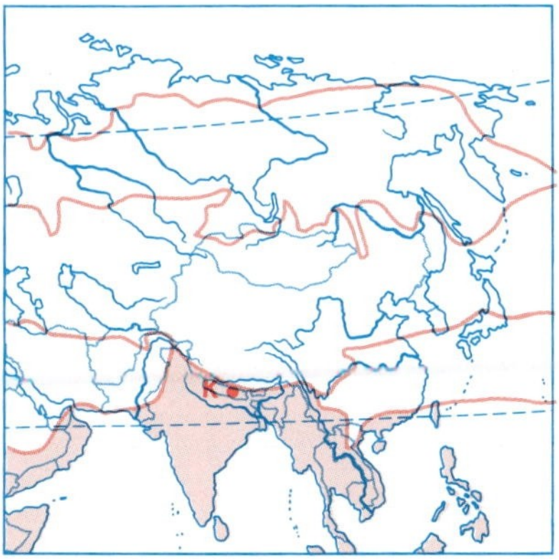

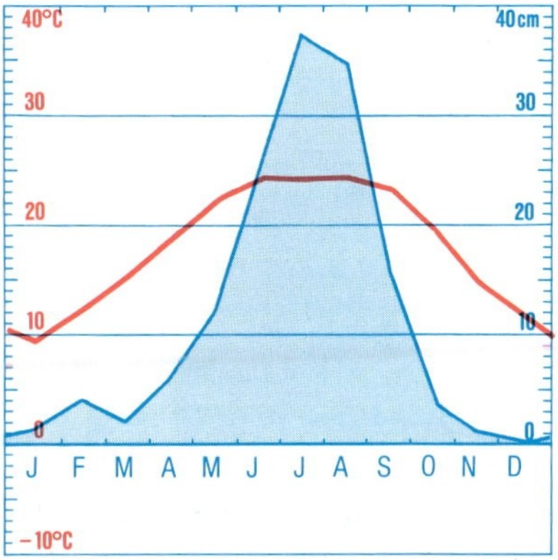

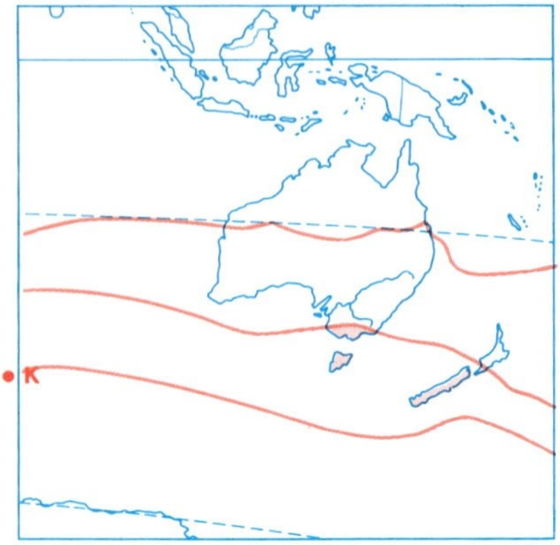

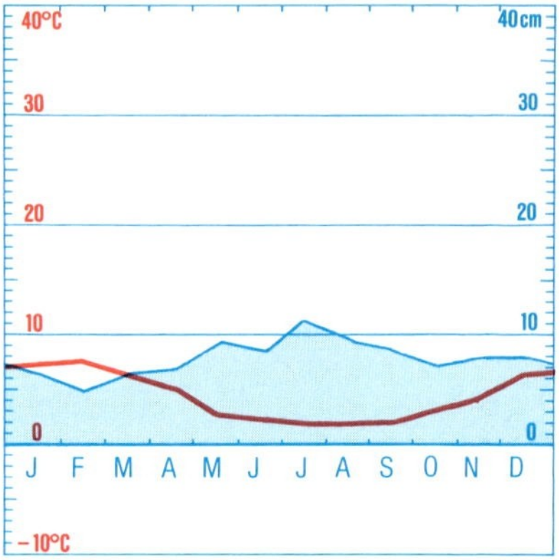

Kerguelen-Inseln (französ.) 30 Jahre Zone I_4 bzw. ET

18 m ü.M. 49° 20′S und 70° 13′E Jahresmittel 4,6 °C und 949 mm

	J	F	M	A	M	J	J	A	S	O	N	D
°C	7,3	7,8	7,0	5,8	3,3	2,4	2,3	2,1	2,3	3,5	4,7	6,4
mm	67	48	65	68	95	84	112	94	86	72	79	79

	J	F	M	A	M	J	J	A	S	O	N	D
°C	23,7	24,7	28,0	31,5	33,7	34,1	31,7	30,4	32,0	32,3	28,2	24,9
mm	–	–	–	1	5	7	48	72	27	4	–	–

380 m ü.M. 15° 37′N und 32° 32′E Jahresmittel 29,6 °C und 164 mm

Khartoum / Sudan 30 Jahre Zone V_4 bzw. BW

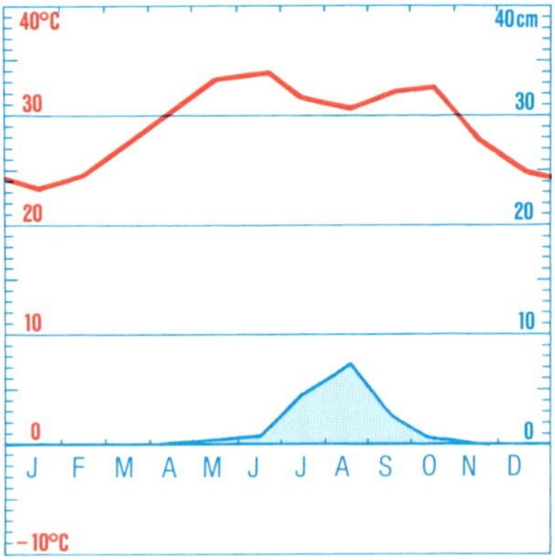

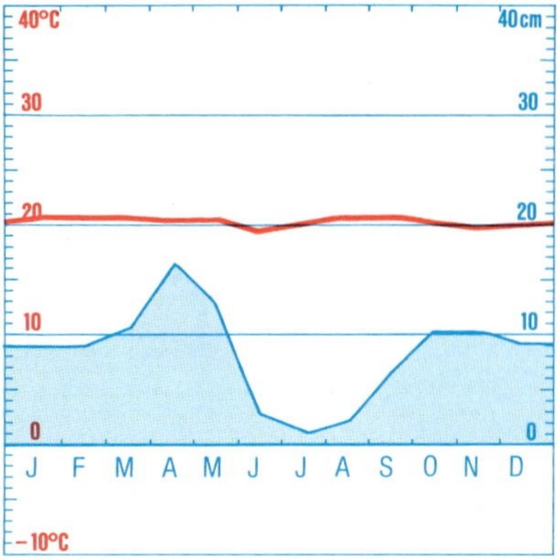

Kigali / Ruanda — 30 Jahre — Zone V_2 bzw. Cw

1549 m ü.M. — 1° 57′S und 30° 4′E — Jahresmittel 20,3 °C und 986 mm

	J	F	M	A	M	J	J	A	S	O	N	D
°C	20,5	20,4	20,4	20,2	20,2	19,7	20,0	20,9	20,9	20,2	19,7	20,0
mm	90	92	103	165	128	26	7	22	61	102	101	89

	J	F	M	A	M	J	J	A	S	O	N	D
°C	24,9	24,7	25,2	25,9	26,7	27,4	27,7	27,6	27,5	26,6	26,3	25,6
mm	22	20	22	30	86	89	43	102	100	174	79	33

24 m ü.M. — 17° 59′N und 76° 48′W — Jahresmittel 26,3 °C und 800 mm

Kingston / Jamaika — 88 Jahre — Zone V_2 bzw. Aw

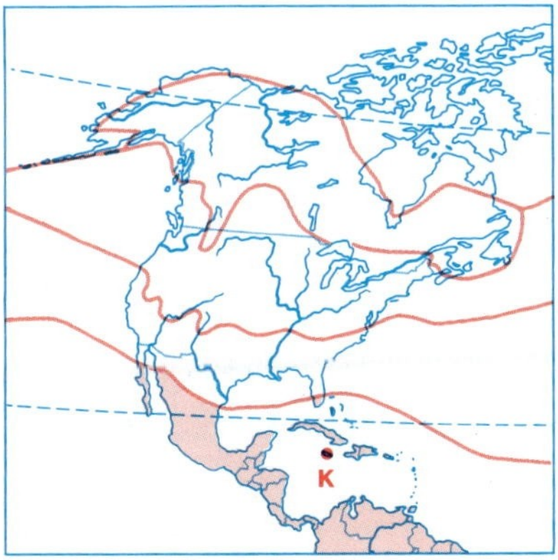

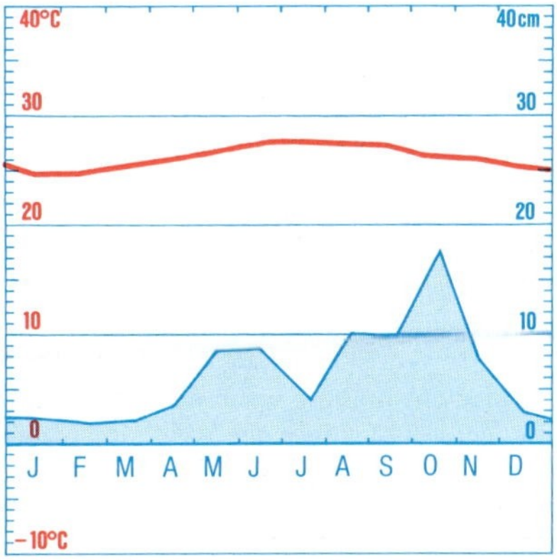

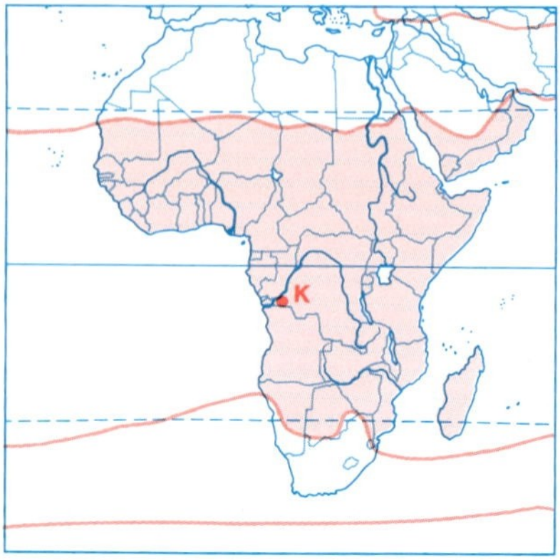

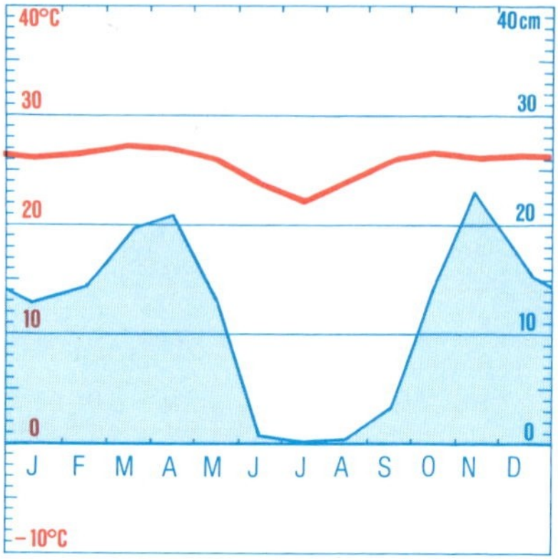

Kinshasa (Leopoldville)/Zaïre (Kongo) — 25 Jahre — Zone V_2 bzw. Aw

358 m ü.M. — 4° 20′S und 15° 16′E — Jahresmittel 25,7 °C und 1394 mm

	J	F	M	A	M	J	J	A	S	O	N	D
°C	26,2	26,7	27,1	26,9	26,0	23,7	22,1	23,9	25,8	26,7	26,3	26,4
mm	130	146	193	210	132	6	1	4	34	141	237	160

Kinshasa hat die Merkmale des Feuchtsavannenklimas der Tropenzone. Der kälteste Monat liegt über 18 °C, und die Trokkenzeit dauert nicht länger als 2,5–5 Monate. Kinshasa hat ein Tageszeitenklima, denn die täglichen Temperaturschwankungen von 7 °C sind größer als die Jahresamplitude von 4 °C. Es ist gleichmäßig heiß. Ursachen dieser tropischen Temperaturverhältnisse sind die nahezu gleichbleibende Tageslänge von zwölf Stunden und der zweimalige Zenitstand der Sonne im Jahr. Deshalb weichen die absoluten Temperaturwerte nur wenig von den Durchschnittswerten ab. In Kinshasa liegen die Extreme mit 36 °C im September und mit 11 °C im August.

Die Jahreszeiten sind durch den Wechsel von Regenzeit und Trockenzeit geprägt. Kinshasa hat hygrische Jahreszeiten. Der Zenitalregen ist abhängig von der größten Sonneneinstrahlung während des doppelten Zenitdurchgangs der Sonne im Oktober und Januar. Von daher sind die beiden Niederschlagsmaxima im November und März/April zu erklären. Während der Regenzeit steigt die relative Feuchte über 80%. Gegen Morgen bildet sich Bodennebel, der sich häufig erst am späten Vormittag auflöst. Jeden zweiten Tag gehen heftige Gewittergüsse nieder. Sie bringen in wenigen Stunden bis zu 155 mm Niederschlag. Während der Trockenzeit sinkt die relative Feuchte auf etwa 70%. Im Juni und August regnet es im Durchschnitt noch an einem Tag im Monat.

Die Feuchtsavanne ist eine Grasflur mit eingestreuten regengrünen Baumgruppen und Buschwerk oder immergrünen Passatregenwald. Immergrüne Galeriewälder wachsen in den Flußtälern. Die Feuchtsavanne schließt sich nördlich und südlich an den Regenwald an. Sie kommt in Mittelamerika vor, in den Llanos am Orinoco, im Brasilianischen Bergland, im Sudan und auf der Lundaschwelle, im Hochland von Äthiopien, auf Madagasgar, in Vorder- und Hinterindien und in Südchina.

Ständig heiß, Regenzeit und Trockenzeit. Feuchtsavanne.

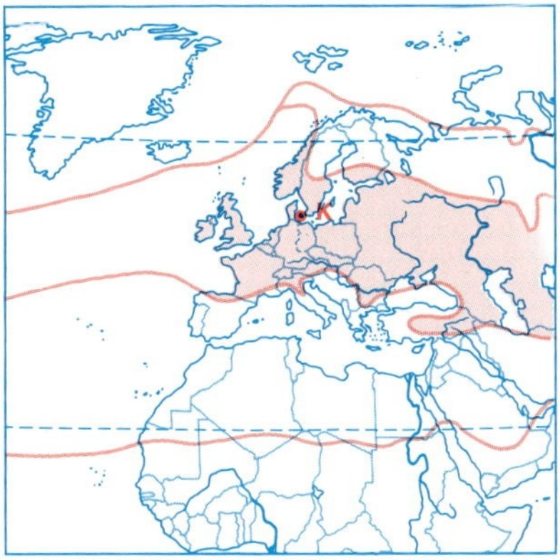

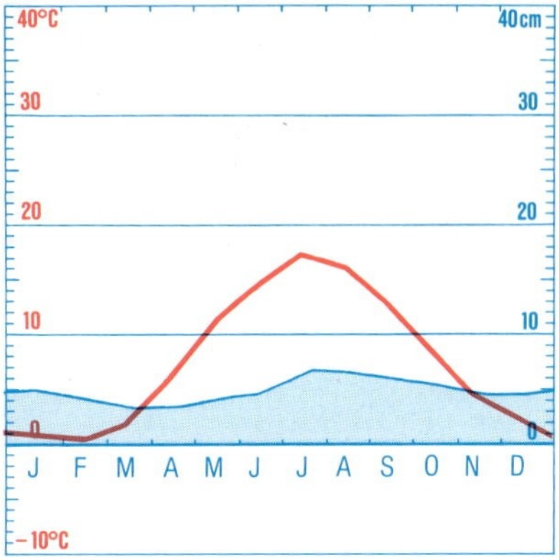

Kopenhagen / Dänemark 30 Jahre Zone III_3 bzw. Cf
4 m ü.M. 55° 42′N und 12° 35′E Jahresmittel 8,0 °C und 580 mm

°C	0,4	0,1	1,8	5,8	11,1	14,9	17,0	16,0	13,0	8,8	4,6	1,9
	J	F	M	A	M	J	J	A	S	O	N	D
mm	50	38	32	36	40	47	65	63	60	54	47	47

°C	−29,4	−29,8	−26,9	−20,6	−9,1	−0,2	2,5	2,0	−1,5	−10,5	−21,8	−26,3
	J	F	M	A	M	J	J	A	S	O	N	D
mm	8	8	6	9	10	11	20	19	11	11	10	8

10 m ü.M. 76° 0′N und 137° 54′E Jahresmittel −14,3 °C und 131 mm
Kotelnjyj / SU 24 Jahre Zone I_2 bzw. ET

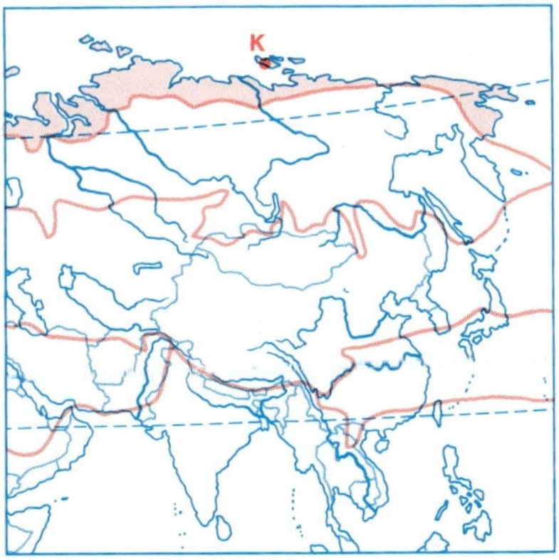

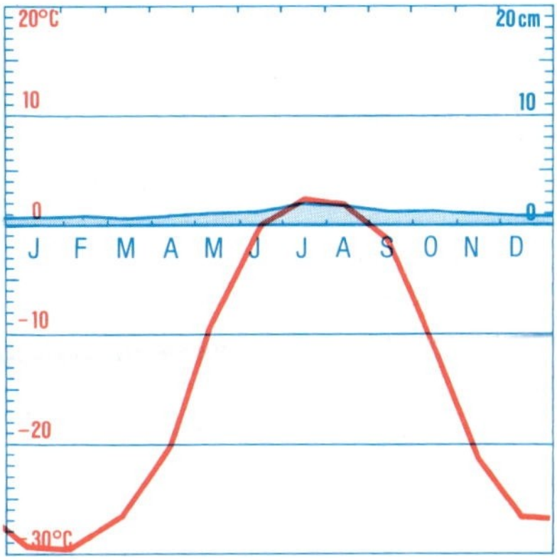

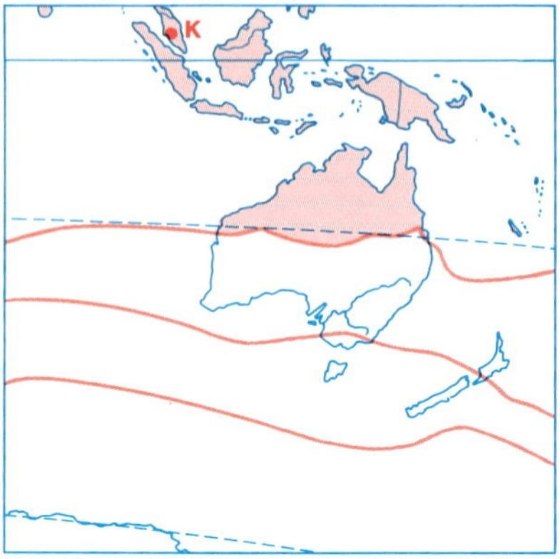

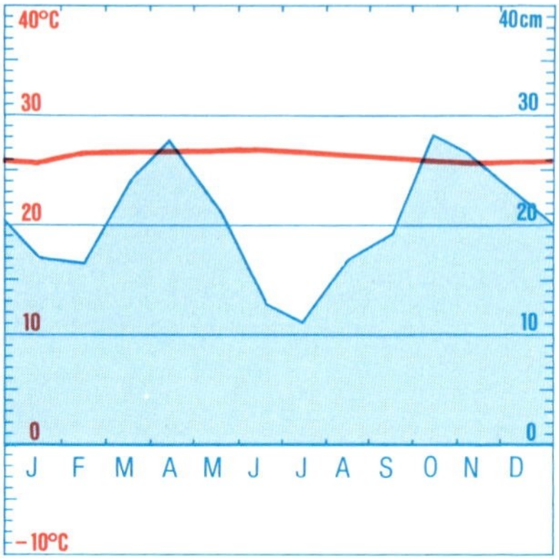

Kuala Lumpur / Malaysia 79 Jahre Zone V_1 bzw. Af

79 m ü.M. 3° 9′N und 101° 41′E Jahresmittel 26,2 °C und 2419 mm

	J	F	M	A	M	J	J	A	S	O	N	D
°C	25,8	26,3	26,5	26,6	26,8	26,7	26,3	26,3	26,1	25,9	25,8	25,8
mm	170	167	238	276	213	127	108	161	189	278	262	230

	J	F	M	A	M	J	J	A	S	O	N	D
°C	12,9	16,3	19,1	23,8	29,8	30,9	30,4	30,6	28,3	24,6	18,8	14,0
mm	1	–	–	–	0	–	–	–	–	–	–	–

387 m ü.M. 24° 12′N und 25° 21′E Jahresmittel 23,3 °C und 1 mm

Kufra / Libyen ? Jahre Zone IV_5 bzw. BW

Die niedrigsten Niederschläge aller Stationen!

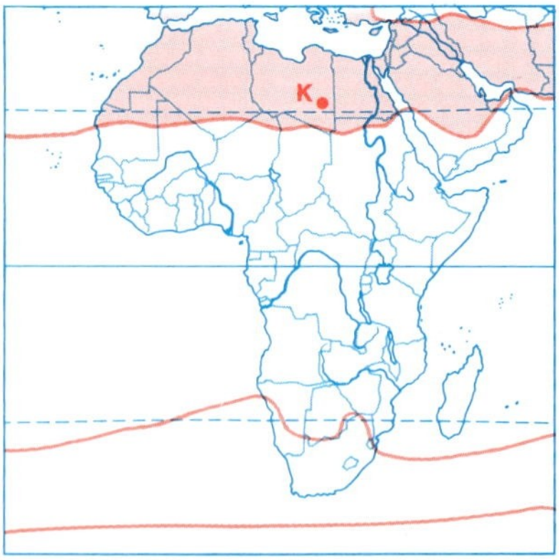

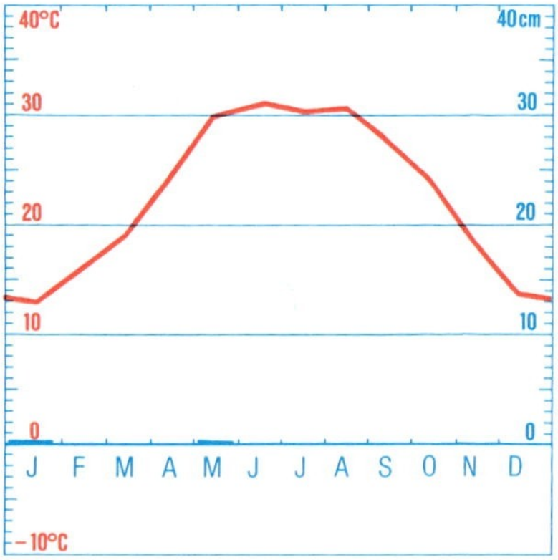

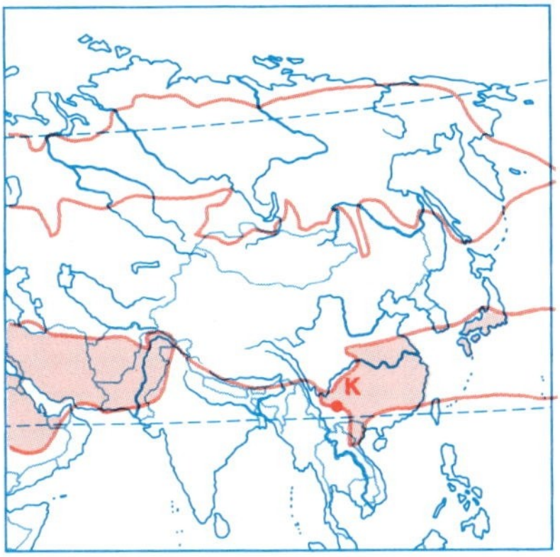

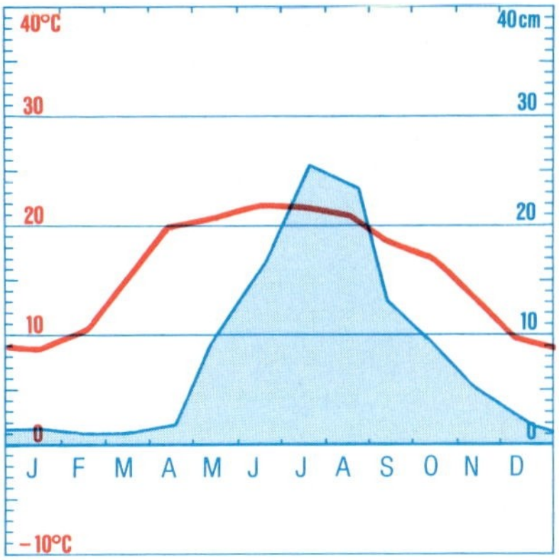

Kunming / V.R. China — 18 Jahre — Zone IV_4 bzw. Cw

1893 m ü.M. — 25° 4′N und 102° 40′E — Jahresmittel 16,7 °C und 1080 mm

	J	F	M	A	M	J	J	A	S	O	N	D
°C	9,1	10,3	15,5	19,9	21,0	22,1	22,1	21,3	18,8	17,3	13,3	9,7
mm	13	10	10	18	91	158	252	234	132	97	51	15

	J	F	M	A	M	J	J	A	S	O	N	D
°C	26,7	27,7	27,9	27,2	26,7	25,4	24,5	24,3	25,1	25,7	26,9	26,7
mm	28	41	99	99	203	300	180	56	180	191	64	25

38 m ü.M. — 6° 35′N und 3° 20′E — Jahresmittel 26,2 °C und 1466 mm

Lagos / Nigeria — 14 Jahre — Zone V_2 bzw. Aw

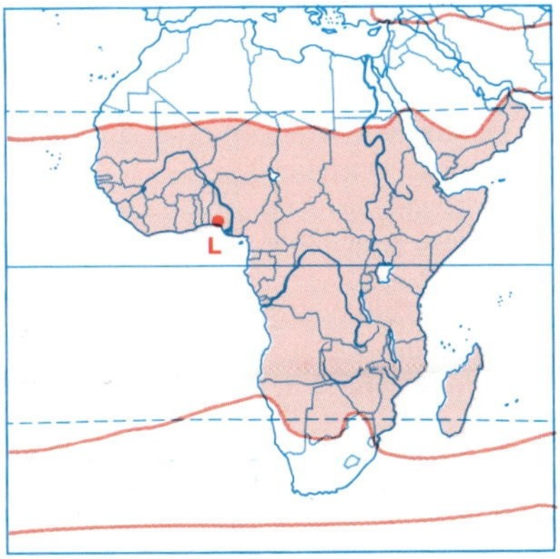

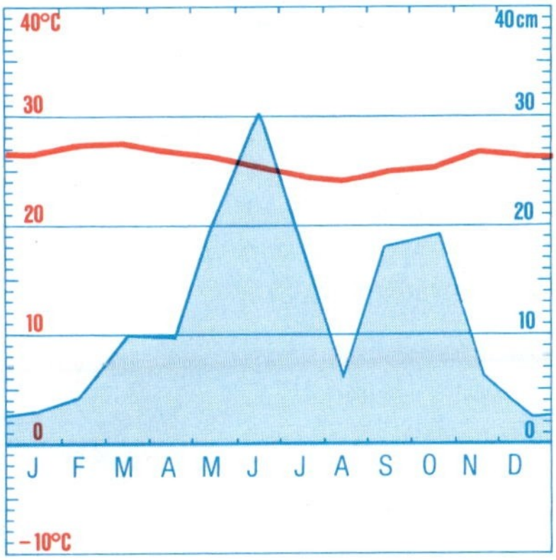

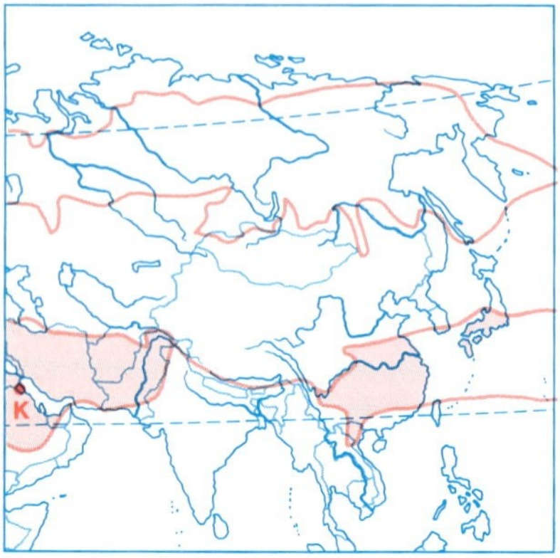

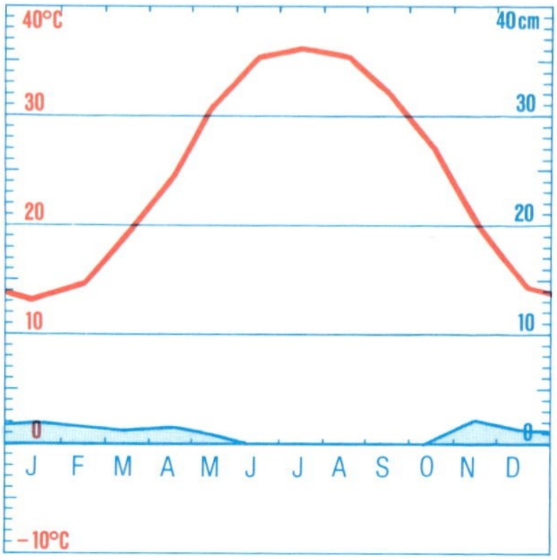

Kuwait/Kuwait — 11 Jahre — Zone IV_5 bzw. BW

55 m ü.M. — 29° 14′N und 47° 59′E — Jahresmittel 25,6 °C und 94 mm

	J	F	M	A	M	J	J	A	S	O	N	D
°C	13,3	14,9	19,5	24,7	30,9	35,3	36,9	36,5	32,7	27,3	20,1	14,5
mm	20	12	10	12	6	–	–	–	–	1	22	12

Klimadiagramm nach Walter siehe Seite 173.

Die Merkmale des Klimas in Kuwait sind die eines subtropischen Halbwüsten- und Wüstenklimas. Die Sommer sind sehr heiß. Das mittlere Temperaturmaximum beträgt im Juli und August 45 °C. In dem mäßigwarmen bis warmen Winter liegt das Minimum der Temperatur im Januar bei 4,4 °C, das mittlere Maximum sogar bei 21,7 °C. Infolge der Wolkenarmut treten starke Temperaturunterschiede zwischen Tag und Nacht auf. Die mittägliche Einstrahlung erhitzt die bodennahe Luftschicht oft über 60 °C, und nachts ist die Ausstrahlung erheblich. Temperaturschwankungen von 40° und 50 °C sind nicht selten. Dagegen ist die jährliche Temperaturamplitude von 22,2 °C vergleichsweise gering.

Die geringen Niederschläge fallen ausschließlich während der Wintermonate. Dann erreichen an zwei bis drei Tagen im Monat schwache Tiefausläufer der Westwindzone die Wüste.

Die Wüsten der warmgemäßigten Subtropenzone liegen auf beiden Halbkugeln zwischen 30° und 20° Breite. Dazu gehört der große Wüstengürtel der Alten Welt von der Sahara über Arabien und Iran bis zur Wüste Tharr. In Amerika sind die Areale der Wüsten auf der Halbinsel Niederkalifornien, in Arizona und New Mexico, in Nordchile und Argentinien wesentlich kleiner. Zu den südafrikanischen Halbwüsten gehören die Küstenwüste Namib und die Karru mit Teilen der Kalahari. Das Innere von Australien ist ebenfalls wüstenhaft.

Der vegetationsfreien Wüste steht die Halbwüste gegenüber. Ein weiterer Typ ist die Küstenwüste, die an den Westküsten der Kontinente verbreitet sind. In der Atacama wie in der Namib können Jahrzehnte vergehen, ohne daß es zu Regenfällen kommt. Die Trockenheit entsteht durch ablandige Winde und kalte Meeresströmungen.

Sehr heiße Sommer, warme Winter; arid bis vollarid. Halbwüste und Wüste.

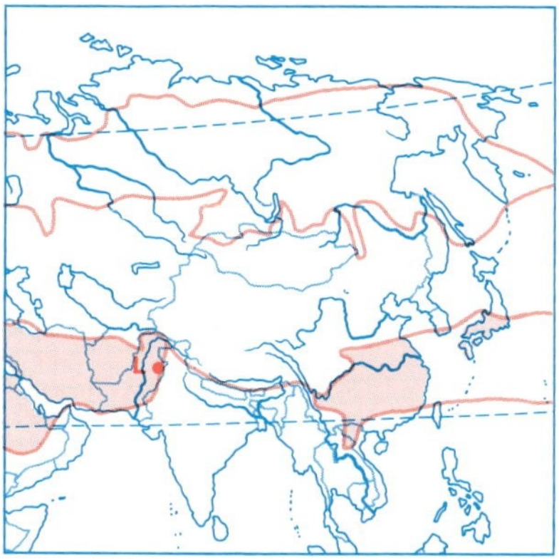

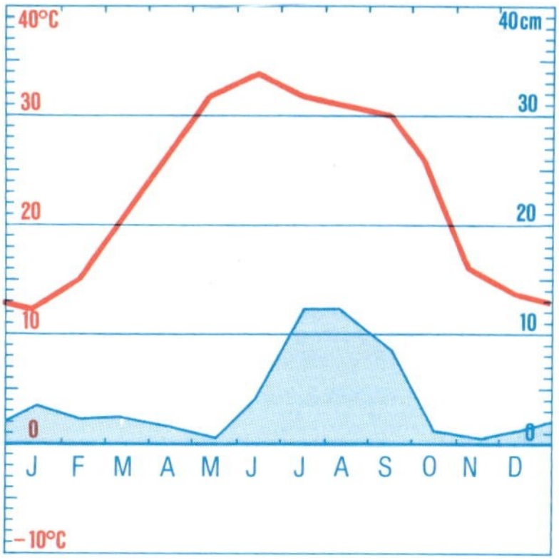

Lahore / Pakistan 30 Jahre Zone IV_3 bzw. BS
? m ü.M. 31° 35′N und 74° 18′E Jahresmittel 24,3 °C und 490 mm

°C	12,2	15,2	20,4	26,6	31,9	33,9	32,1	31,2	30,0	25,4	15,9	13,8
	J	F	M	A	M	J	J	A	S	O	N	D
mm	31	23	24	16	8	39	122	123	80	10	4	11

°C	11,2	10,9	11,0	10,8	9,7	8,3	8,1	9,3	10,4	11,7	12,2	11,7
	J	F	M	A	M	J	J	A	S	O	N	D
mm	120	98	72	27	14	3	6	8	35	37	49	89

3657 m ü.M. 16° 30′S und 68° 8′W Jahresmittel 10,4 °C und 558 mm
La Paz / Bolivien 20 Jahre Zone V_2 bzw. Cw

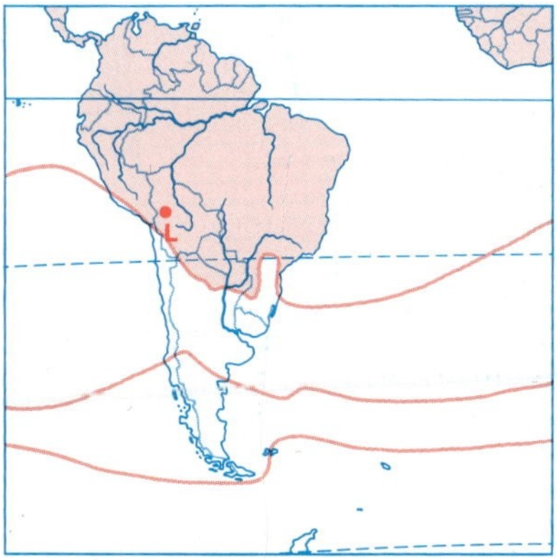

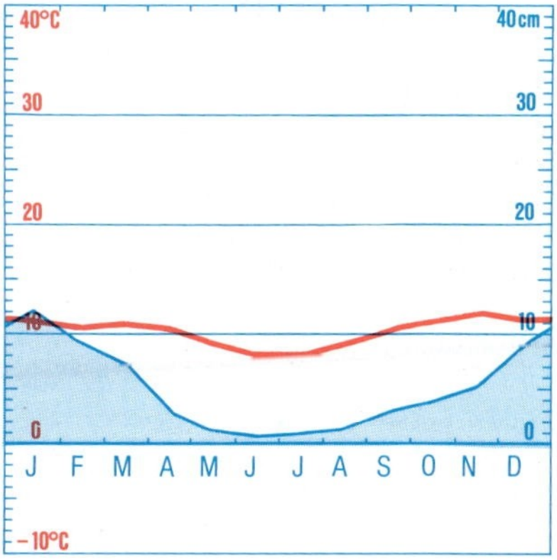

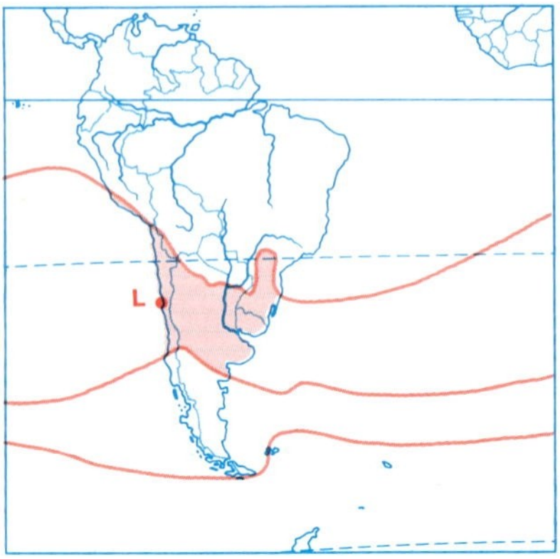

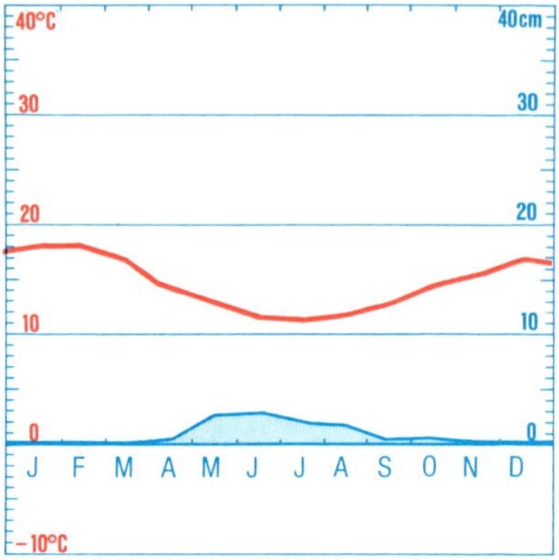

La Serena / Chile — 30 Jahre — Zone IV_2 bzw. BW
139 m ü.M. — 29° 54′S und 71° 15′W — Jahresmittel 14,8 °C und 105 mm

	J	F	M	A	M	J	J	A	S	O	N	D
°C	18,3	18,4	17,1	15,0	13,5	12,1	11,8	12,1	12,8	14,2	15,6	17,1
mm	–	2	1	3	26	26	20	17	5	3	1	1

	J	F	M	A	M	J	J	A	S	O	N	D
°C	26,8	27,1	27,3	27,3	27,0	25,9	24,5	24,9	25,8	26,3	26,4	26,8
mm	228	291	270	291	246	42	2	8	97	367	665	292

12 m ü.M. — 0° 27′N und 9° 25′E — Jahresmittel 26,3 °C und 2799 mm
Libreville / Gabun — ? Jahre — Zone V_2 bzw. Aw

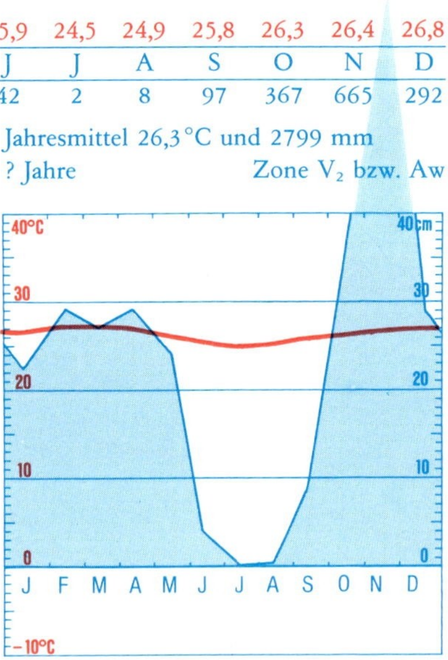

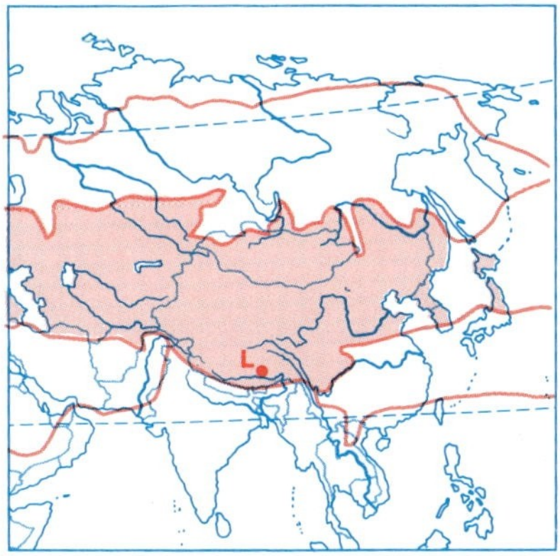

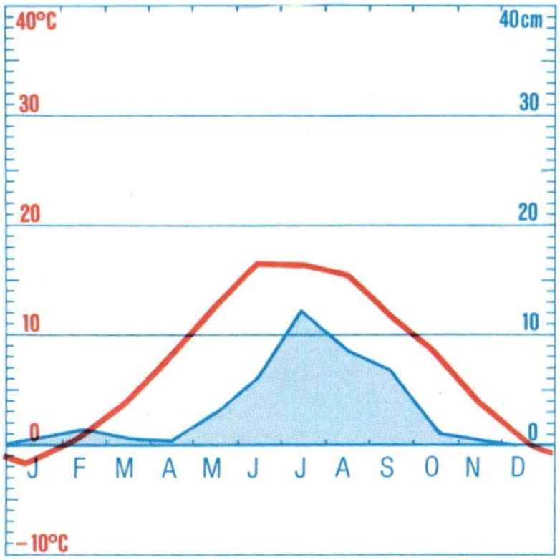

Lhasa / Tibet (V.R. China) 7 Jahre Zone III_{11} bzw. BS
3685 m ü.M. 29° 40′N und 91° 7′E Jahresmittel 8,8 °C und 410 mm

	J	F	M	A	M	J	J	A	S	O	N	D
°C	-1,7	1,1	4,7	8,1	12,2	16,7	16,4	15,6	10,3	8,9	3,9	0,0
mm	2	13	8	5	25	64	122	89	66	13	3	-

Die Klimawerte von Lhasa sind kennzeichnend für das sommerfeuchte, winterkalte und wintertrockene Steppenklima Ostasiens. Es prägt die Trockensteppen in Nordchina, in der Mandschurei, in der Mongolei und in Tibet. Der warme Sommer dauert von Juni bis September, der Winter ist mäßig kalt. Die Jahresamplitude von 21,7 °C ist mäßig. Das mittlere Minimum der Temperatur beträgt im Januar -14,4 °C, das mittlere Maximum liegt im Juni bei 27,2 °C. Dagegen sind die Temperaturschwankungen zwischen Tag und Nacht stärker ausgebildet. Fröste treten noch im Mai auf, und sie setzen ab September schon wieder ein.
Die hohen Tagesschwankungen der Temperatur sind auf die Höhenlage zurückzuführen. Das Tagesmittel wird dadurch um rund 10 °C erniedrigt. Die asiatische Landmasse bedingt die jahreszeitlichen Schwankungen. Im Winter entwickelt sich über dem Kontinent ein stabiles Kältehoch. Aus ihm fließen ausgekühlte und trockene Luftmassen ab. Deshalb sind die Winter auch sehr schneearm.
Im Sommer entsteht über der Mongolei bei ständig aufsteigender Luft ein Hitzetief. Dahinein strömen die feuchtwarmen Luftmassen des Sommermonsuns vom Pazifischen Ozean. Niederschläge fallen, wenn die feuchte Luft auf kältere Luftmassen aufgleitet oder an den Gebirgen aufsteigen muß. Da der Wasserdampfgehalt auf dem langen Weg von der Küste in den Kontinent bereits abgenommen hat, sind die Regenfälle wenig ergiebig. Im Juni, Juli und August regnet es etwa nur an zehn Tagen im Monat.
In Nordamerika hat das sommerfeuchte Trockenklima ein Gegenstück. Dort ist die Landmasse nicht groß genug, um im Sommer einen Monsuneffekt auszulösen. Der semiaride Typ des Wasserhaushalts spiegelt sich deutlich im Erscheinungsbild der Vegetation. Die Hartgrasfluren sind durchsetzt von trockenheitliebenden Kugelbüschen und Igelpolstern.

Warme feuchte Sommer, mäßigkalte trockene Winter. Trockensteppe.

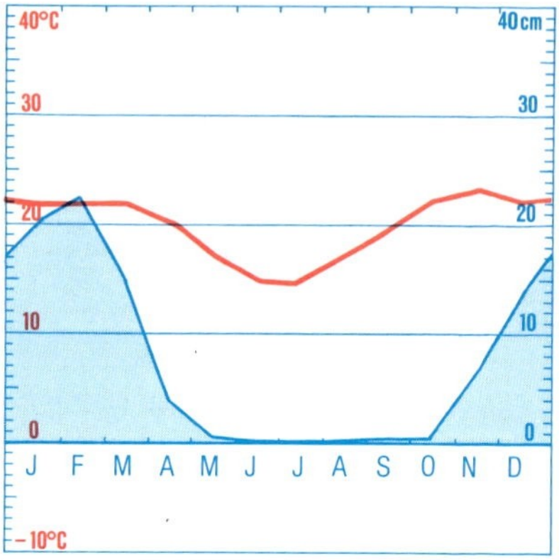

Lilongwe / Malawi — 21 Jahre — Zone V_3 bzw. Cw

1134 m ü.M. — 13° 58′S und 33° 42′E — Jahresmittel 19,9 °C und 845 mm

	J	F	M	A	M	J	J	A	S	O	N	D
°C	22,1	21,9	21,6	20,3	17,8	15,5	15,0	16,6	19,4	22,3	23,4	22,7
mm	202	223	152	39	5	1	0	2	5	5	69	142

	J	F	M	A	M	J	J	A	S	O	N	D
°C	21,4	22,2	22,4	19,8	17,5	15,6	15,2	15,0	15,4	16,2	17,4	19,1
mm	1	0	1	0	1	3	5	6	5	2	1	1

137 m ü.M. — 12° 2′S und 77° 2′W — Jahresmittel 18,0 °C und 26 mm

Lima / Peru — 11 Jahre — Zone V_5 bzw. BW

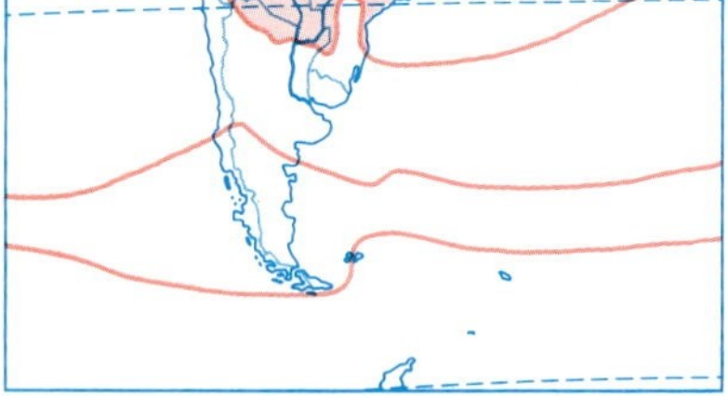

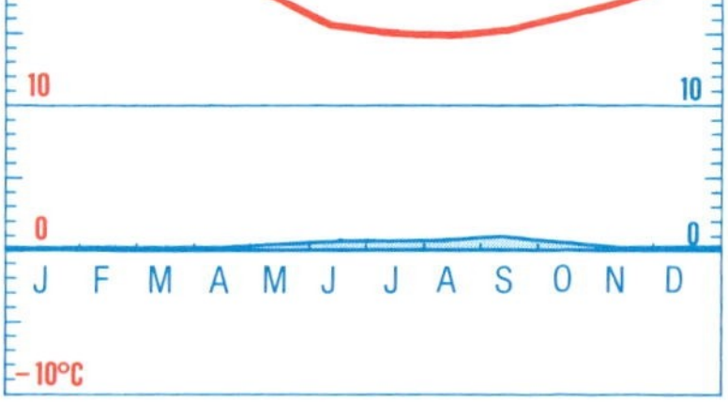

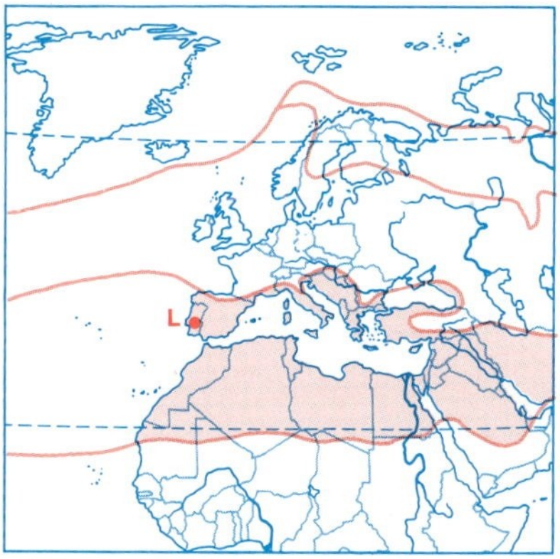

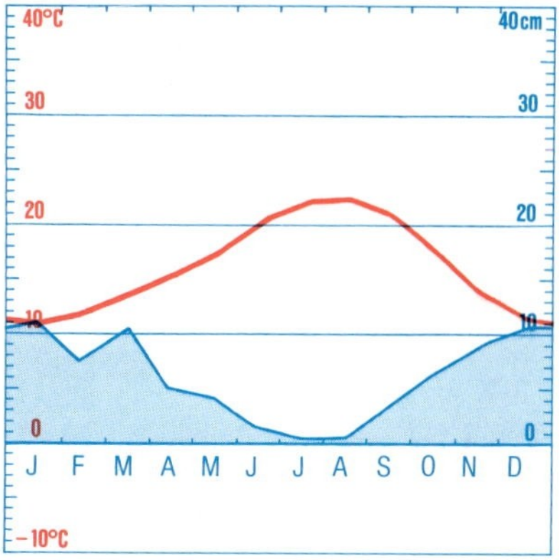

Lissabon / Portugal — 30 Jahre — Zone IV_1 bzw. Cs

77 m ü.M. — 38° 43′N und 9° 9′W — Jahresmittel 16,6 °C und 708 mm

	J	F	M	A	M	J	J	A	S	O	N	D
°C	10,8	11,6	13,6	15,6	17,2	20,1	22,2	22,5	21,2	18,2	14,4	11,5
mm	111	76	109	54	44	16	3	4	33	62	93	103

	J	F	M	A	M	J	J	A	S	O	N	D
°C	27,0	27,8	28,3	28,1	27,5	26,4	25,2	24,8	25,7	26,5	27,2	27,2
mm	12	35	54	98	137	206	70	20	40	98	34	12

5 m ü.M. — 6° 7′N und 1° 13′E — Jahresmittel 26,8 °C und 815 mm

Lomé / Togo — 59 Jahre — Zone V_2 bzw. Aw

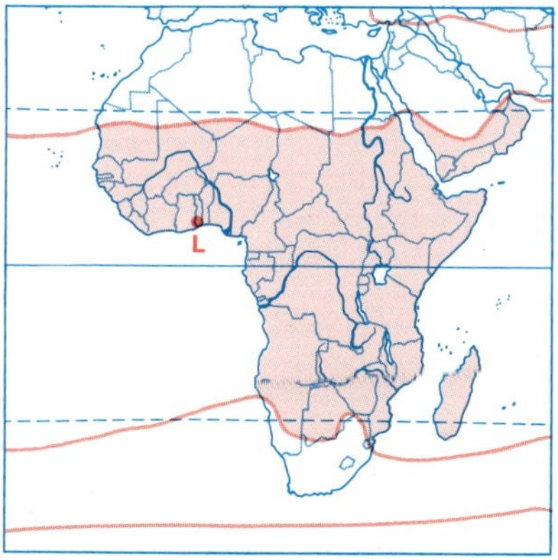

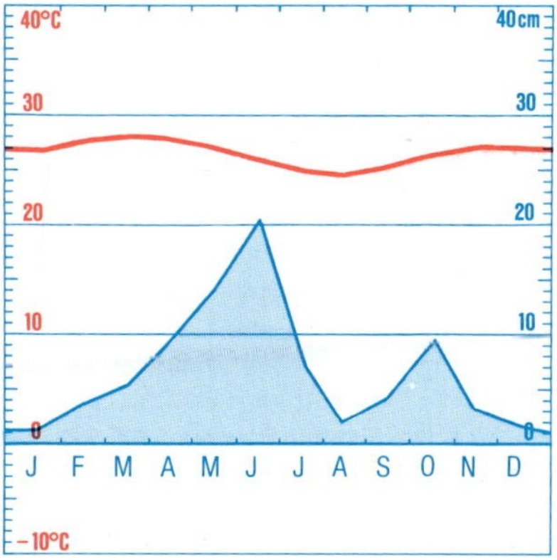

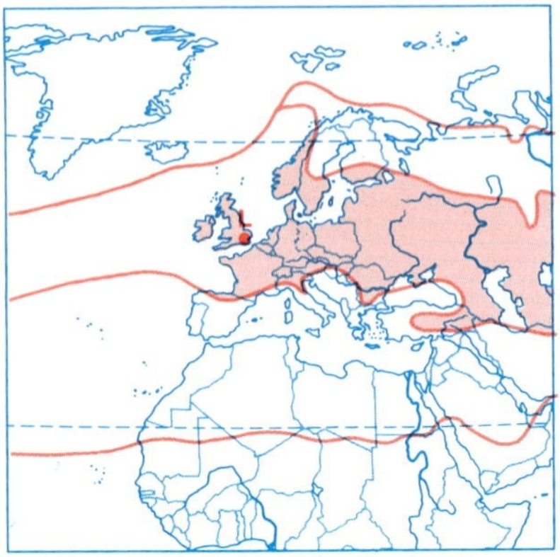

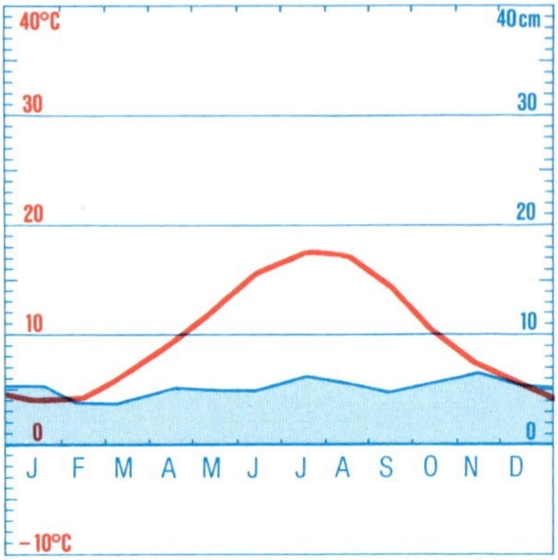

London / Großbritannien — 35 Jahre — Zone III_2 bzw. Cf

5 m ü.M. — 51° 28′N und 0° 19′W — Jahresmittel 10,5 °C und 608 mm

	J	F	M	A	M	J	J	A	S	O	N	D
°C	4,2	4,4	6,6	9,3	12,5	15,9	17,6	17,2	14,8	10,8	7,3	5,2
mm	54	39	37	46	46	44	62	57	50	57	63	52

Zu den Waldklimaten der kühlgemäßigten Zonen gehören die ozeanischen Klimate der sommergrünen Laubwälder. Sie sind sowohl auf der Nord- als auch auf der Südhalbkugel an der Westseite der Kontinente verbreitet. In Nord- und Südamerika bleibt das Klima an den Westflanken der Gebirge auf einen verhältnismäßig schmalen Streifen in Oregon und Britisch-Kolumbien sowie im südlichen Chile und am Ostfuß der patagonischen Anden beschränkt.

Das Klima zeichnet sich durch warme Sommer und milde Winter aus, mit dem sich die Übergangsjahreszeiten vermischen. Die Temperaturamplitude liegt zwischen 10° und 16 °C, in London beträgt sie 13,4 °C. Feuchtmilde Meeresluft, die mit wandernden Zyklonen vom Ozean herangeführt wird, bestimmt die Witterung. Der Niederschlag ist gleichmäßig über das Jahr verteilt. An etwa 50% aller Tage jeden Monats regnet es. Schneefall ist selten. Eine geschlossene Schneedecke bildet sich nur kurzfristig.

Frosteinbrüche, die zu einem mittleren Minimum der Januartemperatur von −4,6 °C führen, gehen auf feuchtkalte Polarluft zurück. Das absolute Minimum der Temperatur liegt bei −9,5 °C. Andererseits steigt unter dem Einfluß feuchtwarmer Tropikluft das mittlere Temperaturmaximum im Juli auf 26,0 °C an. Das absolute Maximum liegt bei 33,8 °C.

In diesem milden und humiden Klima wachsen sommergrüne Laubmischwälder mit einem deutlichen Anteil an immergrünen Pflanzen, in Westeuropa die Stechpalme (Ilex aquifolium). Auf der Südhalbkugel ist der Anteil immergrüner Arten, wie der immergrünen Buche, höher. Infolge der frühen Besiedlung sind die natürlichen Wälder in Europa weitgehend zerstört. Stattdessen wachsen häufig atlantische Heiden; sie geben eine gute Schafweide.

Warme feuchte Sommer, milde feuchte Winter; lange Übergangsjahreszeiten. Sommergrüner Laubwald.

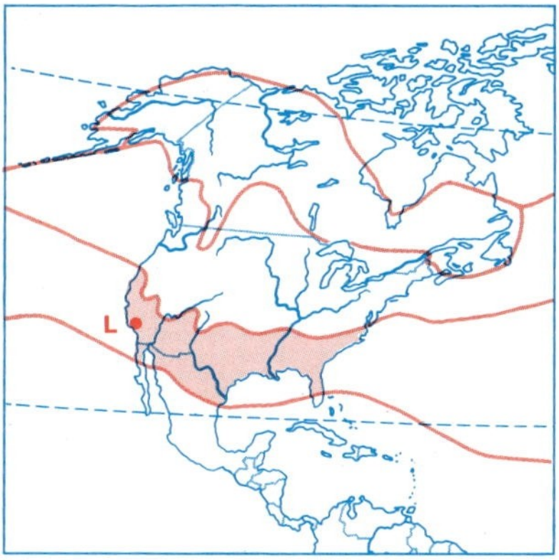

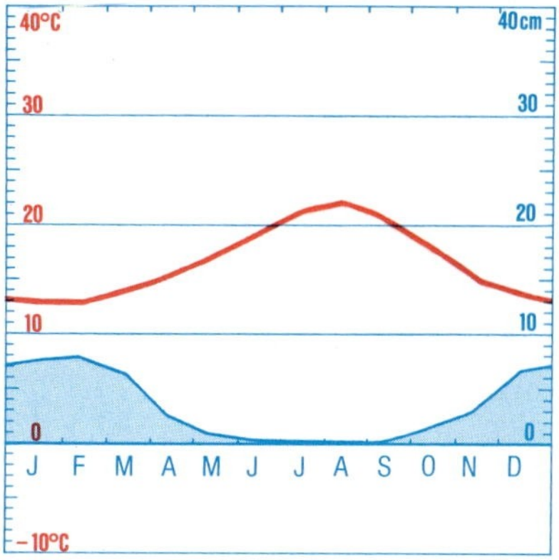

Los Angeles / USA — 83 Jahre — Zone IV_2 bzw. Cs

95 m ü.M. — 34° 3′N und 118° 14′W — Jahresmittel 17,4 °C und 364 mm

°C	13,1	13,6	14,6	15,8	17,3	19,3	21,7	22,1	21,3	18,9	16,7	14,2
	J	F	M	A	M	J	J	A	S	O	N	D
mm	78	79	66	28	9	2	0	1	5	14	29	68

°C	26,2	26,7	27,0	26,8	25,0	22,0	20,2	20,4	22,3	24,4	25,6	25,8
	J	F	M	A	M	J	J	A	S	O	N	D
mm	26	35	97	124	19	–	–	1	2	7	34	23

44 m ü.M. — 8° 49′S und 13° 13′E — Jahresmittel 24,4 °C und 368 mm

Luanda / Angola — 30 Jahre — Zone V_4 bzw. BS

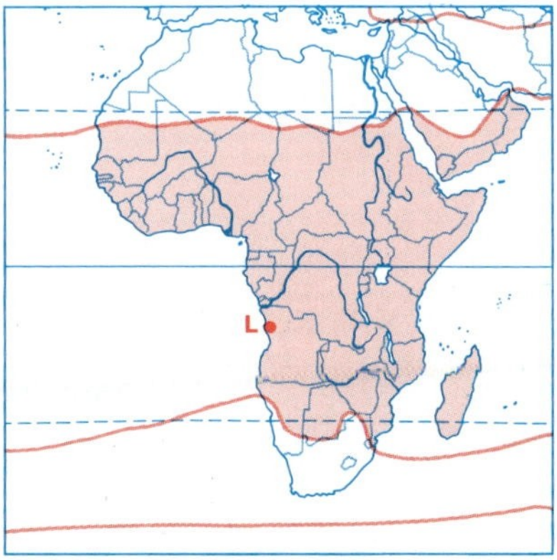

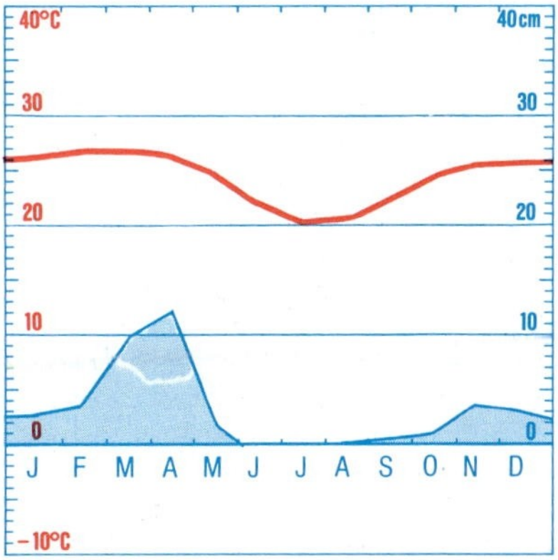

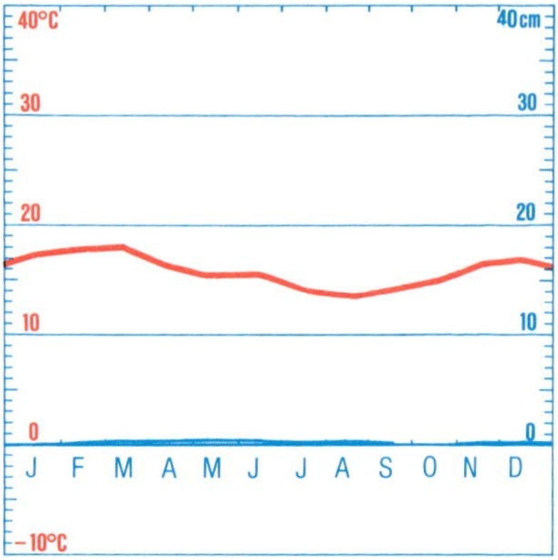

Lüderitz / Namibia — 40 Jahre — Zone IV$_5$ bzw. BW

23 m ü.M. — 26° 38′S und 15° 6′E — Jahresmittel 16,0 °C und 17 mm

	J	F	M	A	M	J	J	A	S	O	N	D
°C	17,5	18,0	18,0	16,5	15,5	15,5	14,0	13,5	14,0	15,0	16,5	17,0
mm	-	1	2	2	3	3	1	2	1	-	1	1

	J	F	M	A	M	J	J	A	S	O	N	D
°C	31,5	32,4	33,3	31,9	30,4	29,6	28,3	28,3	29,7	30,5	30,6	30,6
mm	2	4	28	113	40	1	3	-	1	47	56	15

193 m ü.M. — 3° 45′N und 42° 35′E — Jahresmittel 30,5 °C und 309 mm

Lugh Ferrandi / Somalia — 27 Jahre — Zone V$_4$ bzw. BS

Das höchste Jahresmittel der Temperaturen!

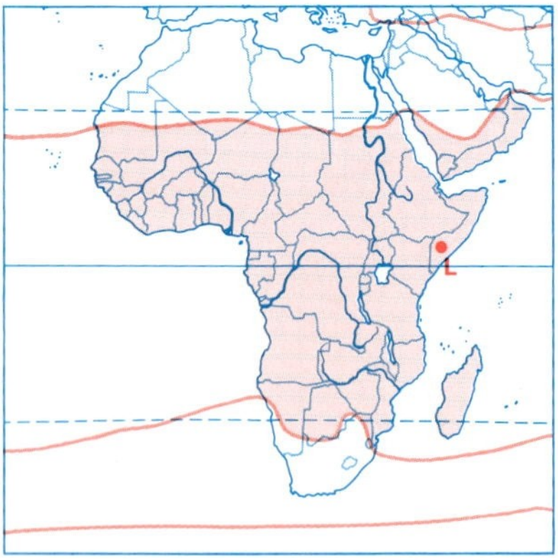

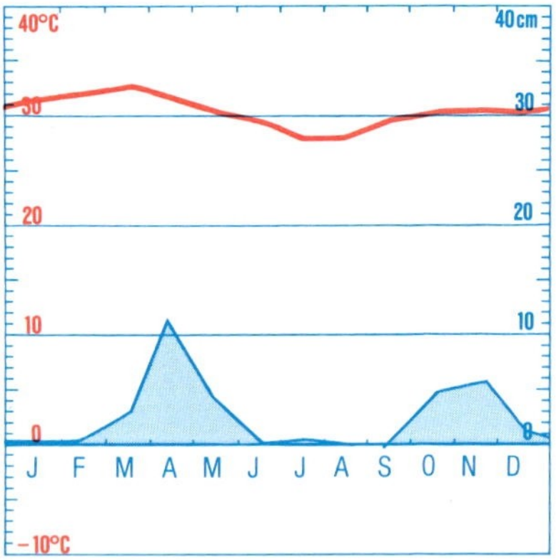

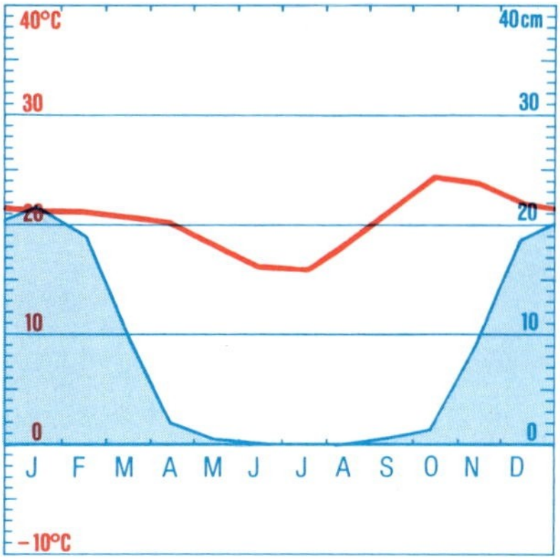

Lusaka / Sambia — 30 Jahre — Zone V_3 bzw. BS

1277 m ü.M. — 15° 25′S und 29° 19′E — Jahresmittel 20,5 °C und 837 mm

	J	F	M	A	M	J	J	A	S	O	N	D
°C	21,5	21,5	21,2	20,6	18,5	16,4	16,2	18,4	21,9	24,5	23,4	22,1
mm	218	196	106	21	4	0	–	0	1	15	91	186

	J	F	M	A	M	J	J	A	S	O	N	D
°C	27,1	26,9	27,1	27,3	27,5	27,4	27,3	27,3	27,5	27,6	27,4	27,3
mm	317	295	381	436	376	272	200	122	148	259	338	364

6 m ü.M. — 5° 0′S und 145° 45′E — Jahresmittel 27,3 °C und 3509 mm

Madang / Papua-Neuguinea — 30 Jahre — Zone V_1 bzw. Af

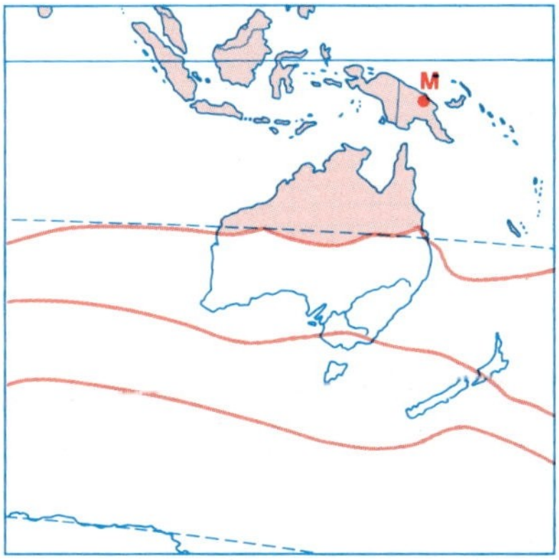

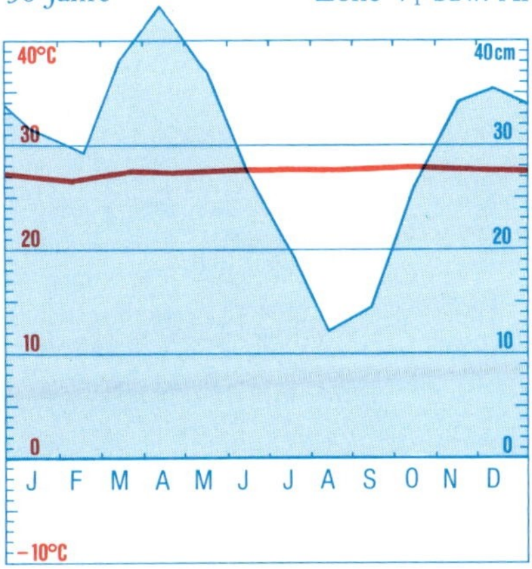

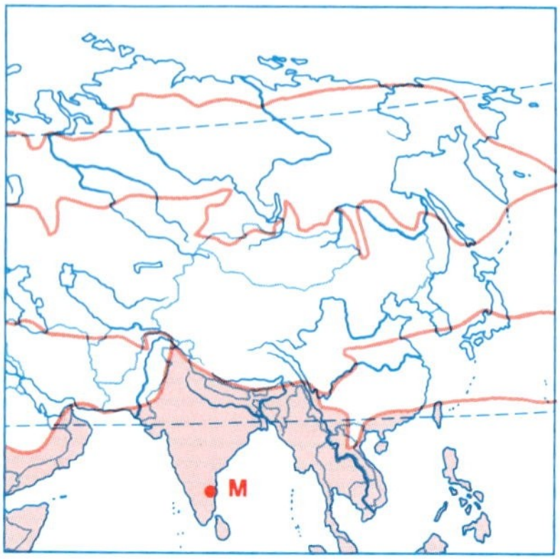

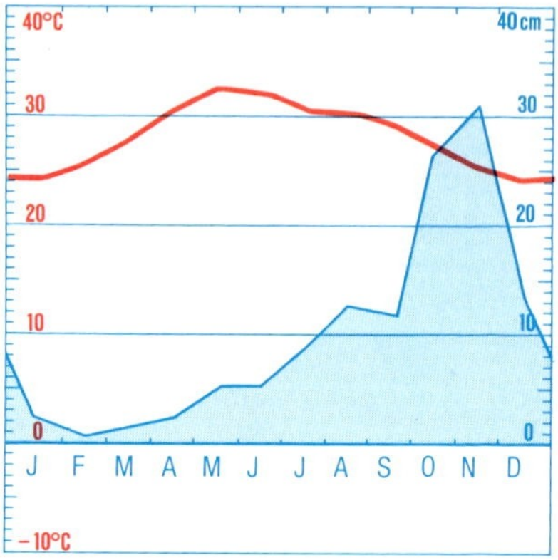

Madras / Indische Union — 30 Jahre — Zone V_2 bzw. Aw

16 m ü.M. — 13° 0′N und 80° 11′E — Jahresmittel 28,6 °C und 1215 mm

	J	F	M	A	M	J	J	A	S	O	N	D
°C	24,6	25,8	27,9	30,4	32,7	32,4	30,8	30,2	29,7	28,1	25,8	24,6
mm	24	7	15	25	52	53	84	124	118	267	309	139

	J	F	M	A	M	J	J	A	S	O	N	D
°C	5,0	7,0	10,0	13,0	16,0	21,0	24,0	24,0	20,0	14,0	9,0	6,0
mm	38	34	46	45	44	27	11	14	31	53	47	48

667 m ü.M. — 40° 25′N und 4° 42′W — Jahresmittel 14,0 °C und 438 mm

Madrid / Spanien — 30 Jahre — Zone IV_1 bzw. Cs

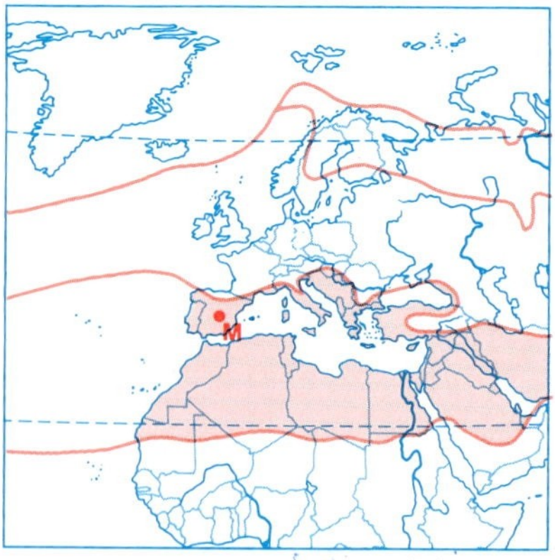

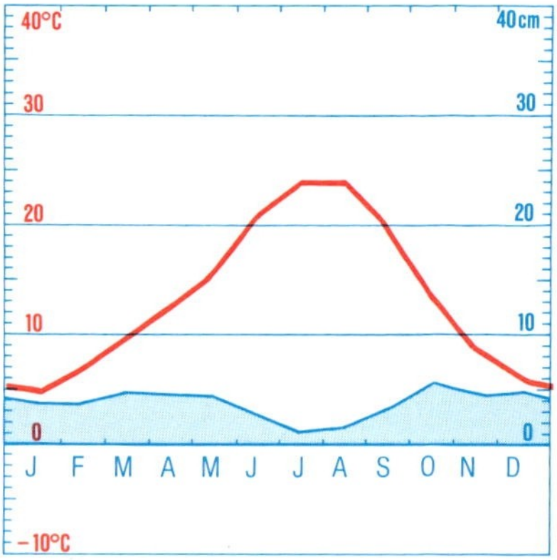

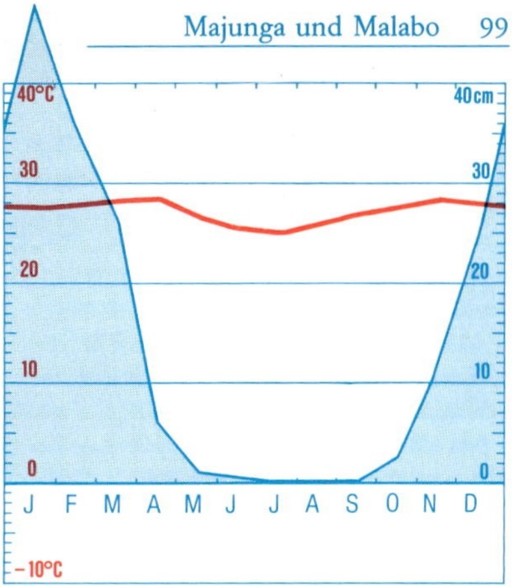

Majunga / Madagaskar (Malagasy) 42 Jahre Zone V_3 bzw. Aw
36 m ü.M. 15° 44′S und 46° 19′E Jahresmittel 27,0 °C und 1559 mm

	J	F	M	A	M	J	J	A	S	O	N	D
°C	27,4	27,6	27,8	28,1	26,8	25,4	25,0	25,6	26,6	27,5	28,1	27,8
mm	474	358	272	60	9	3	1	2	3	25	109	243

	J	F	M	A	M	J	J	A	S	O	N	D
°C	25,5	26,2	26,1	26,0	25,7	25,0	24,1	24,1	24,0	24,4	24,7	25,2
mm	32	65	107	182	239	281	189	167	244	263	89	42

? m ü.M. 3° 46′N und 8° 46′E Jahresmittel 25,1 °C und 1898 mm
Malabo (Santa Isabel) / Äquatorial-Guinea 16 Jahre Zone V_1 bzw. Af

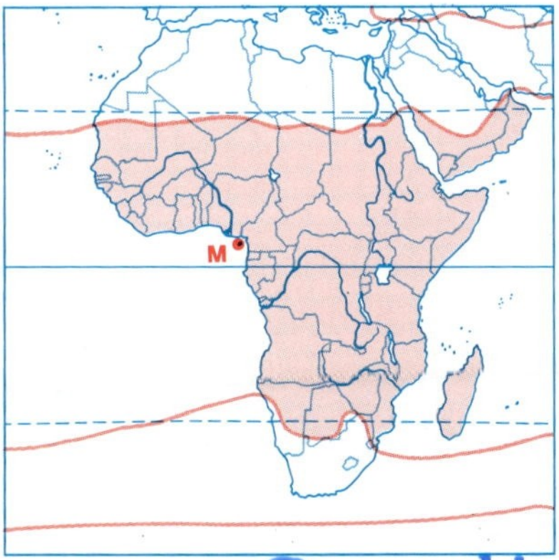

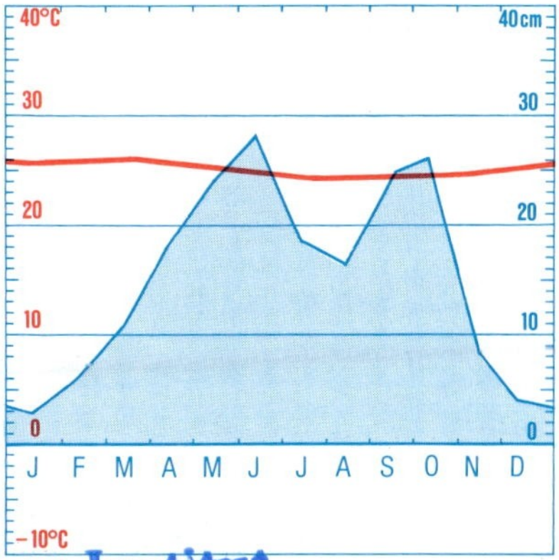

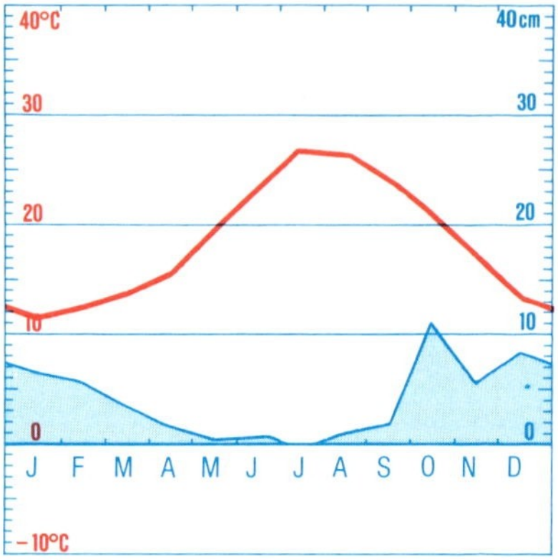

Malta / Malta — 10 Jahre — Zone IV_2 bzw. Cs

? m ü.M. — 35°54′N und 14°31′E — Jahresmittel 18,9°C und 467 mm

	J	F	M	A	M	J	J	A	S	O	N	D
°C	11,5	12,4	13,7	15,8	19,8	23,1	26,9	26,6	24,2	21,3	17,6	13,6
mm	66	58	36	17	4	6	-	11	18	106	59	82

	J	F	M	A	M	J	J	A	S	O	N	D
°C	25,7	25,8	25,8	26,1	26,4	26,2	26,4	26,8	26,7	26,6	26,2	26,0
mm	473	351	309	204	163	165	122	102	85	125	225	373

4 m ü.M. — 1°30′N und 124°51′E — Jahresmittel 26,2°C und 2697 mm

Manado / Indonesien — 63 Jahre — Zone V_1 bzw. Af

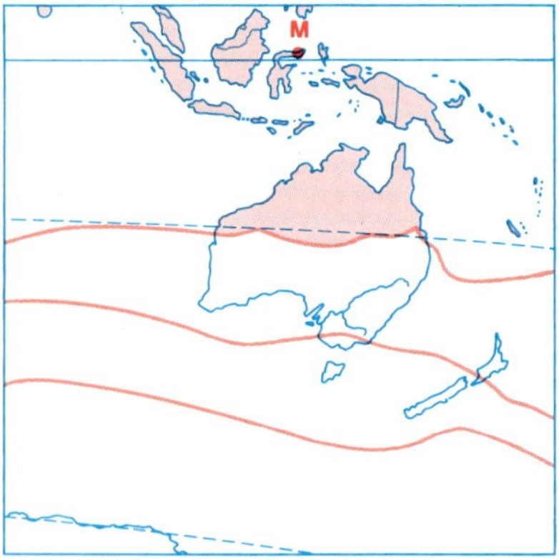

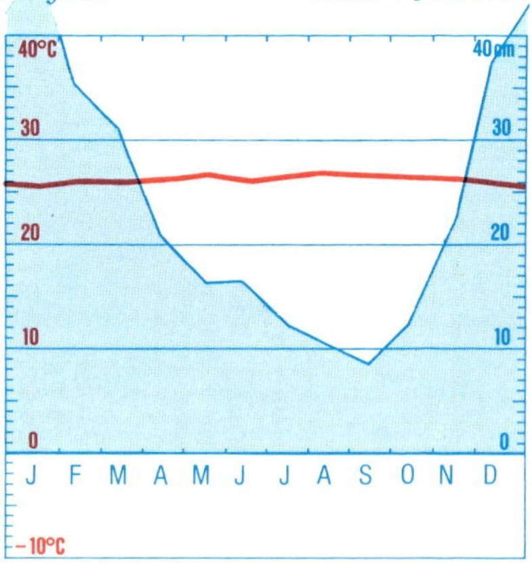

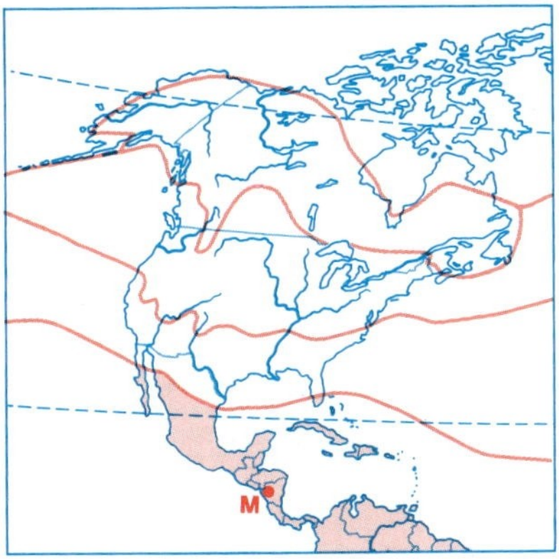

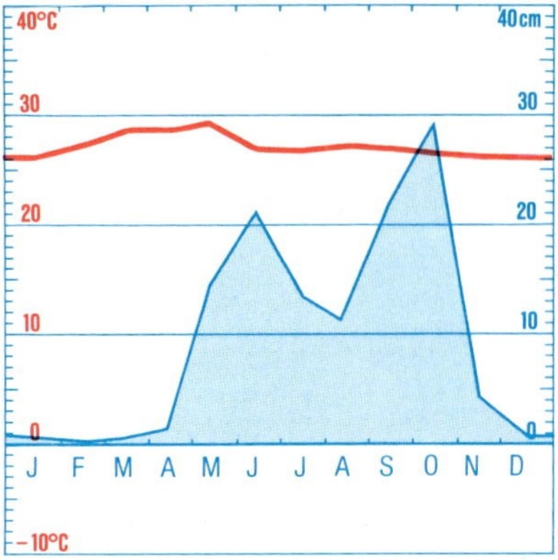

Managua / Nicaragua — 28 Jahre — Zone V_2 bzw. Aw

? m ü.M. — 12° 9′N und 86° 17′W — Jahresmittel 27,3 °C und 1185 mm

	J	F	M	A	M	J	J	A	S	O	N	D
°C	26,3	27,2	28,6	29,3	29,4	27,2	26,9	27,2	26,9	26,5	26,3	26,1
mm	3	1	3	11	147	211	136	110	216	292	44	10

	J	F	M	A	M	J	J	A	S	O	N	D
°C	25,9	25,8	25,8	25,8	26,4	26,6	26,9	27,5	27,9	27,7	27,3	26,7
mm	276	277	301	287	193	99	61	41	62	112	165	228

48 m ü.M. — 3° 8′S und 60° 1′W — Jahresmittel 26,7 °C und 2101 mm

Manaus / Brasilien — 30 Jahre — Zone V_1 bzw. Af

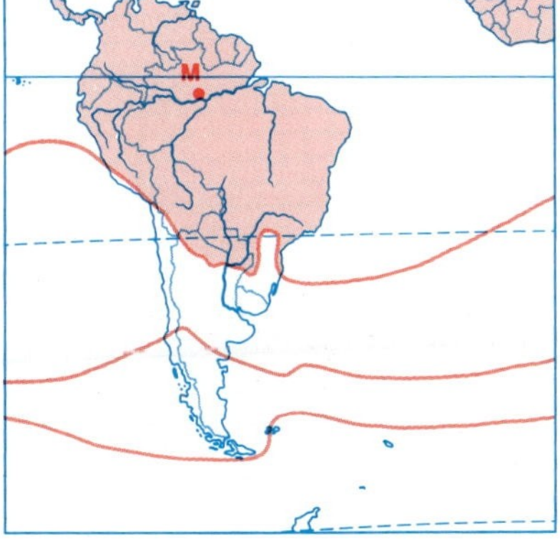

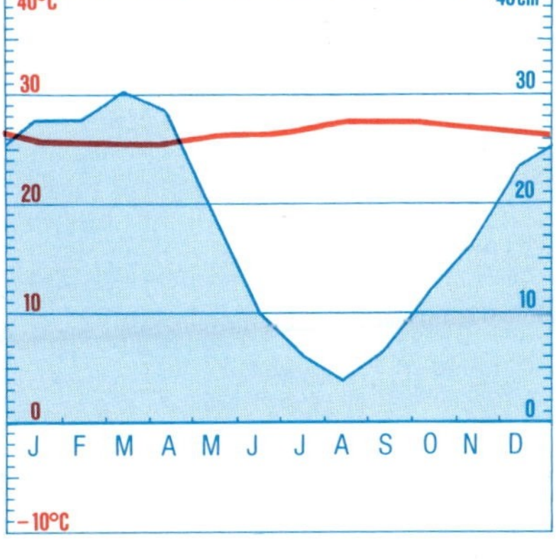

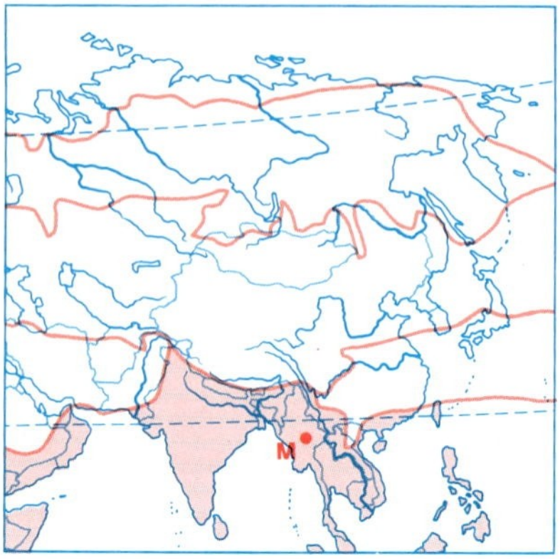

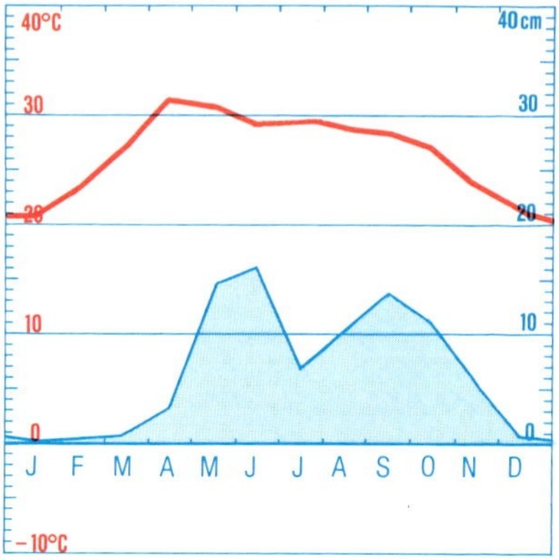

Mandalay / Birma | 61 Jahre | Zone V_3 bzw. Cw

76 m ü.M. | 20° 0′N und 96° 5′E | Jahresmittel 27,2 °C und 825 mm

°C	20,8	23,6	27,7	31,8	31,2	29,8	30,0	29,3	29,0	27,7	24,7	21,3
	J	F	M	A	M	J	J	A	S	O	N	D
mm	1	3	5	32	146	159	70	103	136	109	51	10

°C	25,1	25,6	26,9	28,3	28,6	28,0	27,2	27,0	26,9	26,8	26,0	25,3
	J	F	M	A	M	J	J	A	S	O	N	D
mm	23	11	17	32	128	252	414	437	353	195	138	68

? m ü.M. | 14° 31′N und 121° 0′E | Jahresmittel 26,8 °C und 2069 mm

Manila / Philippinen | 90 Jahre | Zone V_2 bzw. Aw

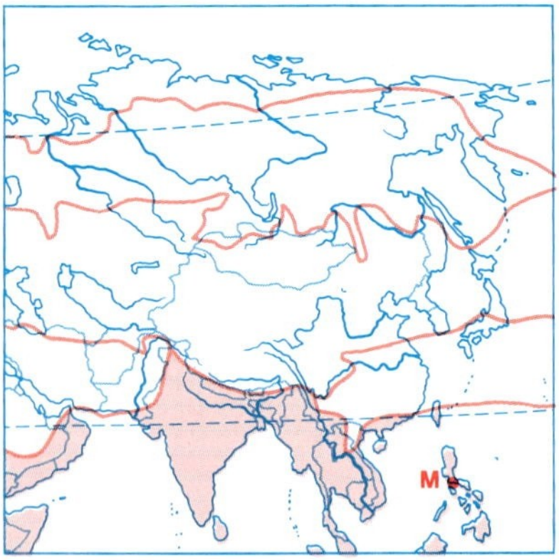

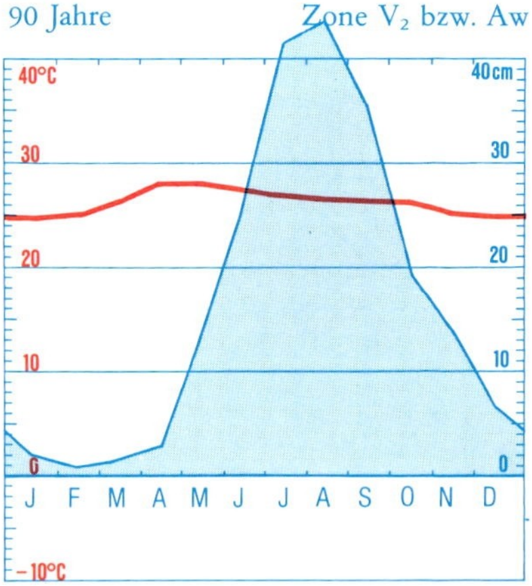

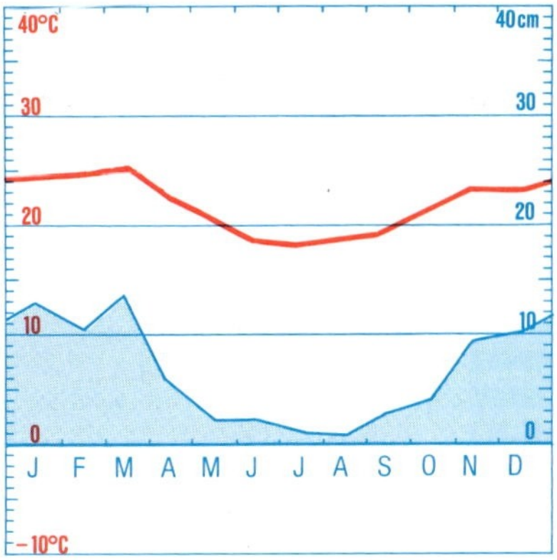

Maputo (Lourenço Marques) / Moçambique 30 Jahre Zone V_3 bzw. Aw
59 m ü.M. 25° 58′S und 32° 36′E Jahresmittel 22,2 °C und 753 mm

	J	F	M	A	M	J	J	A	S	O	N	D
°C	24,8	25,2	25,5	23,3	21,0	19,2	18,7	19,2	19,7	21,6	23,7	23,7
mm	130	106	135	55	22	23	12	9	28	41	92	101

	J	F	M	A	M	J	J	A	S	O	N	D
°C	27,4	27,4	27,6	28,4	28,4	28,8	29,1	29,4	29,0	28,2	28,0	27,8
mm	2	0	7	24	70	55	45	56	67	141	83	14

6 m ü.M. 10° 39′N und 71° 36′W Jahresmittel 28,3 °C und 563 mm
Maracaibo / Venezuela 40 Jahre Zone V_3 bzw. BS

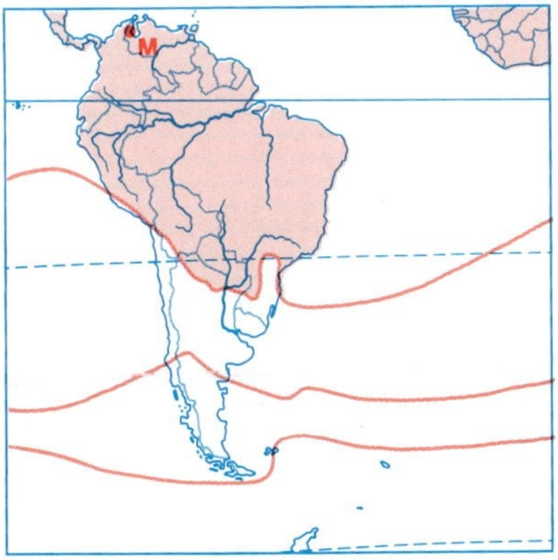

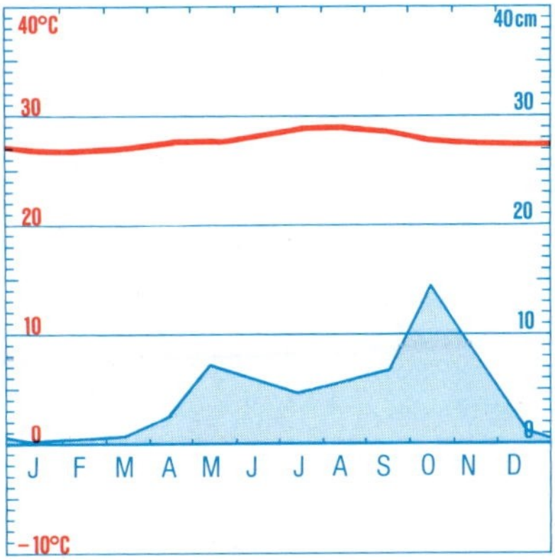

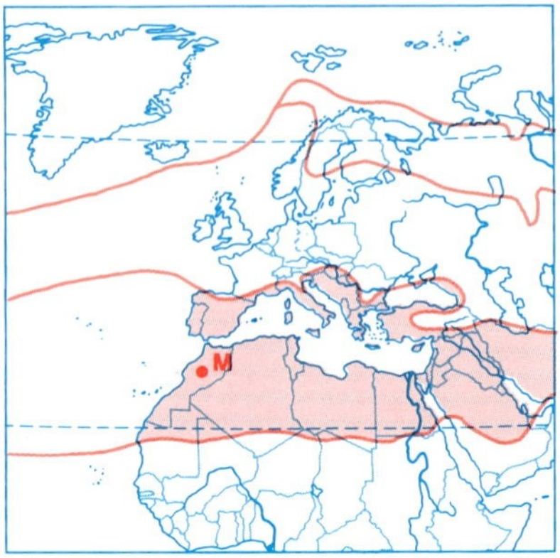

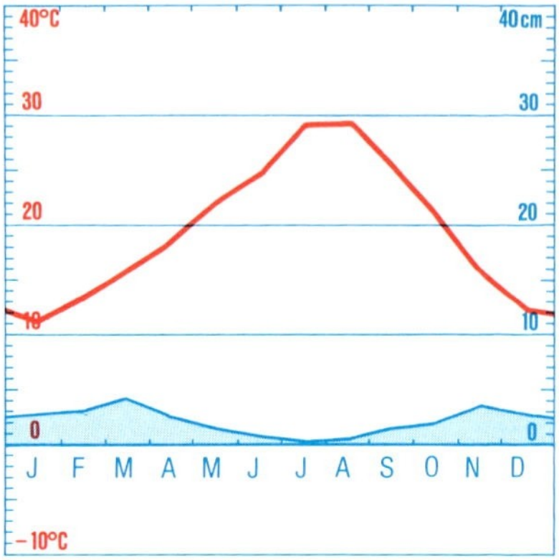

Marrakech / Marokko — 34 Jahre — Zone IV_2 bzw. BS

466 m ü.M. — 31° 37′N und 8° 2′E — Jahresmittel 19,9 °C und 243 mm

	J	F	M	A	M	J	J	A	S	O	N	D
°C	11,3	13,3	16,0	18,6	21,4	24,8	28,9	29,1	25,5	21,5	16,2	12,2
mm	24	27	39	27	16	9	2	5	11	20	35	28

	J	F	M	A	M	J	J	A	S	O	N	D
°C	21,1	20,5	18,6	14,9	10,7	7,7	7,7	10,6	14,1	17,1	18,7	20,7
mm	100	95	94	55	26	12	13	15	20	57	79	81

1527 m ü.M. — 29° 19′S und 27° 29′E — Jahresmittel 15,2 °C und 646 mm

Maseru / Lesotho — 58 Jahre — Zone IV_4 bzw. Cw

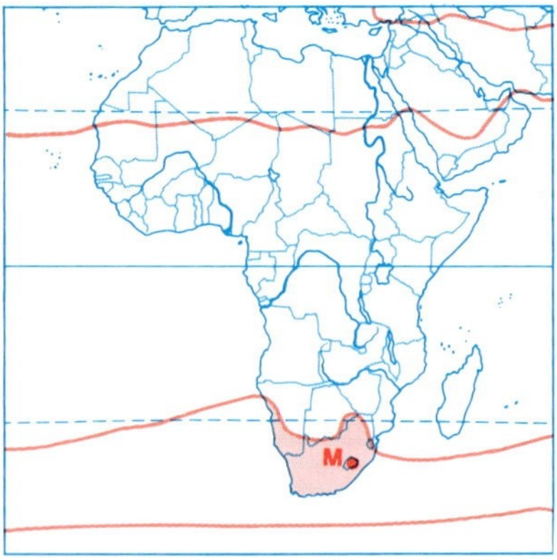

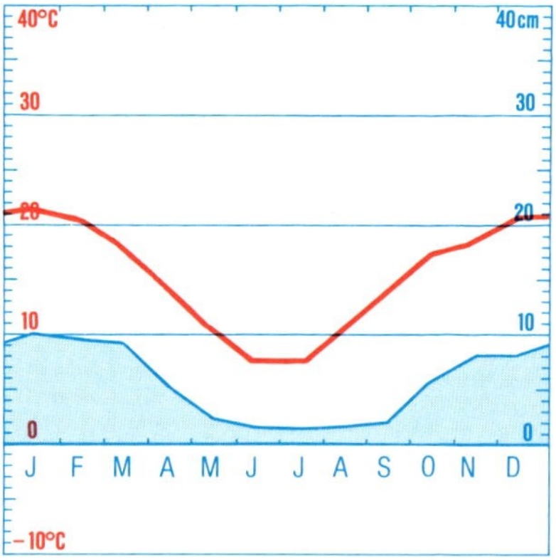

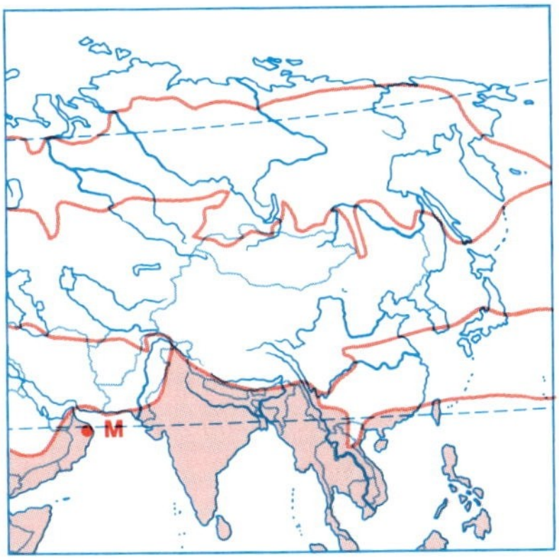

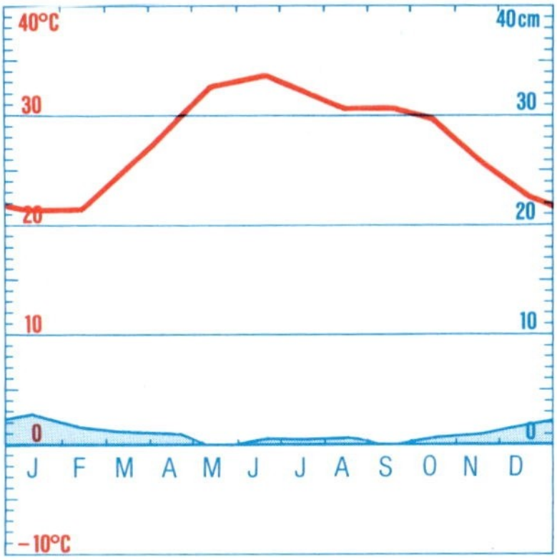

Maskat / Oman | 45 Jahre | Zone V_5 bzw. BW
5 m ü.M. | 23° 37′N und 58° 35′E | Jahresmittel 28,3 °C und 96 mm

	J	F	M	A	M	J	J	A	S	O	N	D
°C	21,7	21,7	25,0	28,9	32,8	33,9	32,8	30,6	30,6	30,0	26,1	22,8
mm	25	18	10	9	–	2	0	1	–	4	10	18

	J	F	M	A	M	J	J	A	S	O	N	D
°C	20,0	19,8	18,9	17,3	14,8	12,3	12,4	14,3	16,3	17,9	18,8	19,6
mm	243	212	187	71	34	19	23	28	62	126	169	213

1163 m ü.M. | 26° 19′S und 31° 8′E | Jahresmittel 16,9 °C und 1387 mm
Mbabane / Swasiland | 53 Jahre | Zone IV_4 bzw. Cf

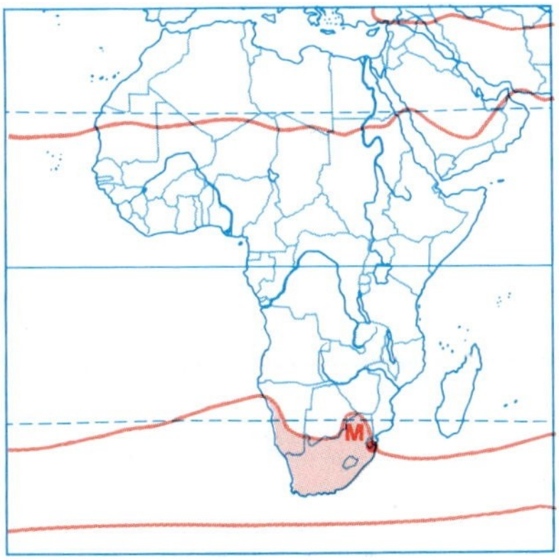

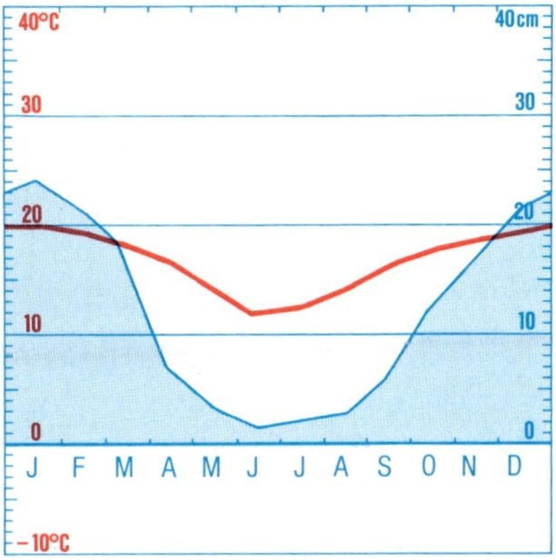

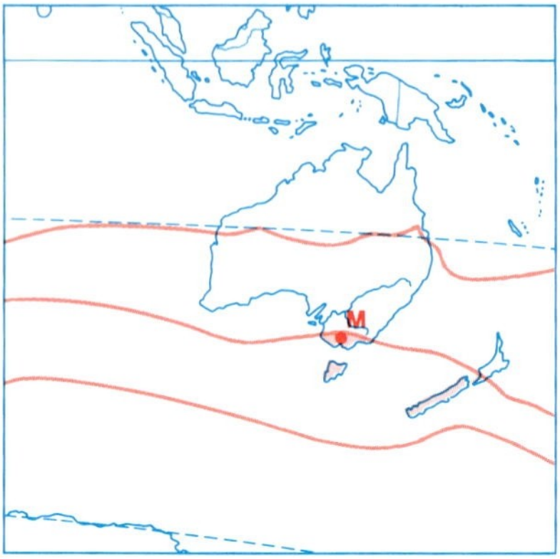

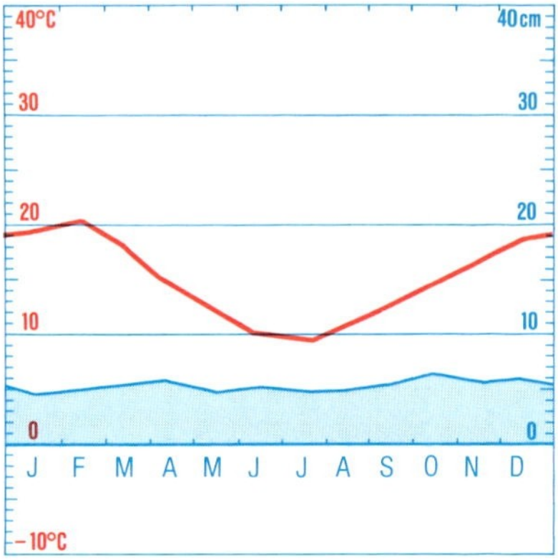

Melbourne / Australien — 30 Jahre — Zone III_2 bzw. Cf

32 m ü.M. — 37°49'S und 144°58'E — Jahresmittel 14,9°C und 658 mm

	J	F	M	A	M	J	J	A	S	O	N	D
°C	19,6	20,2	18,4	15,2	12,5	10,2	9,7	10,7	12,6	14,6	16,4	18,5
mm	48	51	56	58	49	52	49	51	56	67	59	60

	J	F	M	A	M	J	J	A	S	O	N	D
°C	24,1	22,6	19,9	16,3	11,9	8,9	7,7	10,3	13,7	17,3	20,8	23,2
mm	29	27	22	11	11	7	7	8	16	21	14	20

828 m ü.M. — 32°53'S und 68°52'W — Jahresmittel 16,3°C und 192 mm

Mendoza / Argentinien — 30 Jahre — Zone IV_5 bzw. BW

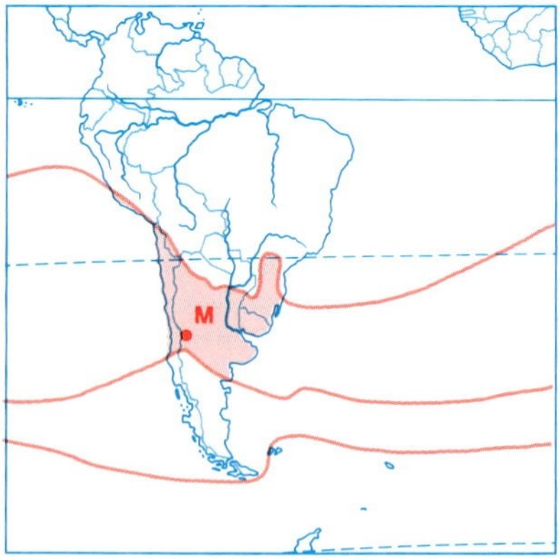

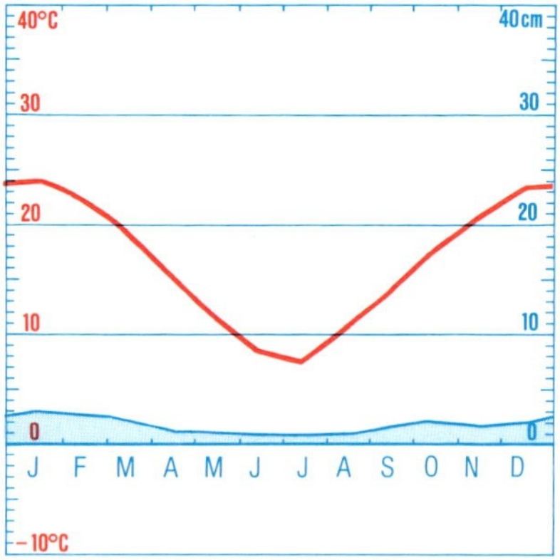

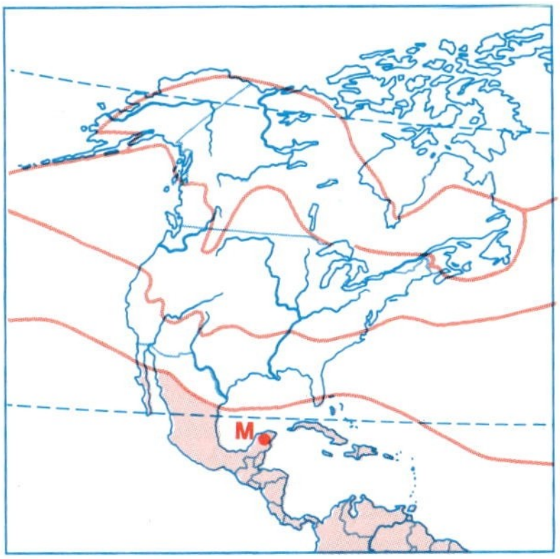

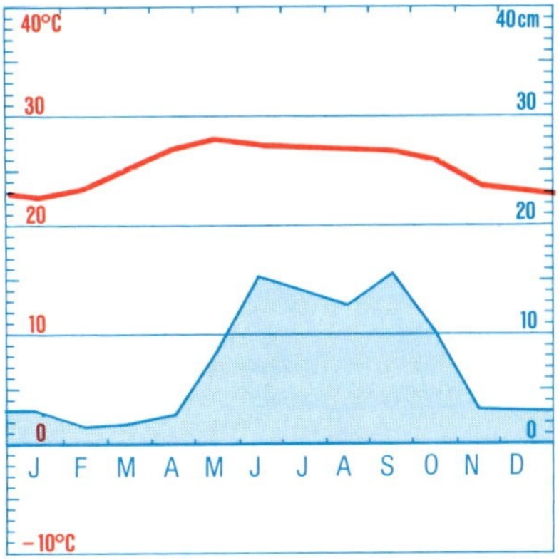

Mérida / Mexiko — 15 Jahre — Zone V_4 bzw. Aw

22 m ü.M. — 20° 58′N und 89° 38′W — Jahresmittel 25,9 °C und 913 mm

	J	F	M	A	M	J	J	A	S	O	N	D
°C	22,9	23,8	25,4	27,1	28,0	27,7	27,4	27,4	27,2	26,1	24,0	23,4
mm	31	16	19	26	81	151	141	129	154	103	32	30

	J	F	M	A	M	J	J	A	S	O	N	D
°C	12,3	13,9	16,0	17,7	18,3	17,6	16,7	16,7	16,2	15,0	13,7	12,4
mm	5	6	9	13	52	104	125	103	117	35	14	16

2303 m ü.M. — 19° 26′N und 99° 8′W — Jahresmittel 15,5 °C und 589 mm

Mexiko City / Mexiko — 15 Jahre — Zone V_3 bzw. Cw

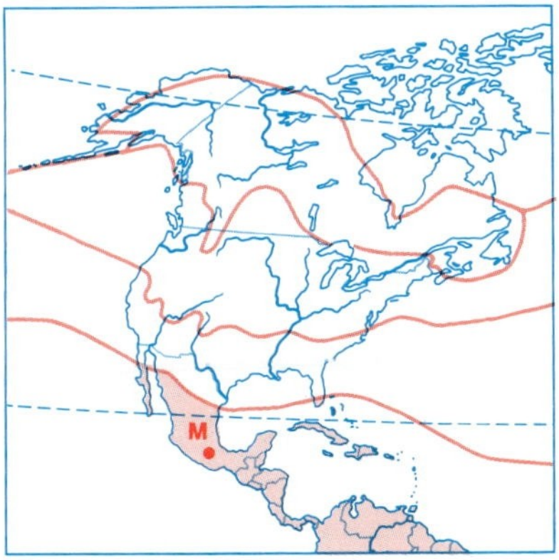

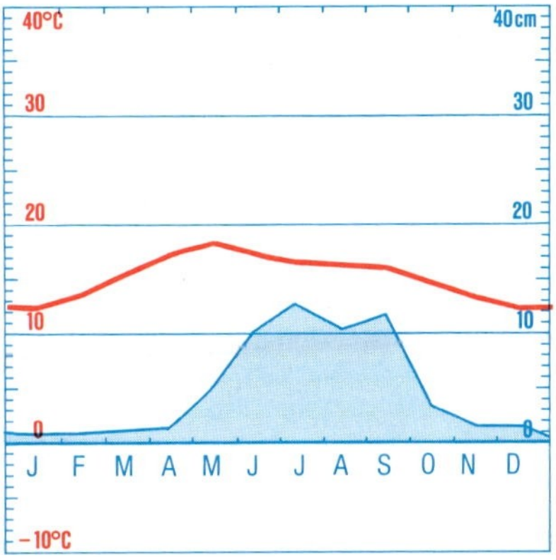

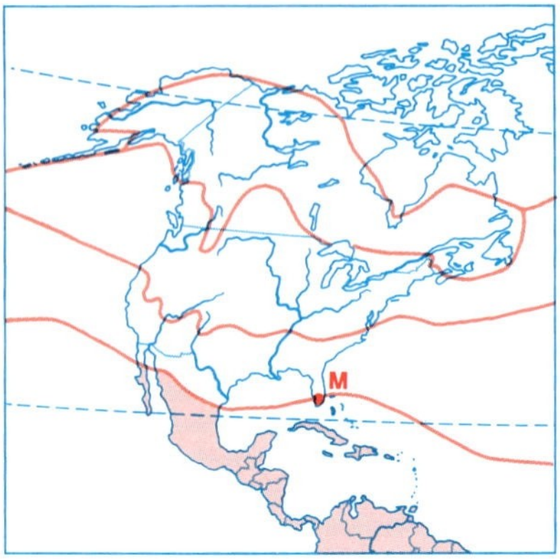

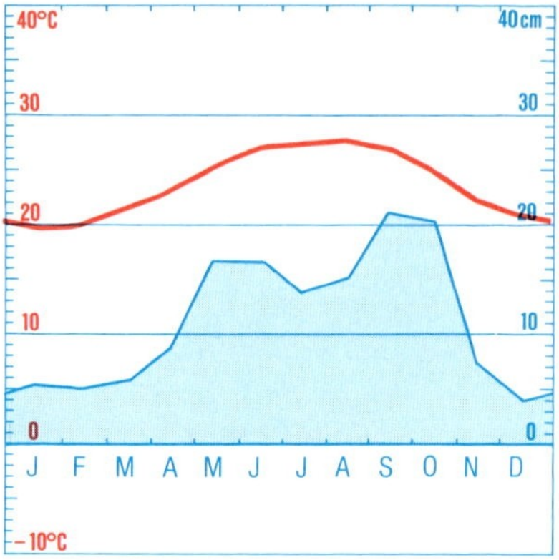

Miami / USA — 48 Jahre — Zone V_2 bzw. Aw

2 m ü.M. — 25° 48′N und 80° 16′W — Jahresmittel 23,9 °C und 1351 mm

	J	F	M	A	M	J	J	A	S	O	N	D
°C	19,9	20,0	21,4	23,2	25,1	26,8	27,5	27,8	27,1	25,3	22,3	20,6
mm	53	48	57	88	166	167	138	150	209	202	77	44

	J	F	M	A	M	J	J	A	S	O	N	D
°C	26,1	26,6	27,6	28,6	28,8	27,6	27,3	27,2	27,3	27,1	26,4	26,5
mm	35	25	17	54	200	294	218	200	144	185	141	76

2 m ü.M. — 8° 18′N und 73° 0′E — Jahresmittel 27,2 °C und 1588 mm

Minicoy / Malediven — 30 Jahre — Zone V_1 bzw. Af

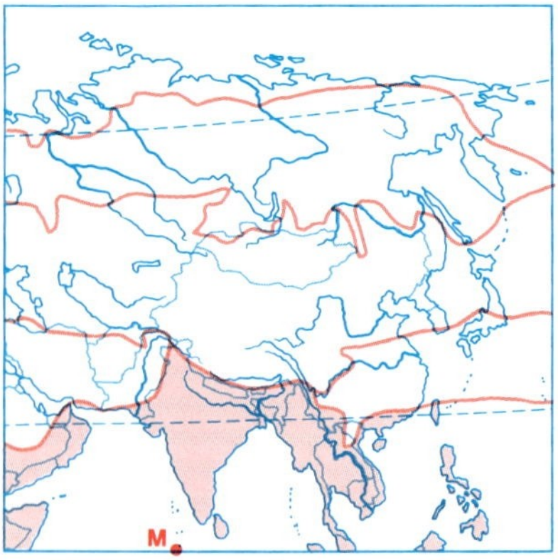

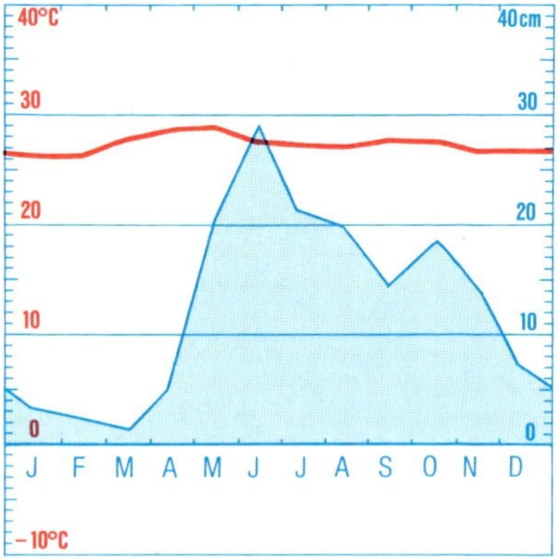

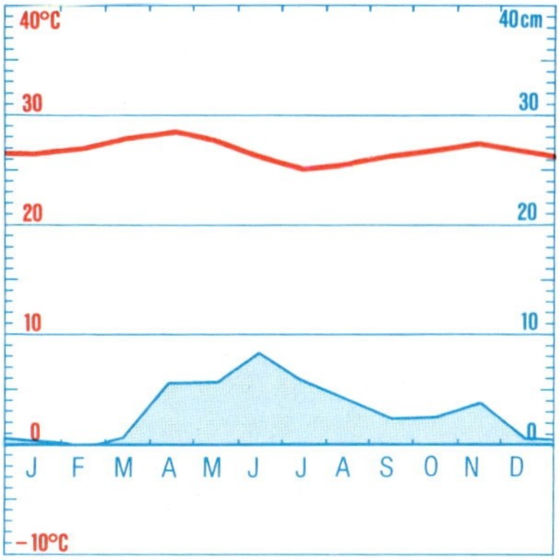

Mogadishu / Somalia — 47 Jahre — Zone V_4 bzw. BW

17 m ü.M. — 2°2′N und 45°21′E — Jahresmittel 27,1 °C und 399 mm

°C	26,6	26,9	28,0	28,9	28,2	26,7	25,4	25,9	26,5	27,3	27,5	26,9
	J	F	M	A	M	J	J	A	S	O	N	D
mm	1	–	9	58	56	82	58	40	23	27	36	9

°C	26,2	26,4	26,7	26,7	26,3	25,1	24,7	25,0	24,8	25,3	26,2	26,3
	J	F	M	A	M	J	J	A	S	O	N	D
mm	43	62	97	161	394	942	890	474	740	594	224	113

? m ü.M. — 6°27′N und 10°58′W — Jahresmittel 25,8 °C und 4735 mm

Monrovia / Liberia — 20 Jahre — Zone V_1 bzw. Af

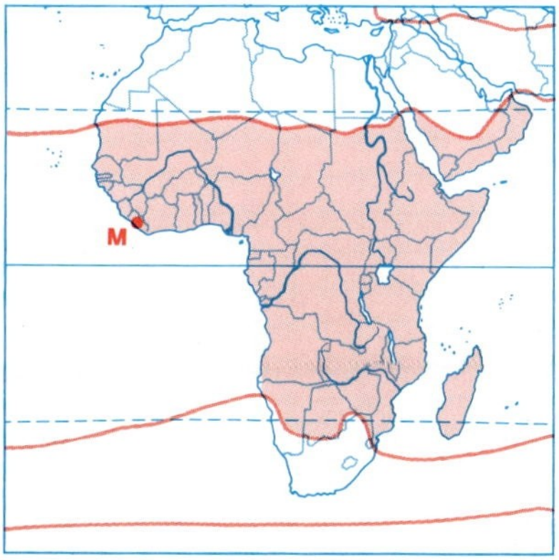

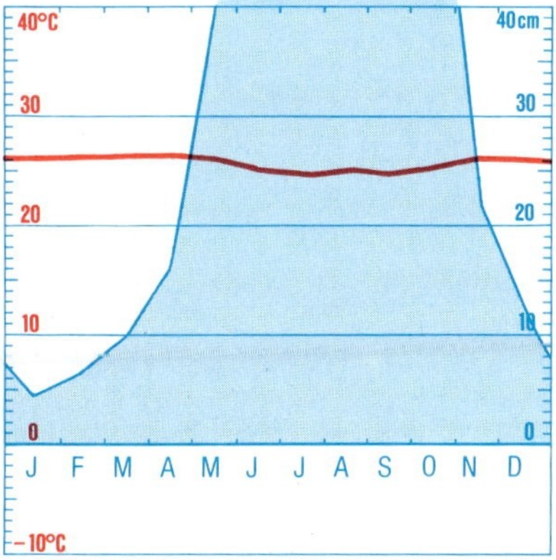

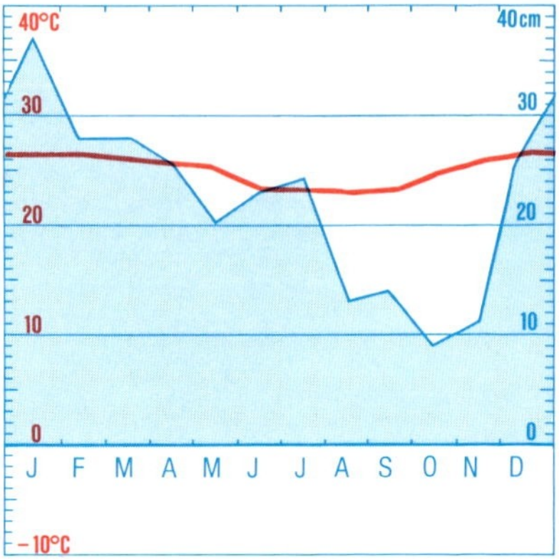

Moroni / Komoren — 30 Jahre — Zone V_1 bzw. Af

59 m ü.M. — 11°41'S und 43°15'E — Jahresmittel 25,4°C und 2640 mm

°C	26,7	27,0	27,0	26,6	25,5	24,1	23,5	23,3	23,7	24,8	26,3	26,8
	J	F	M	A	M	J	J	A	S	O	N	D
mm	372	276	278	265	203	238	242	131	142	93	112	252

°C	12,0	12,0	15,0	16,0	20,0	23,0	26,0	27,0	25,0	19,0	15,0	12,0
	J	F	M	A	M	J	J	A	S	O	N	D
mm	34	24	19	34	33	18	1	4	15	47	32	32

59 m ü.M. — 37°59'N und 1°8'W — Jahresmittel 18,0°C und 294 mm

Murcia / Spanien — 30 Jahre — Zone IV_2 bzw. Cs

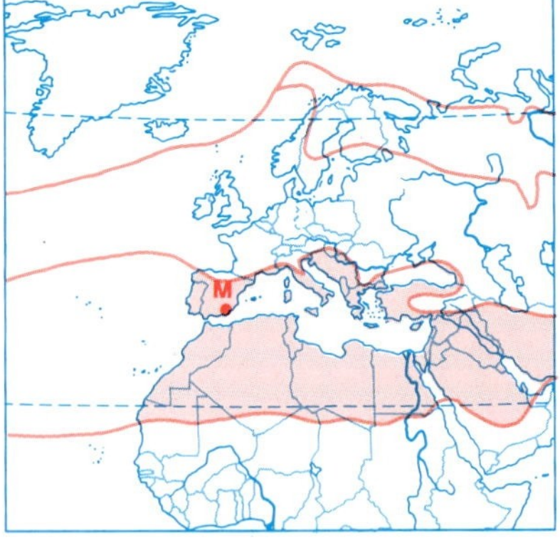

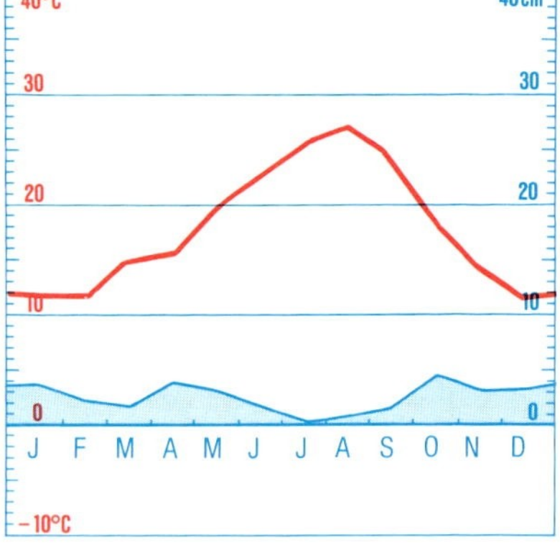

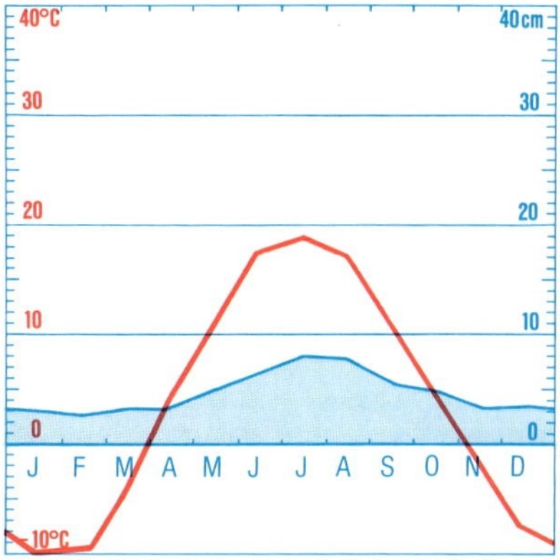

Moskau/SU				30 Jahre		Zone III_4 bzw. Df
156 m ü.M.		55°45'N und 37°35'E		Jahresmittel 4,4°C und 575 mm		

	J	F	M	A	M	J	J	A	S	O	N	D
°C	-9,9	-9,5	-4,2	4,7	11,9	16,8	19,0	17,1	11,2	4,5	-1,9	-6,8
mm	31	28	33	35	52	67	74	74	58	51	36	36

Das kontinental-winterkalte Waldklima der kühlgemäßigten Zonen ist nur auf der Nordhalbkugel anzutreffen. Es erstreckt sich in Nordamerika im südlichen Britisch-Kolumbien und in Montana sowie im Gebiet der Großen Seen und des Sankt-Lorenz-Stroms. In Osteuropa bildet die Klimaprovinz einen Keil, dessen Spitze auf den südlichen Ural zeigt.

Die Jahresamplitude der Temperatur steigt mit wachsender Kontinentalität bis auf 30°C an, in Moskau beträgt sie 28,1°C. Die Januartemperaturen gehen bis -13°C zurück. Der kalte Winter dauert von November bis März und der warme Sommer von Juni bis August. Entsprechend kurz sind die Übergangsjahreszeiten. In allen Jahreszeiten ist die durchschnittliche Tagesschwankung mäßig.

Wandernde Tiefdruckgebiete prägen in abgeschwächter Form mit ihren Luftmassen im Wechsel mit Hochdruckgebieten die Witterung. Das mittlere Maximum der Temperatur wird mit 29,4°C im Juli bei Hochdruckwetter erreicht. Ähnliche Wetterlagen, verbunden mit Einbrüchen polarer Kaltluft, ergeben im Januar ein mittleres Temperaturminimum von -29,4°C. Der Jahresniederschlag ist mäßig hoch. Die Sommermonate haben für das Pflanzenwachstum ausreichend Feuchtigkeit, der Wasserhaushalt ist humid. Bei vorherrschend westlichen Winden liegt das Niederschlagsmaximum im Sommer, da in den Wintermonaten die kontinentalen Hochdrucklagen häufiger sind. Im Winter bildet sich eine geschlossene Schneedecke.

Die Vegetationsperiode ist auf 210-160 Tage verkürzt. In den sommergrünen Laub- und Mischwäldern wachsen Stieleichen, Winterlinden, Ahorne und nach Osten zunehmend Kiefern und Birken. Nach Süden gehen die Mischwälder in Laubmischwälder über, in denen Erlen und Linden überwiegen. Infolge der frühen Besiedlung sind die natürlichen Wälder zu über 50% gerodet worden.

Warme Sommer, kalte Winter; mäßiger Niederschlag zu allen Jahreszeiten. Laubmisch- und Mischwald.

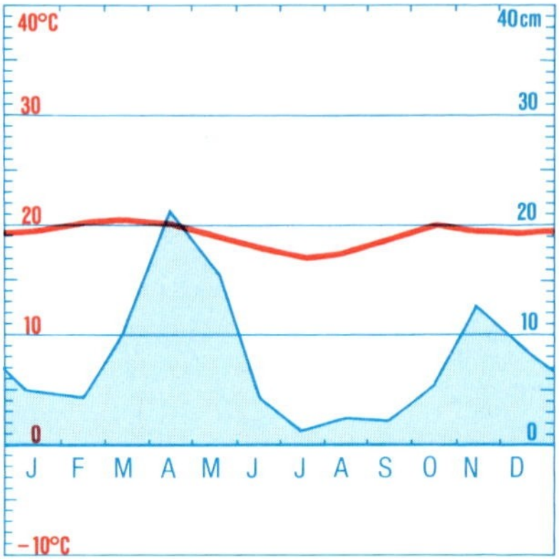

Nairobi / Kenya
1737 m ü.M. 1°15′S und 36°46′E

40 Jahre Zone V_3 bzw. Cw
Jahresmittel 19,4 °C und 954 mm

	J	F	M	A	M	J	J	A	S	O	N	D
°C	19,9	20,5	20,9	20,5	19,6	18,3	17,1	17,5	19,0	20,1	19,6	19,4
mm	50	47	109	211	161	43	15	25	24	55	130	84

Nairobi kennzeichnet den Typ des wechselfeuchten Savannenklimas in der Tropenzone. Der kälteste Monat liegt wegen der Höhenlage unter 18 °C. Zugleich sind die täglichen Temperaturschwankungen recht hoch, so daß das absolute Minimum der Temperatur im Juli 2 °C erreicht. Tagsüber steigt die Temperatur auf Durchschnittswerte um 25 °C, das absolute Maximum beträgt im Januar und Februar 30 °C. Die jährliche Temperaturschwankung ist mit 3,8 °C gering. Der Jahresgang der Temperatur ist vom Sonnenstand abhängig. Die Maxima im Februar/März und im Oktober fallen mit dem Zenitdurchgang der Sonne zusammen. Entsprechend dem niedrigsten Sonnenstand liegt das Minimum im Juni/Juli.

Die Jahreszeiten werden aber noch stärker als durch den Temperaturgang von der Verteilung der Niederschläge bestimmt. Nairobi hat hygrische Jahreszeiten. Den Hauptniederschlag bringt der Zenitalregen. Er ist an die größte Sonneneinstrahlung während des Zenitdurchgangs der Sonne gebunden. Von daher sind die beiden Niederschlagsmaxima im April/Mai und im November/Dezember zu erklären. Während der Regenzeit steigt die mittlere relative Feuchte über 70%. In der Trockenzeit liegt sie jedoch noch bei 65%. Zur Regenzeit kommt es an zwei von drei Tagen zu Niederschlägen. Deren Ergiebigkeit liegt bei maximal 85 mm in 24 Stunden. In der Trockenzeit regnet es nicht häufiger als an fünf Tagen im Monat.

Beträgt die Trockenzeit 5–7,5 Monate, so stellt sich die Vegetation der Trockensavanne ein. Sie besteht entweder aus einem lichten regengrünen Wald oder aus offenem Grasland mit eingestreuten regengrünen Baum- und Buschgruppen.

Die Trockensavannen sind in Süd- und Mittelamerika nur in schmalen Zonen ausgebildet. In Afrika nehmen sie breite Streifen im Sudan und in Ost- und Südafrika ein. Weitere Areale finden wir in Südasien und Nordaustralien.

Warme feuchte Sommer, mäßigwarme trockene Winter; semiarid. Trockensavanne.

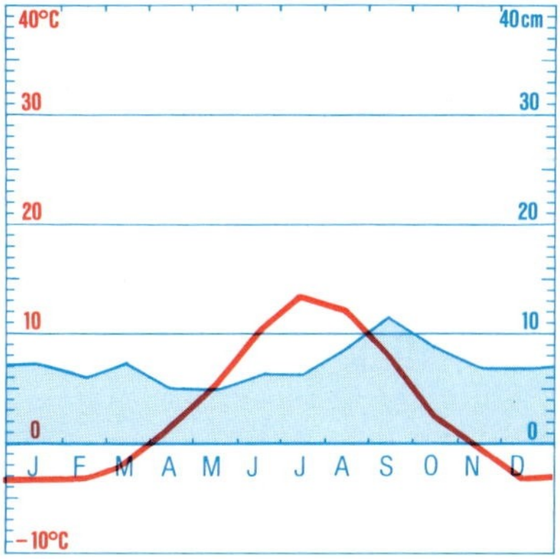

Narvik / Norwegen
32 m ü.M. 68° 28′N und 17° 30′E

30 Jahre Zone II_1 bzw. Df
Jahresmittel 3,4 °C und 852 mm

	J	F	M	A	M	J	J	A	S	O	N	D
°C	-3,2	-3,4	-2,1	1,2	5,4	9,9	13,5	12,1	7,9	2,9	-0,7	-2,8
mm	72	62	69	49	50	63	61	87	112	90	69	68

Narvik liegt nördlich des Polarkreises am Ofotfjord in der kaltgemäßigten Klimazone. Narvik hat mäßigwarme Sommer, denn die Durchschnittstemperaturen des wärmsten Monats liegen zwischen 10° und 15 °C. Zugleich sind die Winter nur mäßig kalt, denn die durchschnittlichen Januartemperaturen sinken nicht unter -5 °C. Dementsprechend ist die Jahresschwankung der Temperatur mit weniger als 20 °C, in Narvik 18,9 °C, nur mäßig. Narvik gehört zum Klimatyp der ozeanischen Borealklimate. Dieses Klima ist auf die Landmassen der Nordhalbkugel beschränkt. Es ist an der Westküste von Südalaska und Mittelnorwegen verbreitet. Die verhältnismäßig warmen Wassermassen tragen zur Frostmilderung bei.

Trotzdem beträgt das mittlere Minimum der Januartemperatur -14,1 °C. Von Anfang Dezember bis zum ersten Januardrittel herrscht dunkle Polarnacht mit einer schwachen Dämmerung um die Mittagszeit. Während dieser Jahreszeit werden die über das ganze Jahr verteilten Einbrüche polarer Kaltluftmassen besonders wetterwirksam. Andererseits liegt das mittlere Maximum der Julitemperatur bei 23,3 °C, denn von Anfang Juni bis Mitte Juli geht die Sonne während des Polartages nicht unter. Zwar liegt Narvik im Bereich des ozeanischen Klimas, aber die trockene Polarflut drückt den Jahresniederschlag auf Werte um 750 mm. Der vorherrschende Aufgleitniederschlag entsteht an der Luftmassengrenze zwischen polarer Kaltluft und feuchter Meeresluft. Deshalb fällt das Niederschlagsmaximum in den Herbst. Die Winter sind schneereich. Die relative Feuchte beträgt 70 und 80%. Häufig treten Nebel auf.

Die Vegetationsdauer beträgt nur 120-180 Tage. Unter diesen Bedingungen wächst ein feuchter Nadelwald. Laubbäume wie Buche, Linde oder Eiche können bei der kurzen Wachstumszeit nicht gedeihen. Der Nadelwald in Nordamerika ist sehr üppig und artenreicher.

Kurze mäßigwarme Sommer, lange Übergangsjahreszeiten, mäßig kalte Winter. Nadelwald.

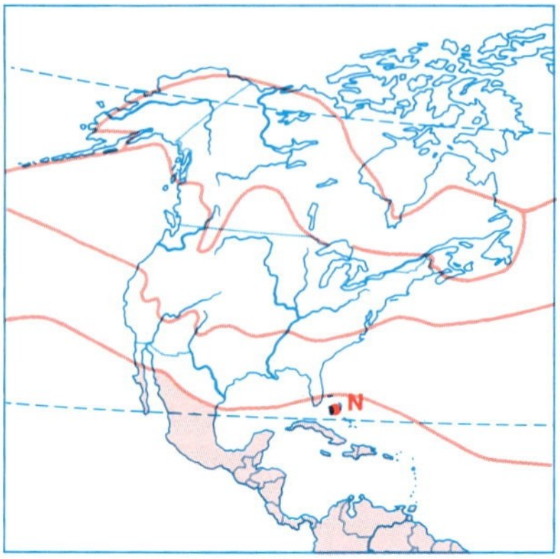

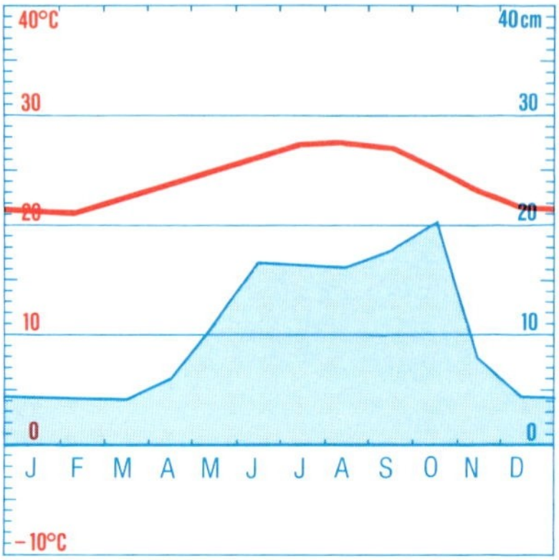

Nassau / Bahamas — 15 Jahre — Zone V_2 bzw. Aw

10 m ü.M. — 25° 3′N und 77° 28′W — Jahresmittel 24,6 °C und 1302 mm

	J	F	M	A	M	J	J	A	S	O	N	D
°C	21,2	21,4	22,3	23,8	25,3	26,8	27,4	27,7	27,3	25,8	23,7	22,0
mm	45	44	44	60	109	167	165	163	180	202	80	45

	J	F	M	A	M	J	J	A	S	O	N	D
°C	27,4	27,6	27,7	27,9	27,9	27,8	27,6	27,6	27,9	27,9	27,8	27,7
mm	314	207	180	93	54	100	155	193	123	99	153	238

42 m ü.M. — 0° 30′S und 176° 0′E — Jahresmittel 27,7 °C und 1907 mm

Nauru / Nauru — 20 Jahre — Zone V_1 bzw. Af

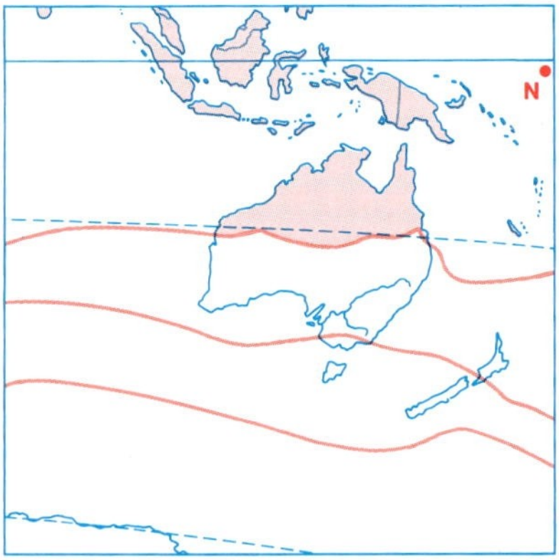

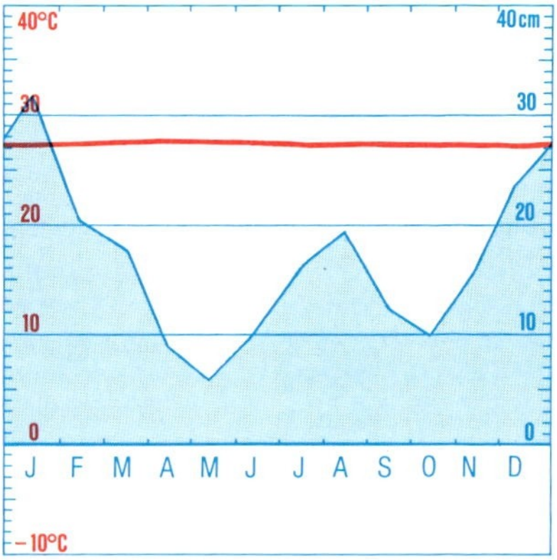

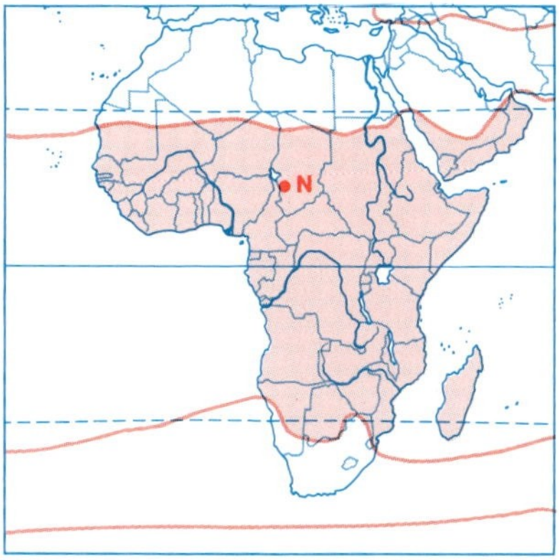

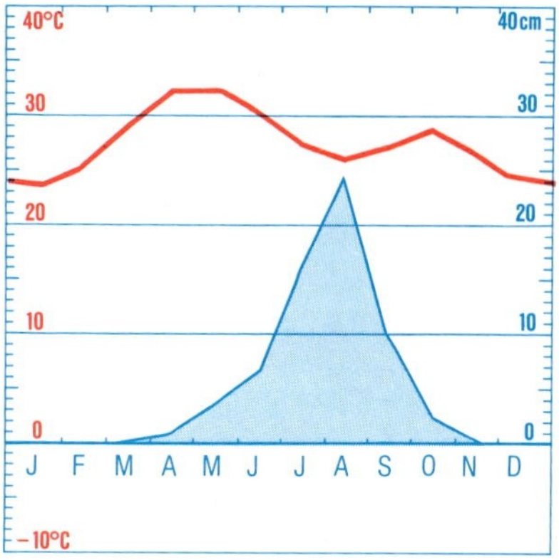

Ndjemena (Fort Lamy)/Tschad — 39 Jahre — Zone V_4 bzw. BS
983 m ü.M. — 12° 7′N und 15° 2′E — Jahresmittel 28,1 °C und 626 mm

	J	F	M	A	M	J	J	A	S	O	N	D
°C	23,7	25,9	29,7	32,5	32,5	30,6	28,1	26,3	27,7	29,1	27,1	24,4
mm	–	–	–	8	33	65	154	246	100	21	1	–

	J	F	M	A	M	J	J	A	S	O	N	D
°C	16,9	16,6	15,7	14,5	12,9	11,7	10,9	11,2	11,8	12,3	13,4	15,6
mm	101	106	168	102	105	109	112	96	73	81	89	70

28 m ü.M. — 37° 50′S und 77° 34′E — Jahresmittel 13,6 °C und 1212 mm
Neu-Amsterdam (Nouvelle Amsterdam)/ (französ.) — 30 Jahre — Zone III_1 bzw. Cf

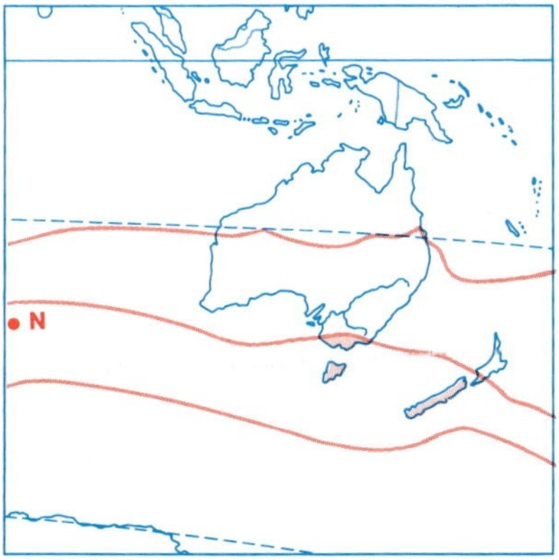

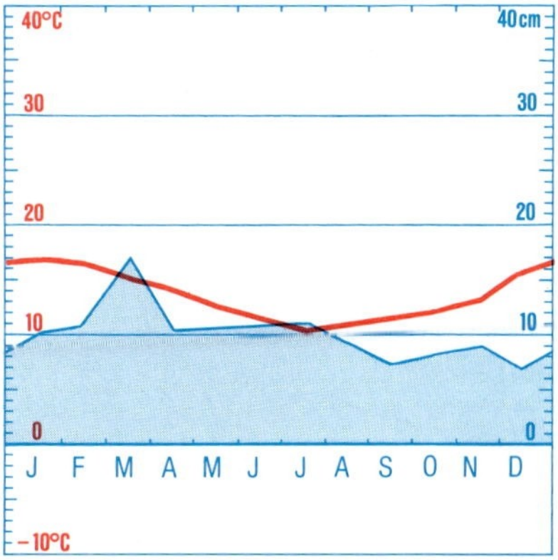

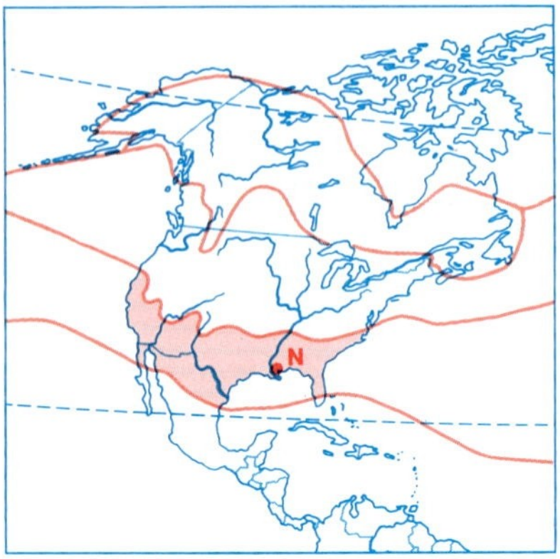

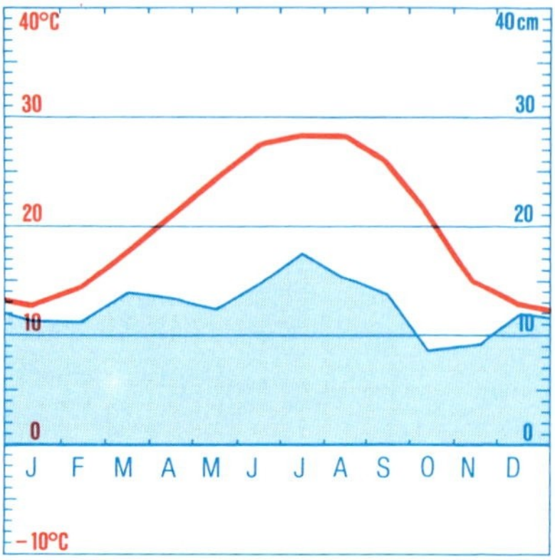

New Orleans / USA — 90 Jahre — Zone IV_7 bzw. Cf

3 m ü.M. — 29° 57′N und 90° 4′W — Jahresmittel 21,0 °C und 1542 mm

°C	12,9	14,2	17,2	20,7	24,3	27,4	28,2	28,2	26,5	22,0	16,7	13,4
	J	F	M	A	M	J	J	A	S	O	N	D
mm	115	114	139	135	124	147	177	153	140	85	92	119

°C	24,3	26,8	30,6	33,6	33,7	31,6	29,0	27,3	28,4	30,3	28,0	24,7
	J	F	M	A	M	J	J	A	S	O	N	D
mm	–	–	2	7	37	80	135	219	93	20	1	–

216 m ü.M. — 13° 31′N und 2° 6′E — Jahresmittel 29,0 °C und 594 mm

Niamey / Niger — 34 Jahre — Zone V_4 bzw. BS

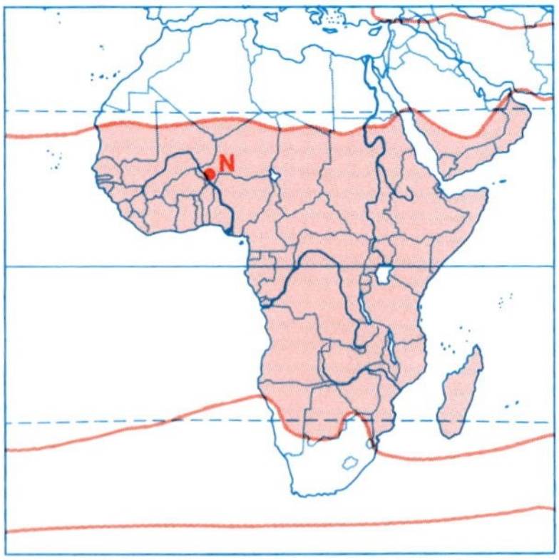

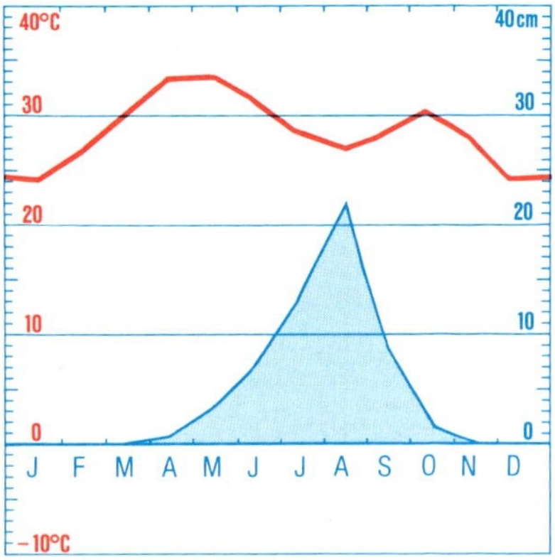

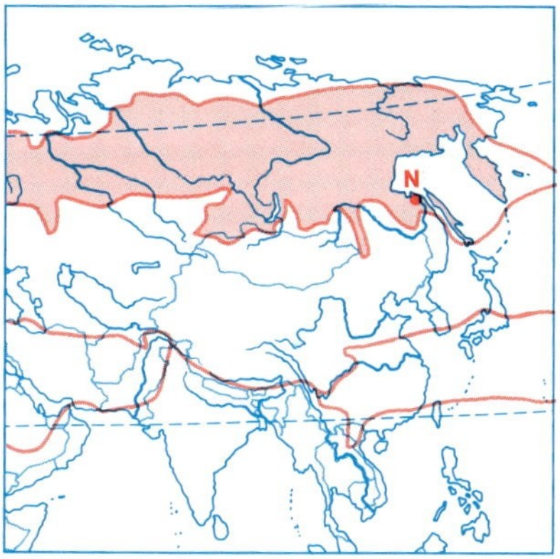

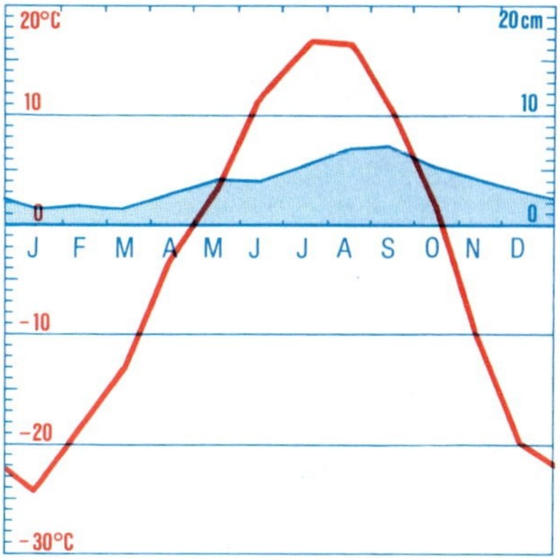

Nikolajewsk / SU — 30 Jahre — Zone II_2 bzw. Df

? m ü.M. — ?° N und ?° E — Jahresmittel -2,4 °C und 503 mm

	J	F	M	A	M	J	J	A	S	O	N	D
°C	-24,1	-19,9	-13,0	-3,4	3,7	11,9	16,8	16,5	10,9	2,1	-9,9	-19,9
mm	19	20	18	32	43	41	55	72	74	55	43	31

	J	F	M	A	M	J	J	A	S	O	N	D
°C	10,2	10,7	12,7	17,1	21,7	26,0	28,8	28,9	25,7	21,3	16,4	12,1
mm	75	54	32	20	29	9	2	2	8	25	33	79

163 m ü.M. — 35° 10′N und 33° 21′E — Jahresmittel 19,3 °C und 369 mm

Nikosia / Cypern — 50 Jahre — Zone IV_1 bzw. Cs

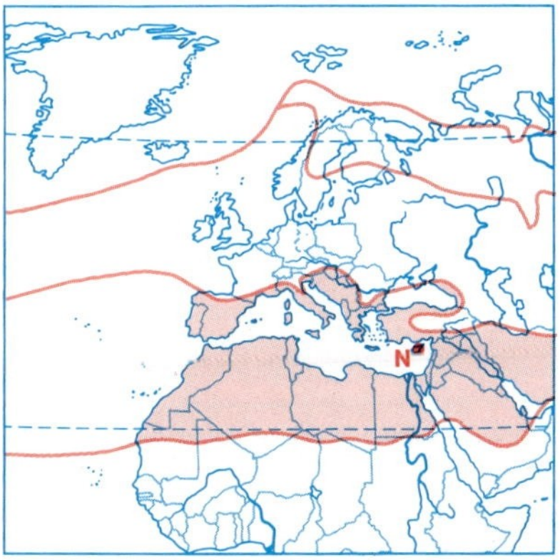

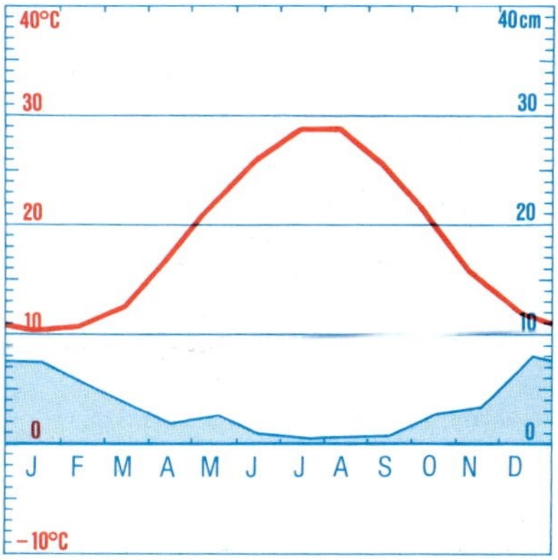

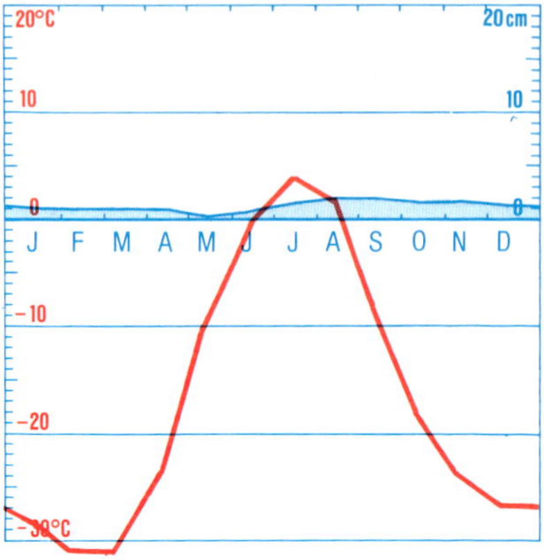

Nord / Grönland (dän.) — 17 Jahre — Zone I_2 bzw. ET

35 m ü.M. — 81° 36′N und 16° 40′W — Jahresmittel -16,5 °C und 164 mm

°C	-28,7	-30,3	-30,9	-23,9	-10,6	-0,4	3,9	1,6	-8,4	-18,4	-23,8	-27,2
	J	F	M	A	M	J	J	A	S	O	N	D
mm	11	10	11	10	4	9	17	21	21	17	18	15

°C	20,9	22,1	24,0	25,3	27,0	28,0	27,7	28,4	29,4	28,9	26,2	21,7
	J	F	M	A	M	J	J	A	S	O	N	D
mm	-	2	1	1	1	1	12	58	39	10	2	3

1 m ü.M. — 18° 7′N und 15° 36′E — Jahresmittel 25,8 °C und 130 mm

Nouakchott / Mauretanien — 24 Jahre — Zone V_5 bzw. BW

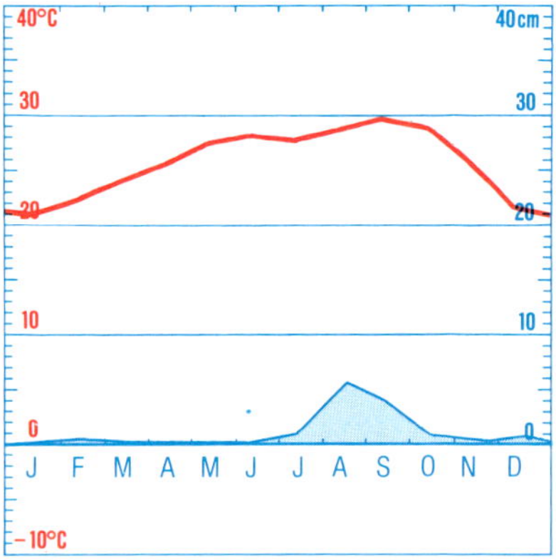

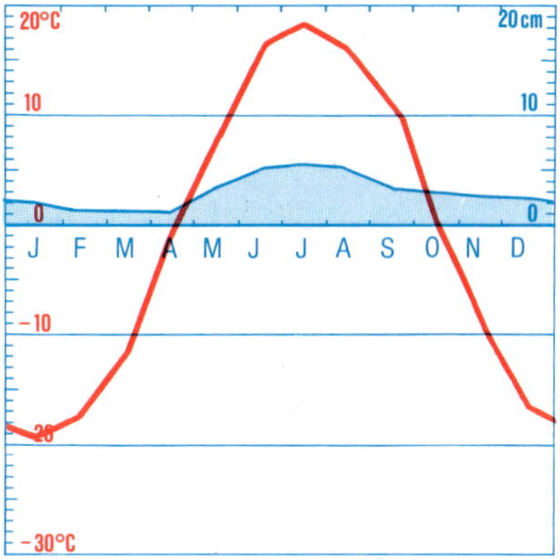

Nowosibirsk / SU — 25 Jahre — Zone III_5 bzw. Df
133 m ü.M. — 54° 58′N und 82° 56′E — Jahresmittel -0,3 °C und 376 mm

	J	F	M	A	M	J	J	A	S	O	N	D
°C	-19,3	-17,6	-11,5	-0,8	9,5	16,1	18,7	16,2	10,1	0,8	-9,7	-16,2
mm	20	15	15	13	33	53	58	53	33	31	28	23

	J	F	M	A	M	J	J	A	S	O	N	D
°C	14,1	17,8	20,8	25,2	28,1	30,4	32,5	32,3	29,9	26,5	21,0	16,1
mm	24	24	21	26	64	41	29	20	78	28	27	26

140 m ü.M. — 27° 29′N und 99° 30′W — Jahresmittel 24,6 °C und 407 mm
Nuevo Laredo / Mexiko — 15 Jahre — Zone IV_3 bzw. BS

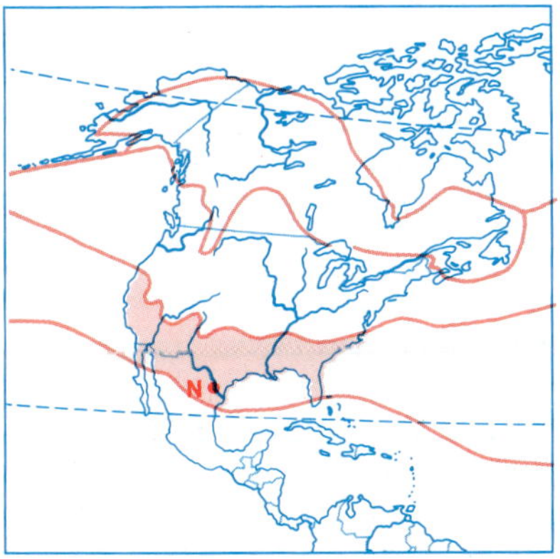

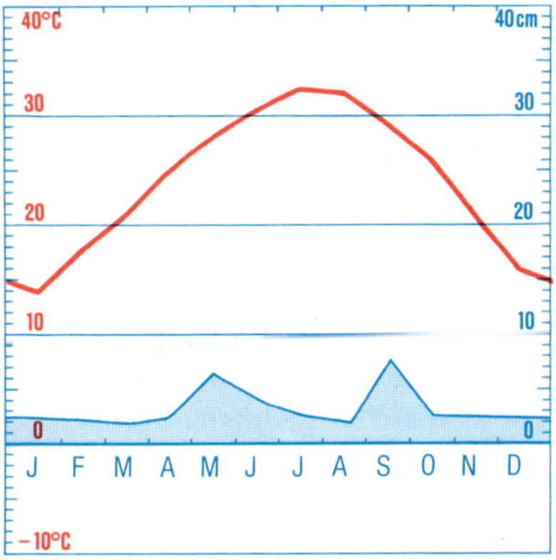

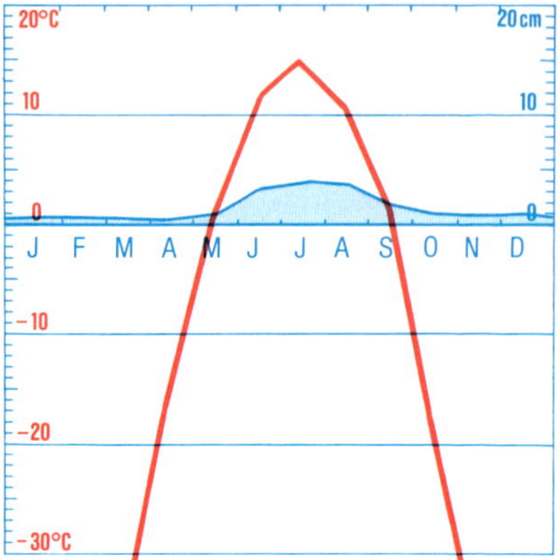

Oimjakon / SU						30 Jahre				Zone II_3 bzw. Dw		
726 m ü.M.		63° 28′N und 142° 49′E				Jahresmittel -16,3 °C und 193 mm						
°C	-47,2	-42,8	-34,2	-15,4	1,4	11,6	14,8	10,9	1,6	-16,2	-35,8	-43,9
	J	F	M	A	M	J	J	A	S	O	N	D
mm	7	6	5	4	10	32	40	37	20	12	11	9

Das niedrigste Monats- und Jahresmittel der Temperatur!

In Ostsibirien und in Nordwestkanada steigt die Jahresamplitude der Temperatur auf über 40 °C an, in Oimjakon beträgt sie 64,2 °C. Der Winter dauert von Oktober bis April. Regelmäßig entsteht ein Kältehoch mit sehr kalter und trockener Luft, der sprichwörtlichen sibirischen Kälte. Das absolute Minimum der Februartemperaturen beträgt sogar -71 °C. Rasch steigen die Temperaturen im Mai an, ebenso kurz ist der Herbst. Die Hauptwachstumszeit der Pflanzen liegt zwischen Juni und August. In diesem mäßigwarmen Sommer können Temperaturmaxima von 33 °C erreicht werden. Das Thermometer kann aber auch auf weniger als -5 °C absinken, wenn polare Kaltluft die Witterung bestimmt. Den ganzen Sommer über sind Nachtfröste möglich.

Der Jahresniederschlag ist gering. Lediglich aufgrund der geringen Verdunstungswerte bleibt ein Wasserüberschuß, der den Pflanzen zur Verfügung steht. So ist der Wasserhaushalt im Sommer semiarid und im Winter seminival, da der wenige Niederschlag als Schnee fällt. Niederschlagsspender sind allein feuchte Luftmassen, die vom Ozean mit der Westströmung in den Kontinent gelangen.

Der Boden ist in diesem extrem kontinentalen Borealklima sehr tief gefroren. Nur während der Sommermonate taut dieser Dauerfrostboden einige Dezimeter tief auf. Dann bildet sich Staunässe, und die Niederungen versumpfen. Durch den Eisstau im Norden treten die Flüsse in jedem Frühjahr über die Ufer. Schwärme von Mücken bevölkern dann die Wälder.

Der lichte boreale Nadelwald besteht vorwiegend aus den gegen die Winterkälte widerstandsfähigen Arten der Sibirischen und Dahurischen Lärche. Letztere ist der häufigste Waldbaum in der Lärchen-Taiga von Jakutien. Die Artenarmut dieser Pflanzenformation ist Ausdruck der engen klimaökologischen Bedingungen.

Lange, extrem kalte Winter; mäßig warme Sommer. Nadelwald.

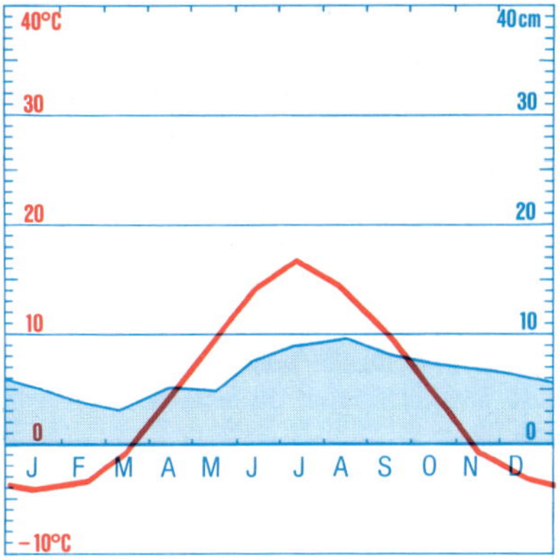

Oslo / Norwegen — 30 Jahre — Zone III_4 bzw. Df

94 m ü.M. — 59° 56′N und 10° 44′E — Jahresmittel 5,4 °C und 740 mm

	J	F	M	A	M	J	J	A	S	O	N	D
°C	−4,1	−3,4	−0,2	4,2	9,8	14,3	16,9	14,8	10,7	5,2	−0,1	−3,3
mm	49	35	26	44	44	71	84	96	83	76	69	63

	J	F	M	A	M	J	J	A	S	O	N	D
°C	−10,8	−10,0	−3,7	5,2	12,6	17,9	20,5	19,4	14,6	8,2	1,0	−8,0
mm	19	14	32	61	70	78	82	83	82	66	51	33

? m ü.M. — 45° 25′N und 75° 42′W — Jahresmittel 5,6 °C und 646 mm

Ottawa / Kanada — 30 Jahre — Zone III_4 bzw. Df

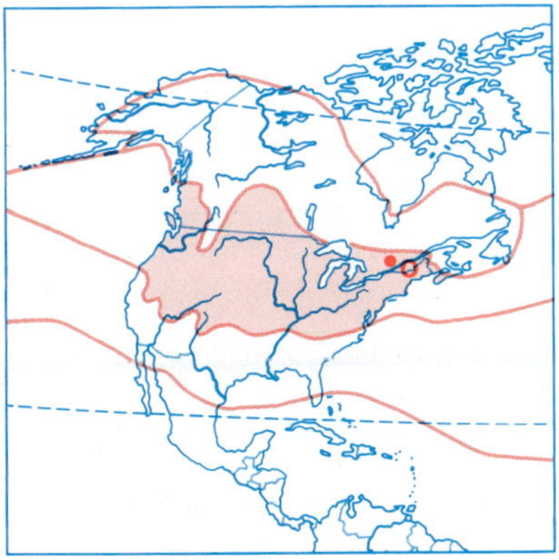

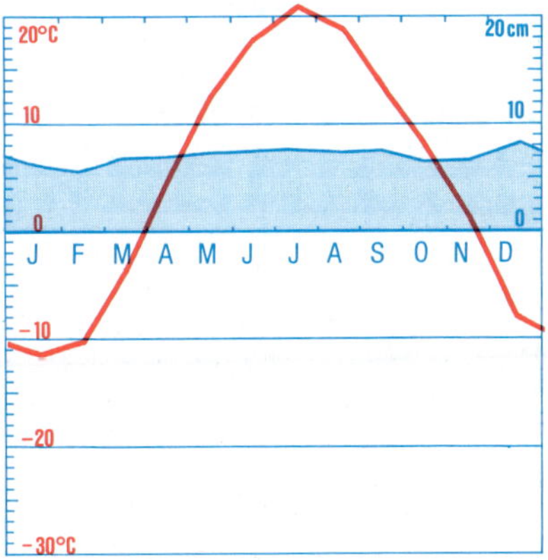

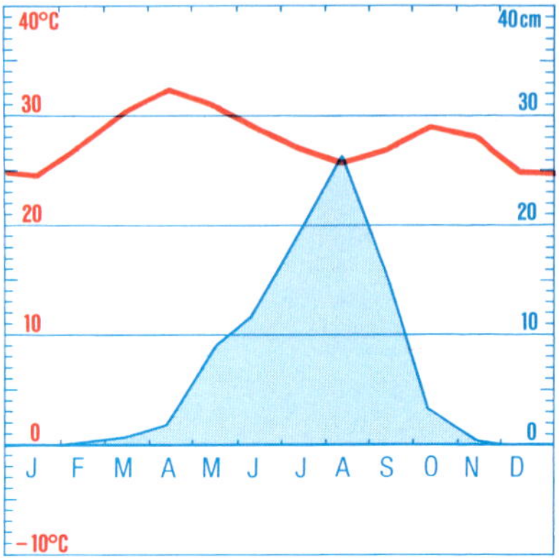

Ouagadougou / Obervolta — 30 Jahre — Zone V_3 bzw. Aw

304 m ü.M. — 12° 22′N und 1° 31′W — Jahresmittel 28,3 °C und 881 mm

	J	F	M	A	M	J	J	A	S	O	N	D
°C	24,8	27,3	30,6	32,6	31,5	29,2	27,5	26,2	27,1	29,2	28,5	25,4
mm	-	3	8	19	84	117	193	265	153	37	2	-

	J	F	M	A	M	J	J	A	S	O	N	D
°C	26,1	27,6	27,9	28,6	27,2	26,8	27,1	27,4	27,2	26,7	26,6	27,0
mm	45	14	17	48	223	199	203	204	201	296	263	178

13 m ü.M. — 8° 59′N und 70° 34′W — Jahresmittel 27,2 °C und 1892 mm

Albrook Airforcebase / Panamá-Kanalzone — 18 Jahre — Zone V_2 bzw. Aw

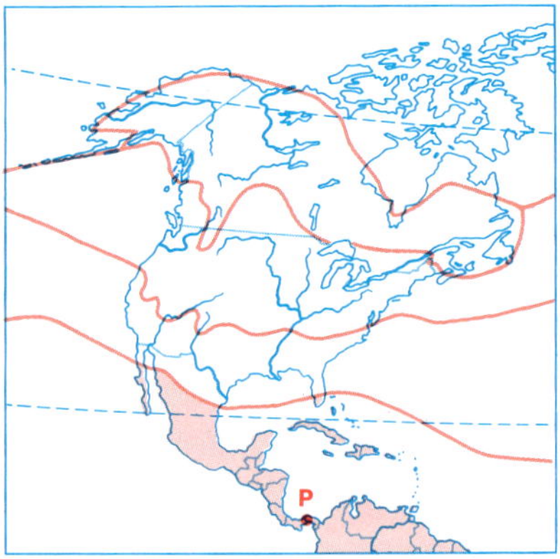

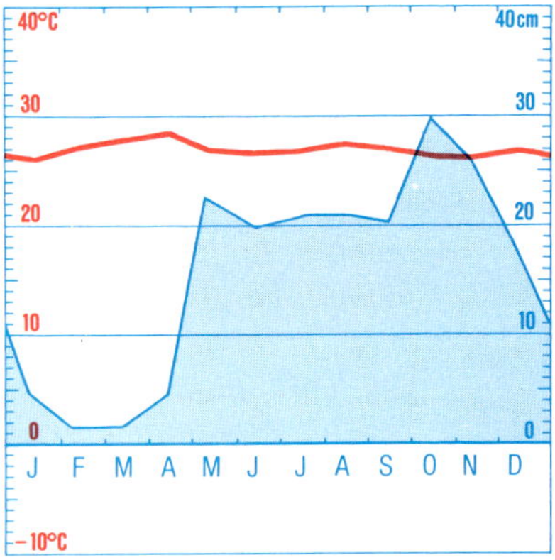

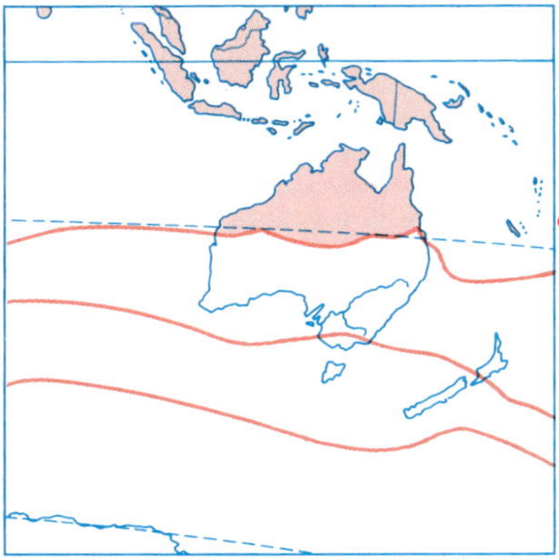

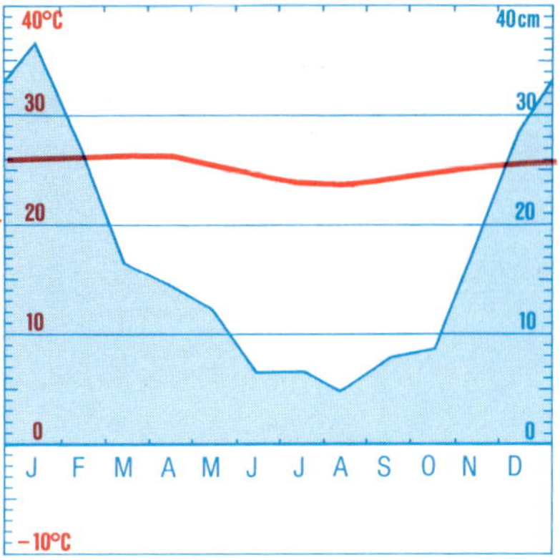

Papeete / Gesellschafts-Inseln (französ.) 42 Jahre Zone V_1 bzw. Af
0 m ü.M. 17° 32′S und 149° 33′W Jahresmittel 25,4 °C und 1873 mm

	J	F	M	A	M	J	J	A	S	O	N	D
°C	26,1	26,2	26,5	26,3	25,6	24,8	24,3	24,0	24,4	24,9	25,6	26,0
mm	364	272	164	147	121	66	66	50	75	84	175	289

	J	F	M	A	M	J	J	A	S	O	N	D
°C	26,2	26,4	26,7	26,9	26,7	26,6	26,9	27,7	28,3	28,3	27,8	26,6
mm	193	150	162	232	321	303	226	167	86	87	109	174

? m ü.M. 5° 51′N und 55° 10′W Jahresmittel 27,1 °C und 2208 mm
Paramaribo / Surinam 30 Jahre Zone V_1 bzw. Af

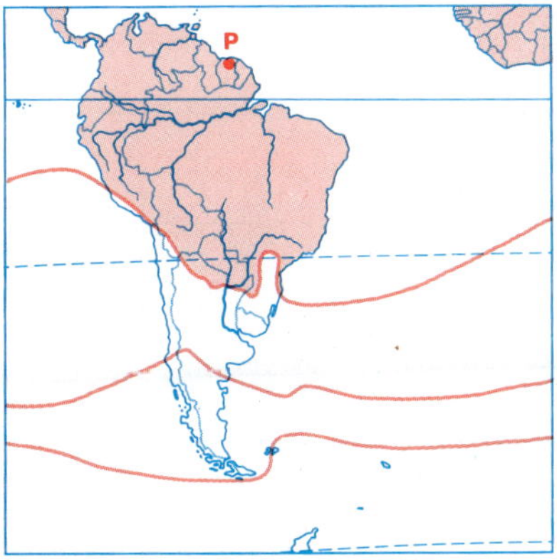

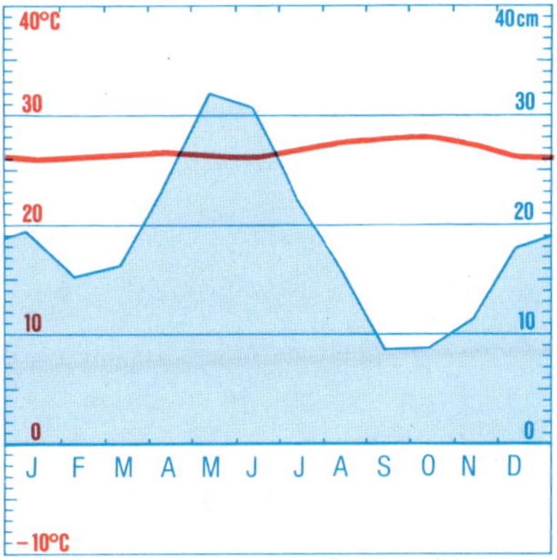

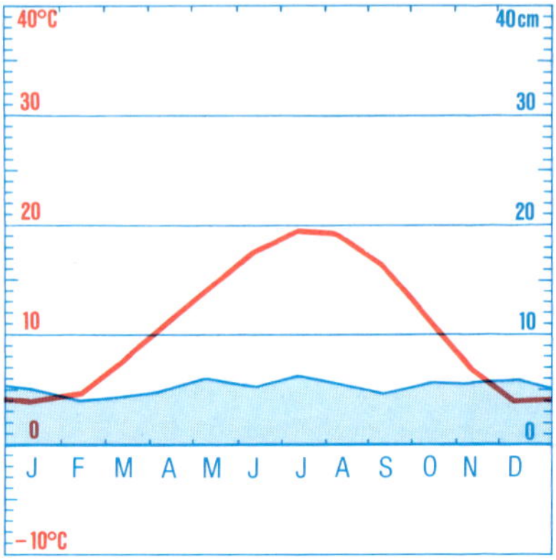

Paris / Frankreich | 50 Jahre | Zone III_2 bzw. Cf

75 m ü.M. | 48° 49′N und 2° 20′E | Jahresmittel 11,5 °C und 626 mm

°C	4,0	4,8	7,8	11,0	14,6	17,7	19,6	19,3	16,5	12,0	7,1	4,0
	J	F	M	A	M	J	J	A	S	O	N	D
mm	49	42	43	50	59	51	60	55	48	56	56	57

°C	−4,7	−1,7	5,0	13,7	19,9	24,5	26,0	24,7	19,8	12,5	3,6	−2,6
	J	F	M	A	M	J	J	A	S	O	N	D
mm	4	5	9	16	33	83	249	146	58	17	9	2

43 m ü.M. | 39° 54′N und 116° 28′E | Jahresmittel 11,7 °C und 630 mm

Peking / V.R. China | 69 Jahre | Zone III_7 bzw. Dw

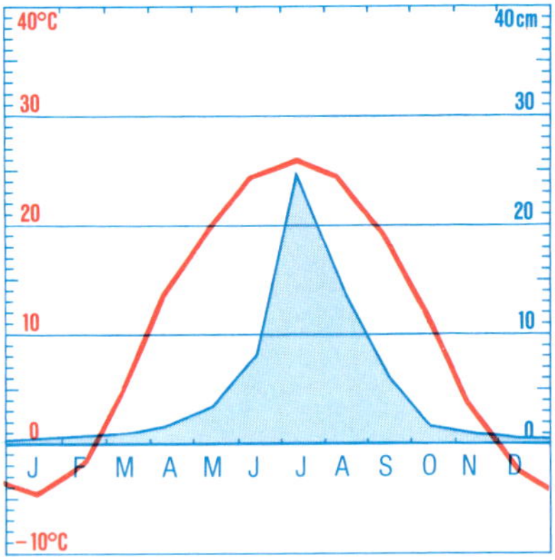

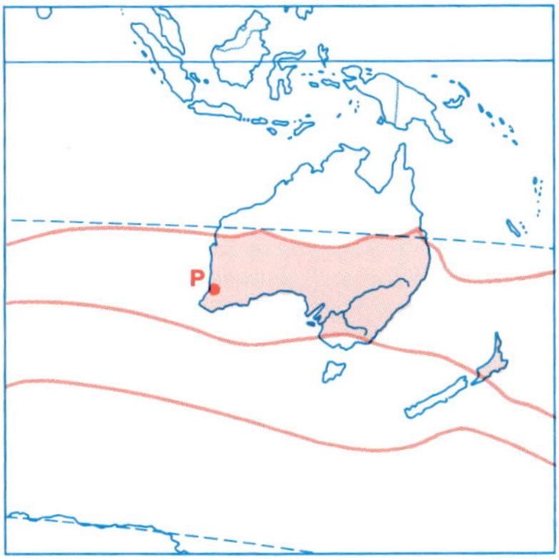

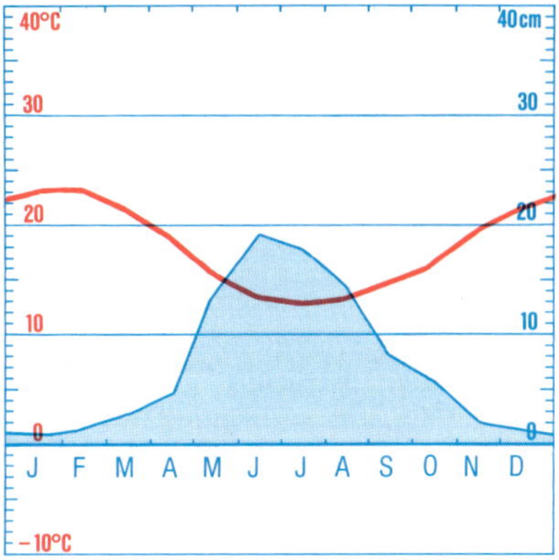

Perth / Australien — 30 Jahre — Zone IV_1 bzw. Cs

60 m ü.M. — 31°57′S und 115°51′E — Jahresmittel 18,1 °C und 914 mm

	J	F	M	A	M	J	J	A	S	O	N	D
°C	23,3	23,4	21,9	19,4	16,1	13,9	13,0	13,4	14,8	16,2	19,4	21,7
mm	8	13	23	44	131	192	180	147	86	58	19	14

	J	F	M	A	M	J	J	A	S	O	N	D
°C	10,7	13,2	17,4	22,9	29,1	32,9	32,6	30,9	28,9	23,6	17,4	12,5
mm	39	41	65	42	14	7	34	41	14	10	10	15

? m ü.M. — 34°1′N und 71°33′E — Jahresmittel 22,7 °C und 331 mm

Peshawar / Pakistan — 30 Jahre — Zone IV_2 bzw. BS

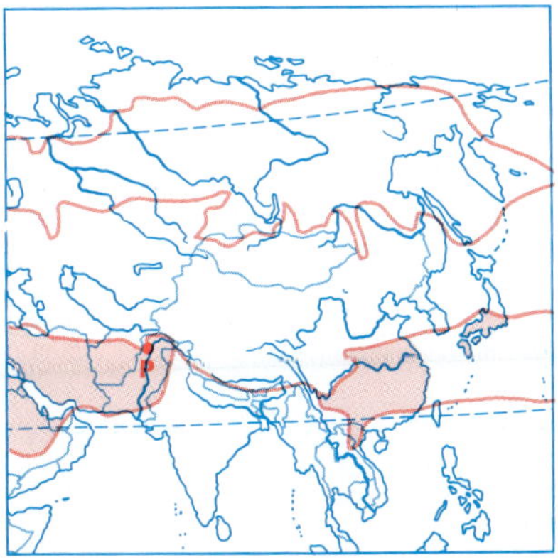

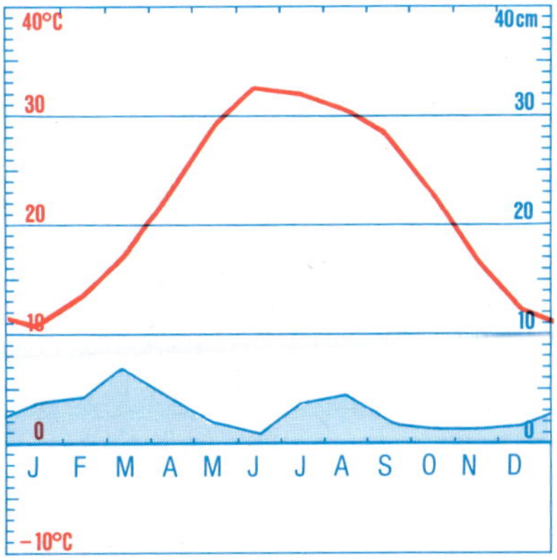

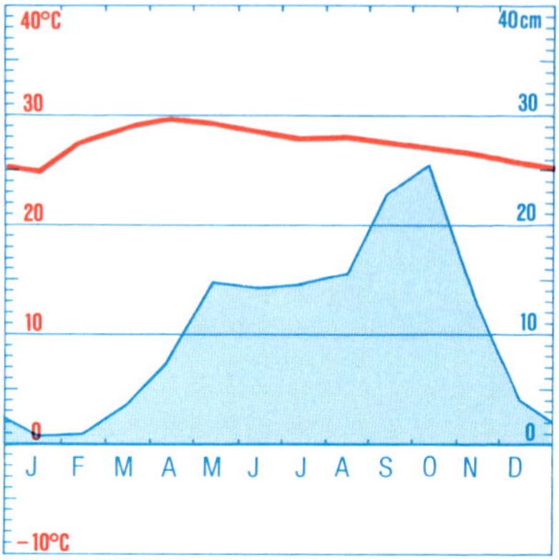

Phnom Penh / Kambodscha — 54 Jahre — Zone V_2 bzw. Aw

10 m ü.M. — 11° 33′N und 104° 55′E — Jahresmittel 27,8 °C und 1371 mm

	J	F	M	A	M	J	J	A	S	O	N	D
°C	25,2	27,5	28,9	29,8	29,3	28,8	28,2	28,3	27,9	27,5	26,8	25,9
mm	8	9	36	74	146	142	147	154	228	256	134	40

	J	F	M	A	M	J	J	A	S	O	N	D
°C	26,0	25,8	25,6	24,3	23,0	21,3	20,7	20,6	21,1	22,0	23,5	25,0
mm	237	241	383	206	175	117	130	85	84	56	80	172

57 m ü.M. — 20° 26′S und 57° 40′E — Jahresmittel 23,2 °C und 1965 mm

Plaisance / Mauritius — 10 Jahre — Zone V_1 bzw. Af

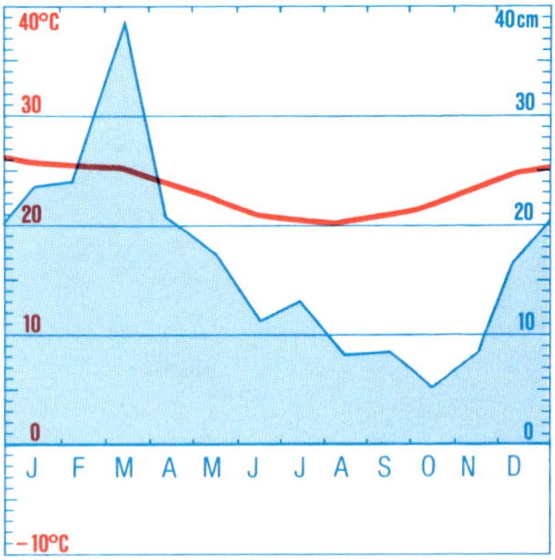

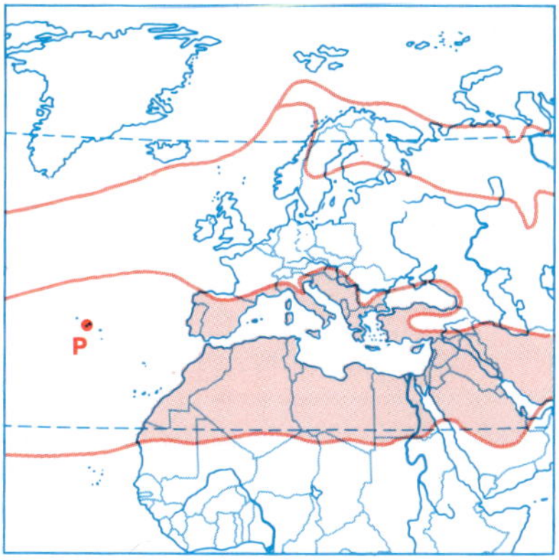

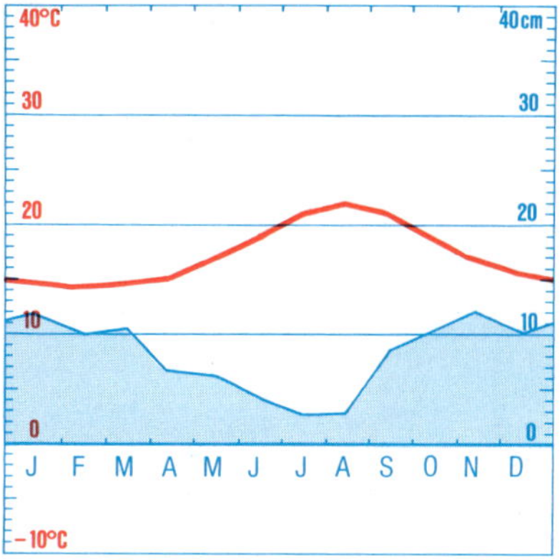

Ponta Delgada / Azoren (portugies.) 30 Jahre Zone IV_1 bzw. Cs
35 m ü.M. 37° 45′N und 25° 40′W Jahresmittel 17,4 °C und 959 mm

	J	F	M	A	M	J	J	A	S	O	N	D
°C	14,4	14,2	14,4	15,1	16,5	18,8	20,8	22,0	21,0	19,0	16,8	15,5
mm	120	100	105	67	62	42	27	29	81	103	120	102

	J	F	M	A	M	J	J	A	S	O	N	D
°C	20,9	21,2	20,2	17,9	16,1	13,8	13,3	14,1	15,1	16,5	18,0	19,5
mm	30	33	47	46	61	46	49	51	58	56	56	43

58 m ü.M. 33° 59′S und 25° 36′E Jahresmittel 17,3 °C und 576 mm
Port Elizabeth / Rep. Südafrika 84 Jahre Zone IV_7 bzw. Cf

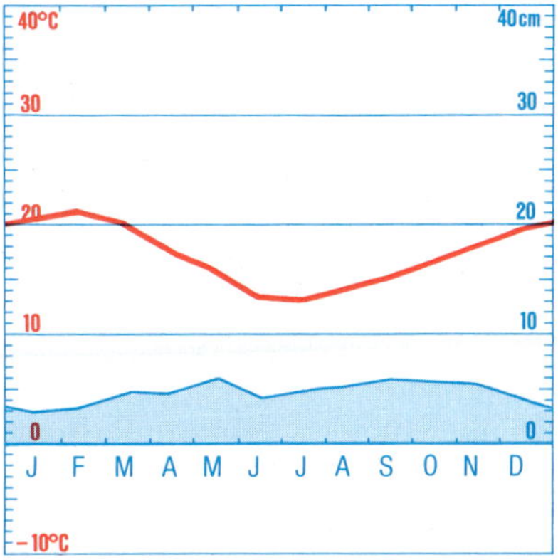

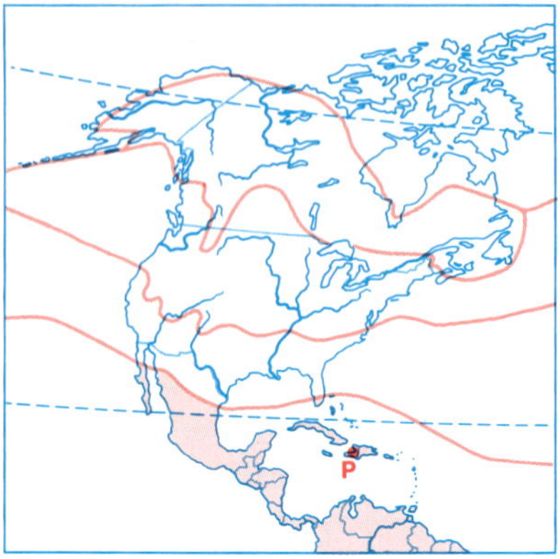

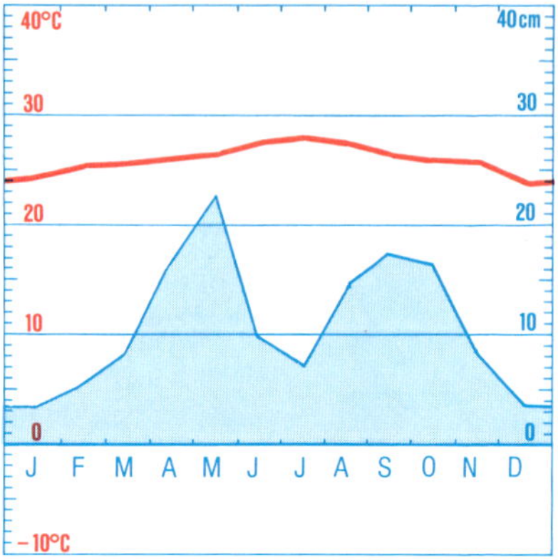

Port-au-Prince/Haïti — 85 Jahre — Zone V_1 bzw. Aw

134 m ü.M. — 18° 33′N und 72° 20′W — Jahresmittel 26,3 °C und 1340 mm

	J	F	M	A	M	J	J	A	S	O	N	D
°C	24,5	25,4	25,6	26,3	26,7	27,6	28,0	27,7	26,7	26,6	25,9	24,0
mm	32	53	83	162	229	99	74	146	173	168	85	36

Klimadiagramm nach Walter siehe Seite 173.

Die Klimawerte von Port-au-Prince stehen für das immerfeuchte Regenwaldklima der Tropenzone. Es ist ein reines Tageszeitenklima, denn die Tagesschwankungen liegen im Durchschnitt bei 7 °C, sind größer als die Jahresamplitude. Alle Monate sind wärmer als 18 °C, es ist ständig heiß. Ursachen dieser ausgeglichenen tropischen Temperaturverhältnisse sind die Tageslänge und der Einfallswinkel der Sonnenstrahlen. Zwischen den Wendekreisen schwankt die Sonneneinstrahlung nur geringfügig, weil der Sonnenstand 66,5°–90° beträgt. Demzufolge sind alle Tage fast gleich lang, die Sonne geht gegen 6 Uhr auf und gegen 18 Uhr unter. Deshalb weichen die absoluten Temperaturwerte nur unwesentlich vom Durchschnitt ab. In Port-au-Prince liegen das absolute Maximum bei 33,2 °C und das absolute Minimum bei 15,0 °C.
Ein gewisser jahreszeitlicher Rhythmus kommt durch die Niederschlagsverteilung zustande. Es treten zwei Maxima auf, die mit dem Zenitdurchgang durch die Sonne in Verbindung stehen. Infolge der hohen Lufttemperatur ist die Verdunstung sehr stark. Es bilden sich täglich am frühen Nachmittag hochragende Quellwolken. Während der Hauptniederschlagszeit erfolgen etwa jeden zweiten Tag in den Nachmittags- oder Abendstunden starke Gewittergüsse. Da diese thermischen Niederschläge vom Zenitstand der Sonne abhängen, nennt man sie Zenitalregen. Die durchschnittliche relative Feuchte liegt nie unter 75%. Gegen Morgen entsteht Nebel, der sich oft erst am späten Vormittag auflöst.
Das Klima findet sich beiderseits des Äquators auf der Ostseite Mittelamerikas, im Amazonastiefland einschließlich der Ost- und Westflanken der Anden, im Kongobecken und an der Oberguineaküste, auf der Ostseite von Madagaskar und in der austral-asiatischen Inselwelt.

Ständig heiß und feucht; Tageszeitenklima. Immergrüner tropischer Regenwald.

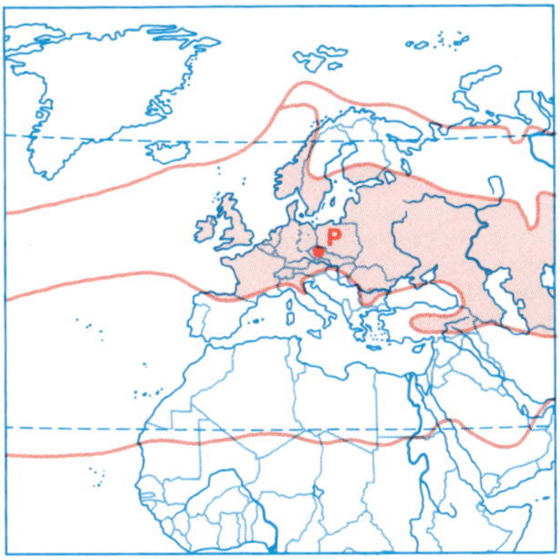

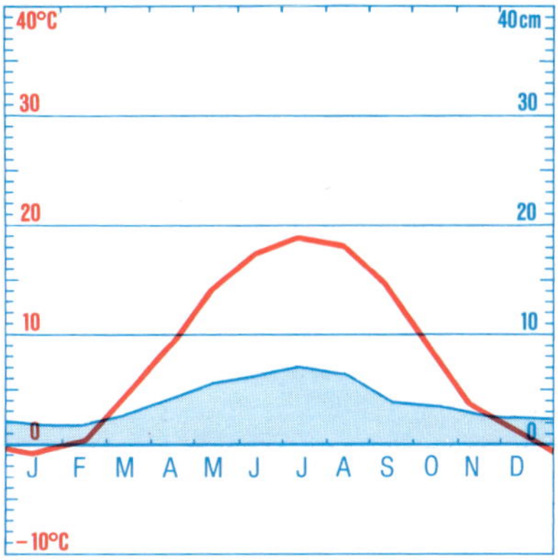

Prag / Tschechoslowakei | 50 Jahre | Zone III_3 bzw. Cf
183 m ü.M. | 50° 7′N und 14° 24′E | Jahresmittel 9,0 °C und 476 mm

	J	F	M	A	M	J	J	A	S	O	N	D
°C	−0,9	0,2	4,3	8,8	14,1	17,1	19,0	18,1	14,6	9,0	3,8	0,3
mm	20	18	24	40	53	61	69	63	39	36	28	25

	J	F	M	A	M	J	J	A	S	O	N	D
°C	22,4	22,2	22,9	23,4	24,0	24,9	25,4	26,2	26,8	26,4	25,4	23,4
mm	2	2	–	–	–	–	8	45	105	58	30	10

35 m ü.M. | 14° 54′N und 23° 31′W | Jahresmittel 24,4 °C und 261 mm
Praia / Kap Verde | 20 Jahre | Zone V_4 bzw. BS

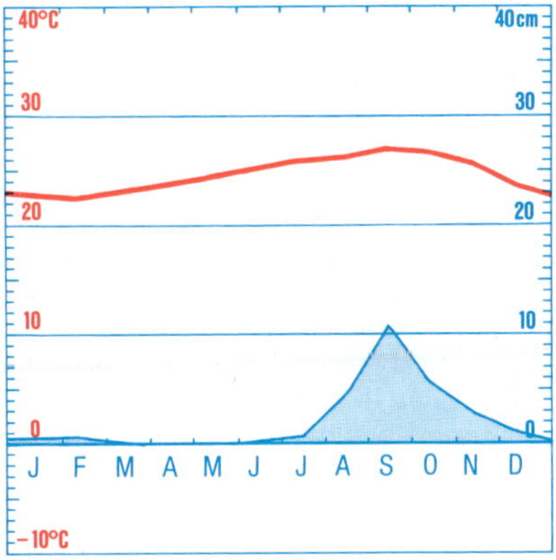

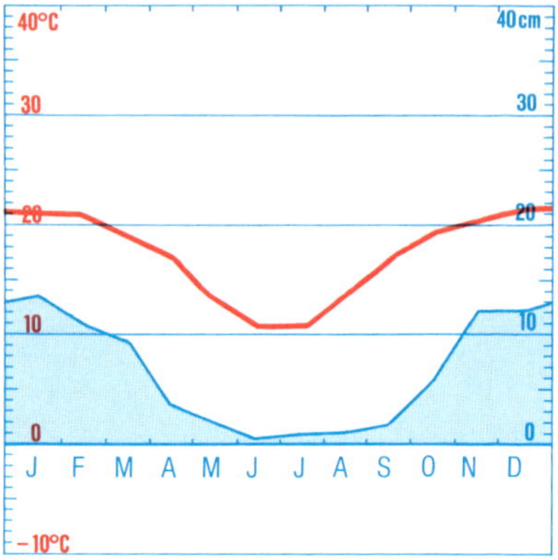

Pretoria / Rep. Südafrika
1326 m ü.M. 25° 45′S und 28° 12′E

41 Jahre Zone IV_4 bzw. Cw
Jahresmittel 17,2 °C und 741 mm

°C	21,5	21,3	19,7	17,1	13,2	10,8	10,8	13,8	17,1	19,7	20,3	21,5
	J	F	M	A	M	J	J	A	S	O	N	D
mm	134	113	94	35	20	3	9	13	18	62	120	120

Das Klima von Pretoria gehört im Bereich der warmgemäßigten Subtropenzone zu den sommerfeuchten Steppenklimaten. Die Sommer sind sehr warm, das mittlere Temperaturmaximum liegt im Januar über 30 °C. Im mäßig warmem bis warmem Winter liegt das Minimum der Temperatur im Juni und Juli bei 3 °C, das mittlere Maximum sogar bei 18 °C. Allerdings können in den Monaten April bis Oktober auch Nachtfröste auftreten, denn die absoluten Temperaturminima liegen bei -7 °C. Die Tagesschwankung der Temperatur nimmt von etwa 10 °C im Sommer auf fast 15 °C im Winter zu. Die Schwankung ist mit 10,7 °C mäßig.
Die Regenzeit fällt in die Sommermonate. Dieser Gang des Jahresniederschlags ist kennzeichnend für ein Klima auf der Ostseite eines Kontinents. Die sommerfeuchten Steppenklimate der Subtropenzone finden sich in allen Kontinenten, so in Nordmexiko und den südwestlichen USA, im Panjab in Vorderindien, im nordwestlichen Argentinien mit dem Südteil des Gran Chaco, in Südafrika mit nordöstlichen Gebieten der Kalahari und im östlichen Australien.
Regenbringer ist auf der Südhalbkugel der Südostpassat. Er führt in den Sommermonaten feuchtwarme Meeresluft von den Ozeanen in das Binnenland. Deshalb nimmt die Ergiebigkeit des Regens landeinwärts ab. Da während der Wintermonate das subtropische Hoch mit seinen trockenwarmen Luftmassen stärker die Witterung bestimmt, läßt die Niederschlagshäufigkeit derart nach, daß sich mehr als sechs aride Monate einstellen.
Bei weniger als fünf humiden Monaten entfaltet sich eine Dorn- und Sukkulentensteppe. Die Sukkulenten sind vor allem für die Kekteenwüstensteppen in Arizona, New Mexico und dem Norden Mexikos sowie in Südafrika kennzeichnend.

Sehr warme mäßigfeuchte Sommer, warme trockene Winter. Dorn- und Sukkulentensteppe.

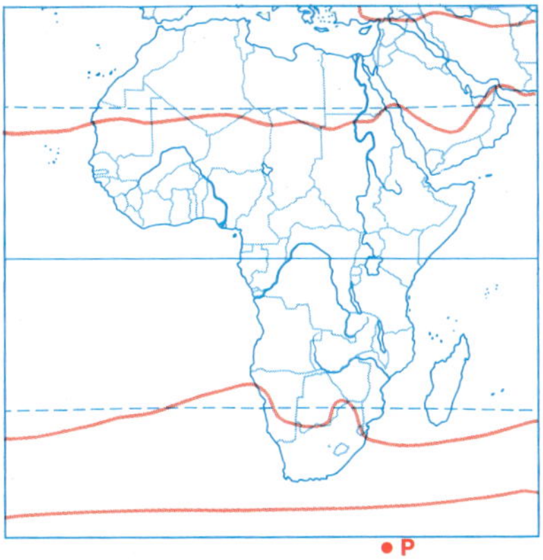

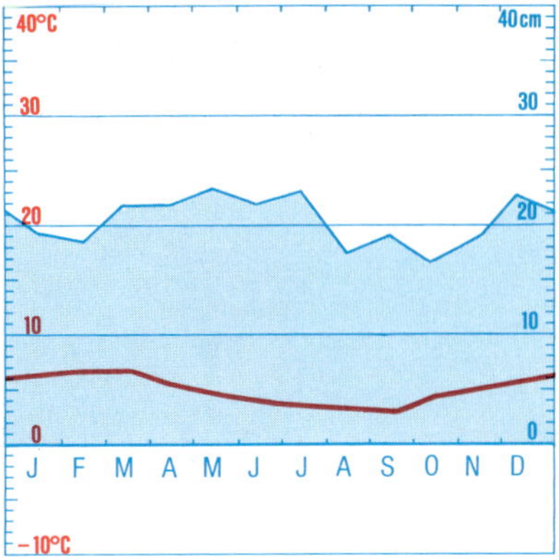

Prince-Edward-Inseln / Rep. Südafrika | 30 Jahre | Zone I_4 bzw. ET

? m ü.M. | 46° 53′S und 37° 52′E | Jahresmittel 5,1 °C und 2451 mm

	J	F	M	A	M	J	J	A	S	O	N	D
°C	6,8	7,3	7,2	5,9	4,7	4,1	3,6	3,3	3,2	4,4	5,1	5,7
mm	194	185	216	221	235	221	228	178	190	167	190	226

	J	F	M	A	M	J	J	A	S	O	N	D
°C	21,5	21,6	20,5	17,6	14,8	12,4	11,4	11,5	12,7	14,7	17,2	19,8
mm	78	74	87	84	82	86	65	82	88	86	69	57

16 m ü.M. | 34° 58′S und 54° 57′W | Jahresmittel 16,3 °C und 937 mm

Punta del Este / Uruguay | 21 Jahre | Zone IV_6 bzw. Cf

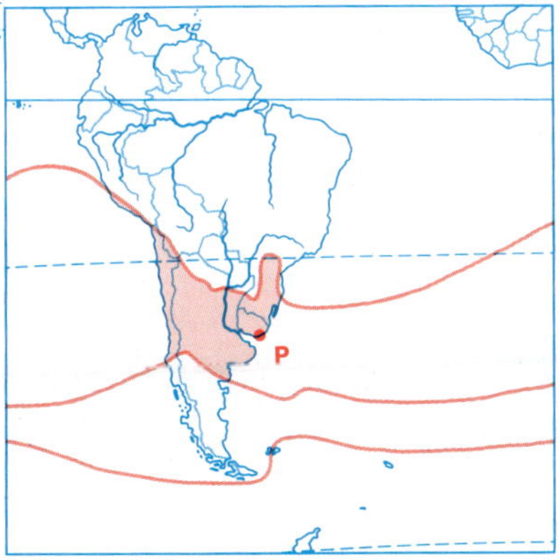

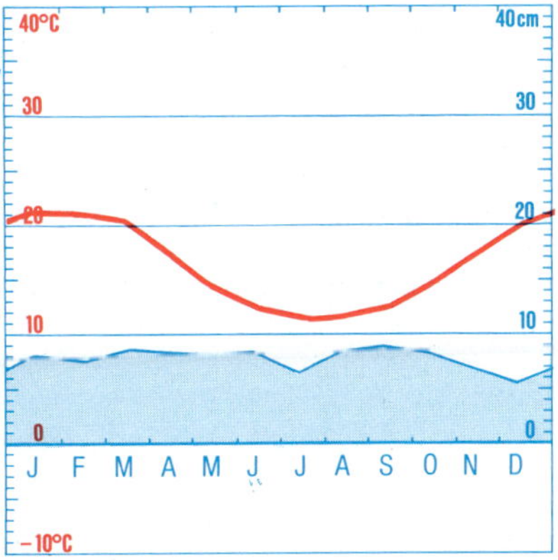

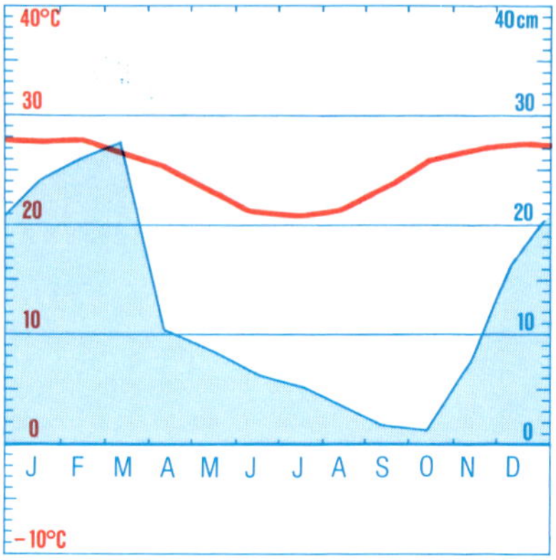

Quelimane / Moçambique — 30 Jahre — Zone V_2 bzw. Aw

6 m ü.M. — 17° 53′S und 36° 53′E — Jahresmittel 24,8 °C und 1400 mm

	J	F	M	A	M	J	J	A	S	O	N	D
°C	27,5	27,4	26,8	25,7	23,2	21,1	20,7	21,5	23,7	25,8	27,0	27,3
mm	240	261	278	105	85	65	52	36	18	14	76	169

	J	F	M	A	M	J	J	A	S	O	N	D
°C	13,0	13,0	12,9	13,0	13,1	13,0	12,9	13,1	13,2	12,9	12,8	13,0
mm	125	135	158	180	129	50	19	22	81	131	112	106

2817 m ü.M. — 0° 12′S und 78° 29′W — Jahresmittel 13,0 °C und 1248 mm

Quito / Ecuador — 74 Jahre — Zone V_2 bzw. Cw

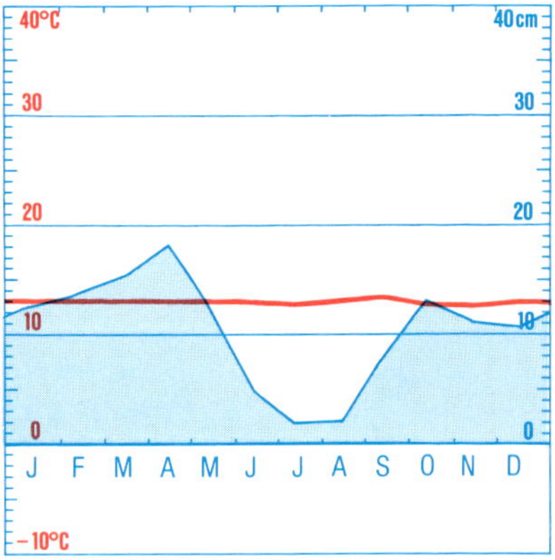

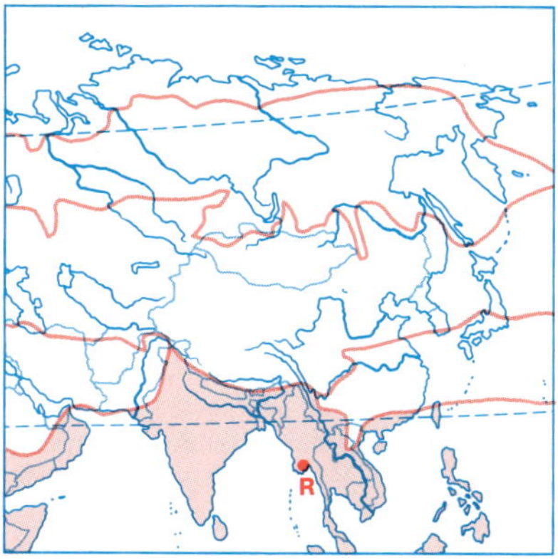

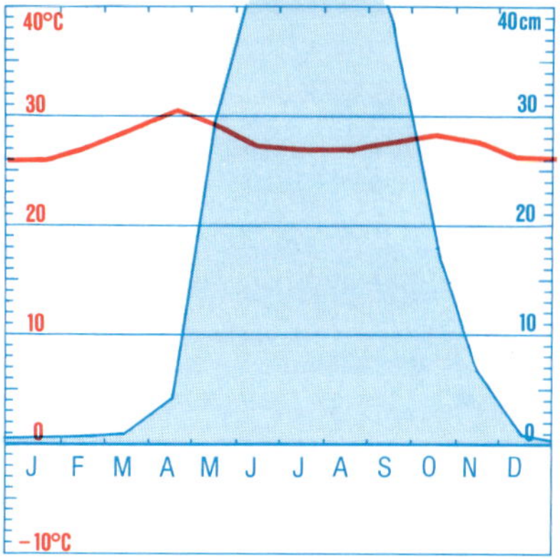

Rangun / Birma — 71 Jahre — Zone V_1 bzw. Af

17 m ü.M. — 16° 47′N und 96° 10′E — Jahresmittel 27,9 °C und 2515 mm

	J	F	M	A	M	J	J	A	S	O	N	D
°C	26,3	27,2	28,9	30,5	29,6	27,7	27,4	27,3	27,7	28,3	28,0	26,7
mm	5	6	8	41	304	458	544	505	388	176	71	9

	J	F	M	A	M	J	J	A	S	O	N	D
°C	27,0	27,1	27,0	26,6	25,6	24,7	24,2	24,2	25,0	25,9	26,4	26,7
mm	41	89	197	249	335	318	224	247	62	37	25	40

56 m ü.M. — 8° 1′S und 34° 51′W — Jahresmittel 25,9 °C und 1763 mm

Recife / Brasilien — 30 Jahre — Zone V_2 bzw. Aw

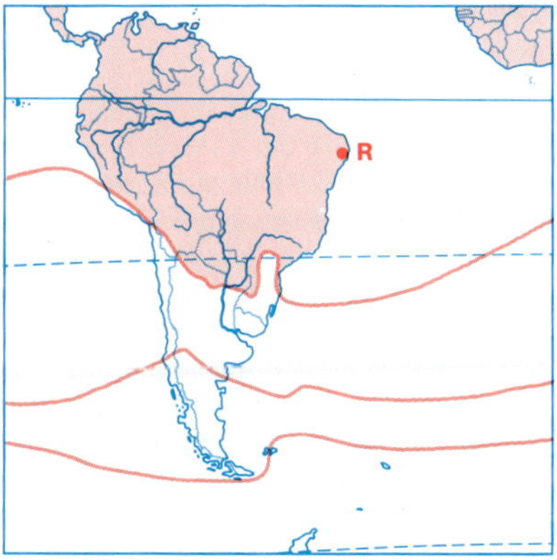

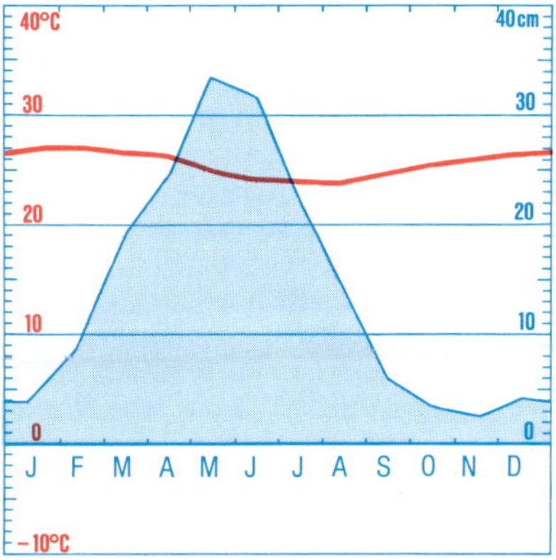

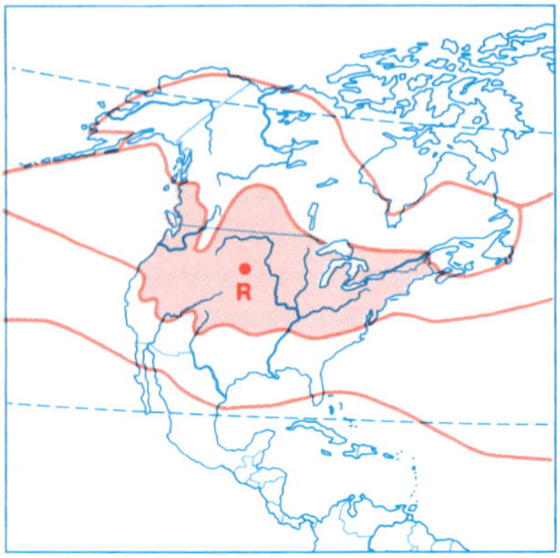

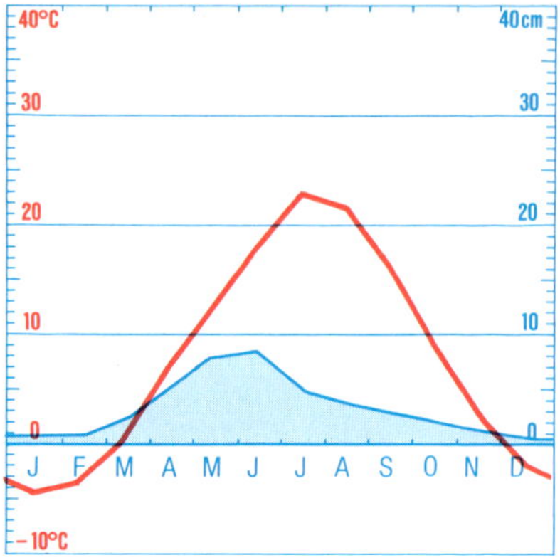

Rapid City / USA			67 Jahre	Zone III_{10} bzw. BS
988 m ü.M.	44° 4′N und 103° 12′W		Jahresmittel 8,3 °C und 423 mm	

°C	-4,6	-3,9	0,3	7,2	12,8	18,1	22,4	21,6	16,2	9,7	2,4	-2,3
	J	F	M	A	M	J	J	A	S	O	N	D
mm	10	11	26	49	82	84	57	41	31	24	13	10

Das Trockensteppenklima der kühlgemäßigten Zonen ist auf der Südhalbkugel nur in Ostpatagonien, auf der Nordhalbkugel in den Great Plains und im Großen Becken in Nordamerika sowie in der Sowjetunion in einem schmalen Streifen in der Kaspischen Senke und am Südrand der Kasachischen Schwelle verbreitet. Die Plains erstrecken sich weiter nach Süden als die Trockensteppen in der Sowjetunion, weil in den USA eine von Westen nach Osten laufende Gebirgsschranke fehlt. Südlich von 35° N ist die Trockensteppe wintermild. Das gleiche trifft auf die Steppen in Ostpatagonien zu. Hier verhindert die verhältnismäßig geringe Landmasse eine starke Auskühlung im Winter. Die Temperatur des kühlsten Monats bleibt über 0 °C.

Das Klima in Rapid City zeichnet sich durch eine hohe Schwankung der Jahrestemperatur von 28,8 °C aus. Die Winter sind kalt und schneearm, weil aus dem Norden trockenkalte Luftmassen einströmen. Diese Polarluft bricht oft als heftiger Schneesturm, dem Norther, in die Plains ein. Er kann zwischen November und März zu Frösten um −30 °C führen.

Rasch zieht im April das Fühjahr ins Land. Der Schnee schmilzt, und mit den Frühjahrsregen und der zunehmenden Tageswärme setzt die kurze Vegetationszeit ein. Die Schneeschmelze wird durch den Chinook, einem warmem und trockenem Fallwind aus dem Felsengebirge beschleunigt. Selbst im Winter kann der Chinook zu einem wiederholten Wetterumschwung führen und im Januar einen Temperaturanstieg auf 23 °C bringen.

Warm und trocken fällt der Sommer aus. Die aride Jahreszeit beginnt im Juli. Die Luft ist staubreich, Gräser und Kräuter vertrocknen am Stengel. Auf über 40 °C steigen die Temperaturen an. Häufig richten Tornados Unheil an, jene Sturmwirbel, die sich rasch im Mischbereich von polarer Kaltluft und heißfeuchter Tropikluft bilden können.

Sehr warme trockene Sommer, kalte schneearme Winter. Kurzgrassteppe.

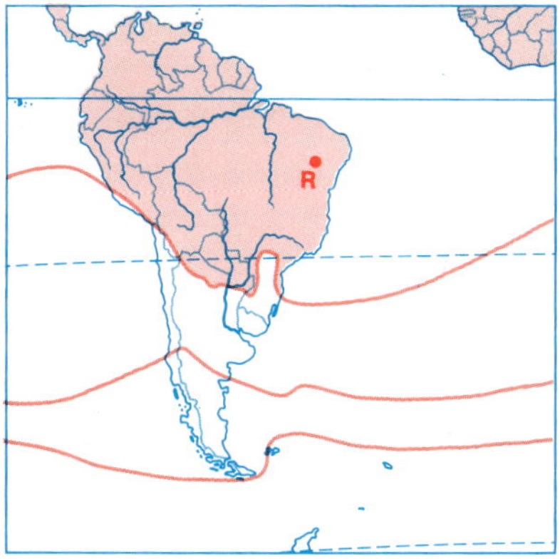

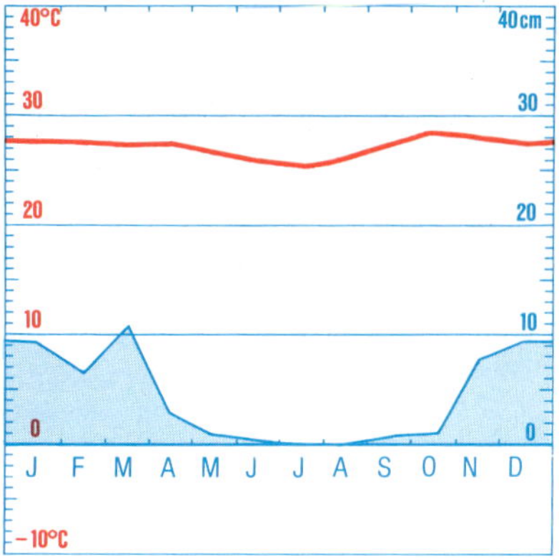

Remanso / Brasilien — 30 Jahre — Zone V_4 bzw. BS

41 m ü.M. — 9° 41′S und 42° 4′W — Jahresmittel 27,1 °C bzw. 497 mm

	J	F	M	A	M	J	J	A	S	O	N	D
°C	27,5	27,5	27,1	27,3	27,0	26,0	25,6	26,0	27,2	28,3	28,0	27,6
mm	92	65	108	35	10	1	1	–	4	10	78	93

	J	F	M	A	M	J	J	A	S	O	N	D
°C	25,2	25,4	24,9	23,2	21,2	19,8	19,0	19,5	20,4	21,3	22,8	24,3
mm	193	173	165	157	140	97	85	105	124	168	162	181

17 m ü.M. — 22° 58′S und 43° 14′W — Jahresmittel 22,2 °C und 1751 mm

Rio de Janeiro / Brasilien — 21 Jahre — Zone V_1 bzw. Af

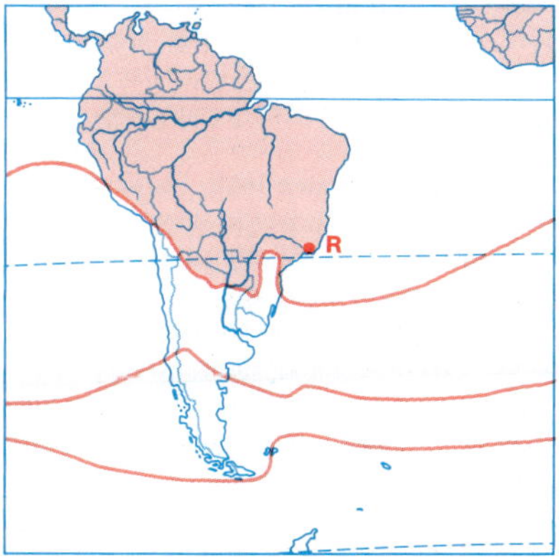

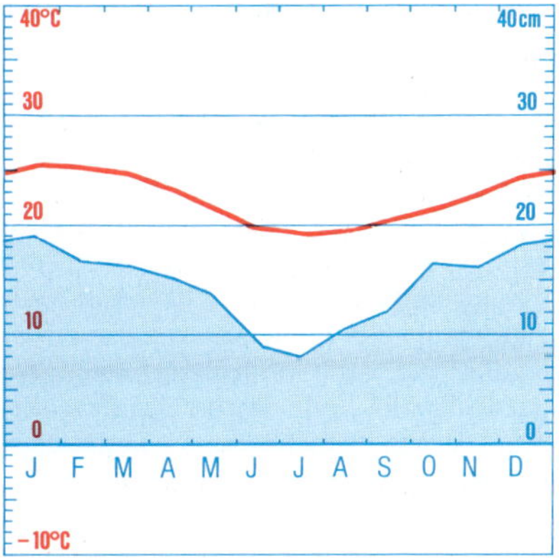

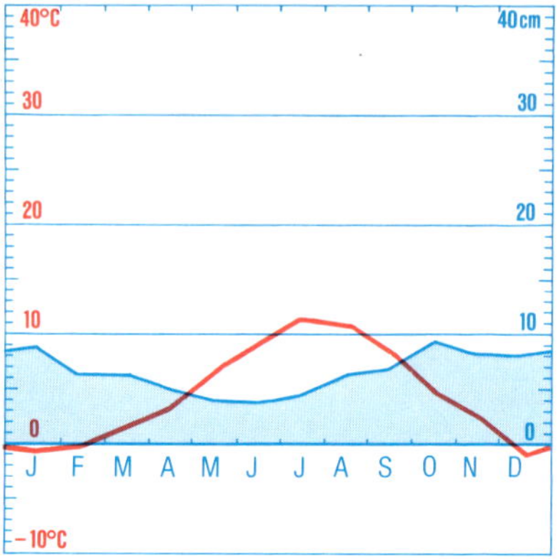

Reykjavik / Island
? m ü.M. 64°9′N und 21°57′W

? Jahre Zone I_4 bzw. Cf
Jahresmittel 5,0 °C und 805 mm

	J	F	M	A	M	J	J	A	S	O	N	D
°C	-0,4	-0,1	1,5	3,1	6,9	9,5	11,2	10,8	8,6	4,9	2,6	0,9
mm	90	65	65	53	42	41	48	66	72	97	85	81

Am südlichen Küstenstreifen von Island herrscht ein subpolares ozeanisches Graslandklima. Die Durchschnittstemperaturen der kühlen bis milden Sommermonate steigen zwar nicht über 10–12 °C, aber die Winter sind weniger streng als in den übrigen Polarklimaten. Das absolute Minimum der Temperatur liegt in Reykjavik im Januar bei -15,2 °C. Die Schwankung der Jahrestemperatur ist mit 11,7 °C mäßig, meist liegt sie sogar unter 10 °C. Diese Klimazone ist auf der Nordhalbkugel nur auf den Alëuten und auf Island, auf der Südhalbkugel jedoch in einem Gürtel wechselnder Breite zwischen 62° und 45° S ausgebildet. Die Frostminderung während der Wintermonate ist auf die relativ warmen Wassermassen des Ozeans zurückzuführen. Außerdem bringen sowohl das Alëuten- als auch das Islandtief auf der Nordhalbkugel und auf der Südhalbkugel entsprechende Tiefdruckgebiete feuchtwarme Luftmassen der Mittelbreiten polwärts.

Die feuchtwarmen Luftmassen der Tiefdruckgebiete führen vor allem im Winter zu einer Frostmilderung, und sie verursachen die Niederschläge. Das Maximum liegt, wegen der dann vorherrschenden Aufgleitvorgänge, in den Wintermonaten. Eine langanhaltende Schneedecke fehlt. Immer wieder kommt es zu Tauwetterperioden. Häufig fällt der Niederschlag auch im Winter als Regen. Zugleich können Temperaturstürze, die durch polare Kaltluft verursacht werden, das ganze Jahr über eintreten. Deshalb liegt das mittlere Minimum der Junitemperatur bei 5,2 °C und im Januar bei -10,6 °C.
Ein Dauerfrostboden fehlt. Dafür sind die Frostwechsel nicht nur in den Übergangsjahreszeiten sehr häufig und selbst im Sommer normal. Frostverwitterung und Bodendynamik sind deshalb sehr intensiv. Eine geschlossene Pflanzendecke kann sich unter diesen Bedingungen nicht ausbilden. Vielfach treten Staunässe und Moorbildung auf.

Kurze milde Sommer, kühle lange Winter; reichlich Niederschlag. Tundra.

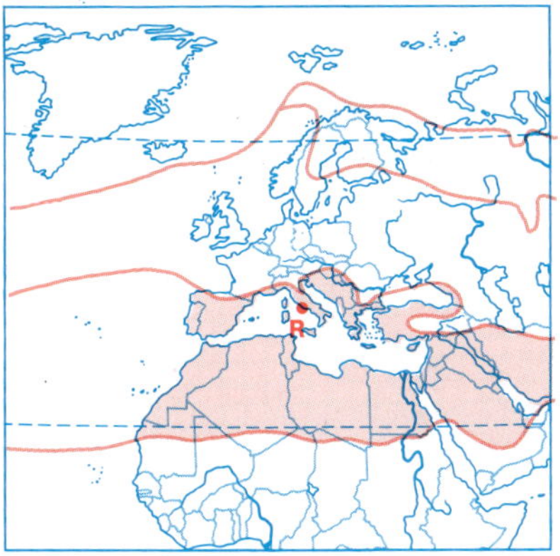

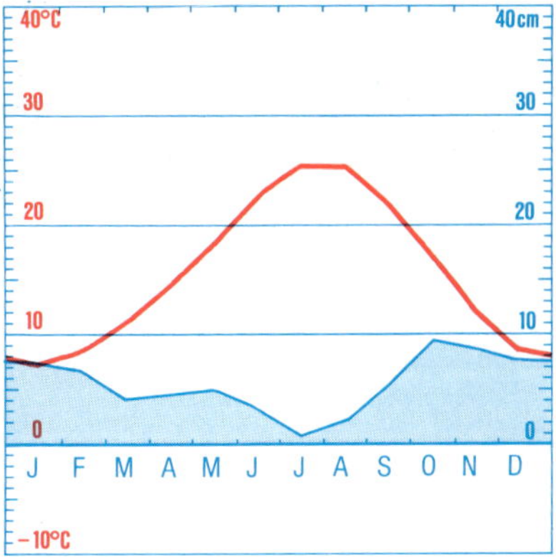

Rom / Italien — 20 Jahre — Zone IV_1 bzw. Cs
51 m ü.M. — 41° 54′N und 12° 30′E — Jahresmittel 16,0 °C und 664 mm

°C	7,3	8,4	10,9	14,3	18,3	22,6	25,3	25,1	22,1	17,1	12,1	8,6
	J	F	M	A	M	J	J	A	S	O	N	D
mm	75	68	41	44	48	31	10	22	58	97	90	79

°C	24,4	24,4	25,1	25,8	27,2	27,3	26,8	27,1	27,3	27,1	26,4	25,1
	J	F	M	A	M	J	J	A	S	O	N	D
mm	130	81	75	71	101	196	275	251	228	201	205	155

18 m ü.M. — 15° 18′N und 61° 23′W — Jahresmittel 26,2 °C und 1970 mm
Roseau / Dominica — 67 Jahre — Zone V_1 bzw. Af

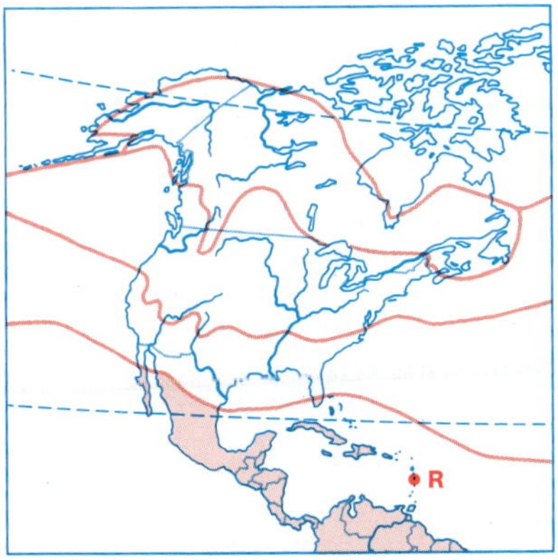

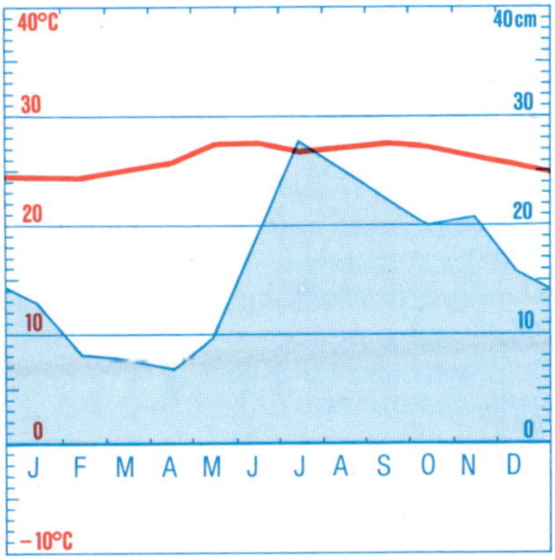

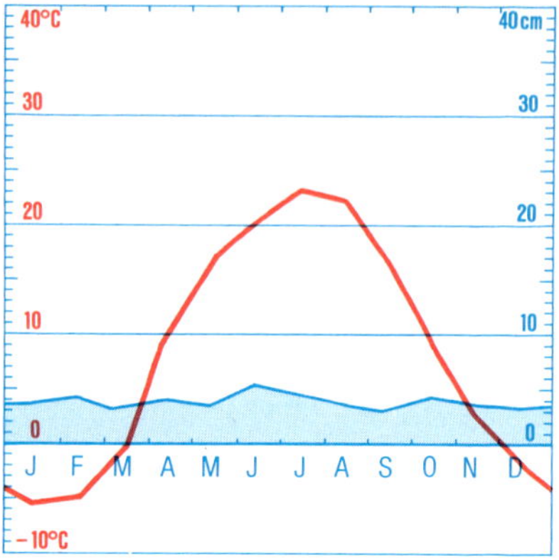

Rostow/SU | 30 Jahre | Zone III_9 bzw. Df
77 m ü.M. | 47° 14′N und 39° 42′E | Jahresmittel 9,0 °C und 483 mm

	J	F	M	A	M	J	J	A	S	O	N	D
°C	-5,3	-4,9	-0,1	9,4	16,8	20,9	23,5	22,3	16,4	9,0	2,4	-2,7
mm	38	41	32	39	36	58	49	37	32	44	40	37

Das Feuchtsteppenklima der kühlgemäßigten Zonen ist abgesehen von einer kleinen Fläche in der Provinz Otago auf der Südinsel von Neuseeland nur auf der Nordhalbkugel verbreitet. Die Steppen in der Ukraine, in Kasachstan und die Prärien in Nordamerika bis etwa 35° N sind winterkalt, die der südlichen Prärie und auf der Südhalbkugel, wegen der geringeren Landmassen, aber wintermild. Hier bleibt die Temperatur des kältesten Monats über 0 °C.

Das Klima in Rostow zeichnet sich durch eine hohe Schwankung der Jahrestemperatur von 29 °C aus. Die Winter sind kalt und schneearm, weil aus dem festländischen Kältehoch stark ausgekühlte und trockene Luft abfließt. Das mittlere Minimum der Februartemperaturen erreicht -19,3 °C. Dagegen liegt das mittlere Maximum der Juli- und Ausgusttemperaturen bei 34,9° bzw. 34,7 °C.

Niederschlagsspender sind die wandernden Tiefdruckgebiete in der Westwindzone. Sie bringen in abgeschwächter Form feuchte Luftmassen in das Innere der Kontinente. Je nach ihrem Wasserdampfgehalt kann der Jahresniederschlag sehr stark schwanken. Es gibt in Rostow regenreiche Jahre mit 758 mm Niederschlag und Dürrejahre mit nur 30 mm. Im Juni und Juli spenden thermische Gewitter gelegentlich Niederschlag, wenn subtropische feuchtwarme Luftmassen nach Norden gelangen.

Rostow liegt im Bereich des Feuchtsteppenklimas mit mindestens sechs humiden Monaten. Humid ist der Wasserhaushalt im Frühjahr nach der Schneeschmelze und im Frühsommer, wenn die Verdunstung noch nicht zu stark ist. Dann entfaltet sich das Pflanzenleben in den Federgras-Wiesensteppen Rußlands wie in der Langgrasprärie Nordamerikas. Die krautreiche Wiesensteppe ähnelt im Frühsommer einer Wiese. Im Spätsommer setzt bei zunehmender Verdunstung eine Dürre ein.

Kalte Winter, warme Sommer; geringer Jahresniederschlag. Langgrassteppe.

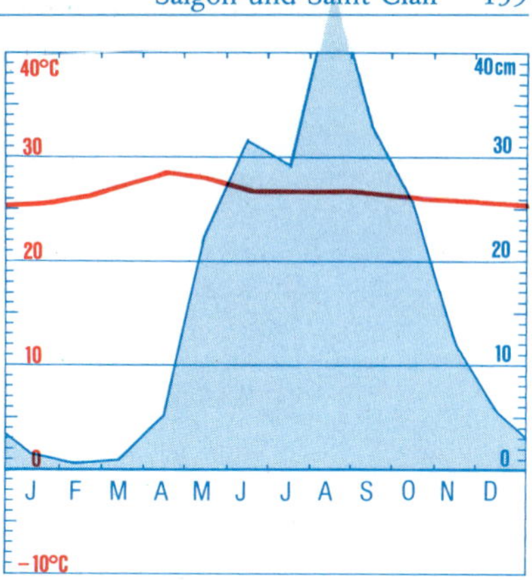

Saigon (Ho-Chi-Minh-Stadt)/Vietnam 54 Jahre Zone V_2 bzw. Aw
9 m ü.M. 10° 49′N und 160° 40′E Jahresmittel 26,9 °C und 1944 mm

°C	25,7	26,5	27,8	28,8	28,2	27,3	27,0	27,0	26,7	26,5	26,2	25,6
	J	F	M	A	M	J	J	A	S	O	N	D
mm	14	5	11	51	217	315	298	471	331	259	118	54

°C	25,5	25,5	25,8	26,4	27,1	26,6	26,4	26,5	26,7	26,8	26,5	25,9
	J	F	M	A	M	J	J	A	S	O	N	D
mm	67	40	45	53	93	193	216	247	193	170	183	126

20 m ü.M. 10° 40′N und 61° 31′W Jahresmittel 26,3 °C und 1627 mm
Saint Clair/Trinidad and Tobago 98 Jahre Zone V_1 bzw. Af

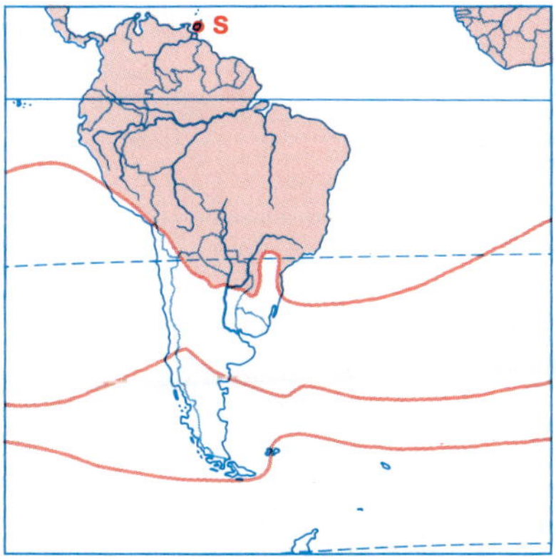

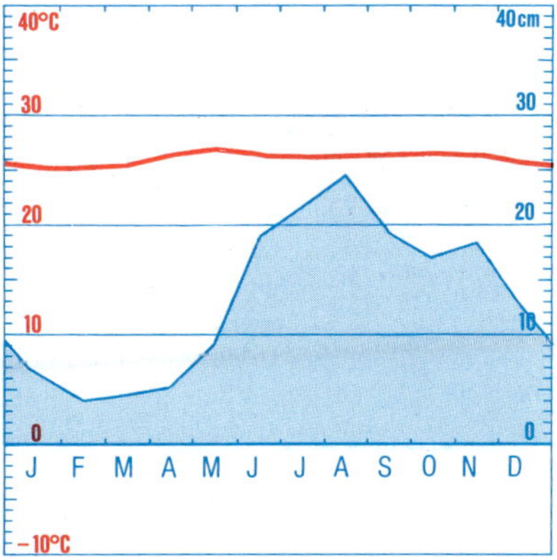

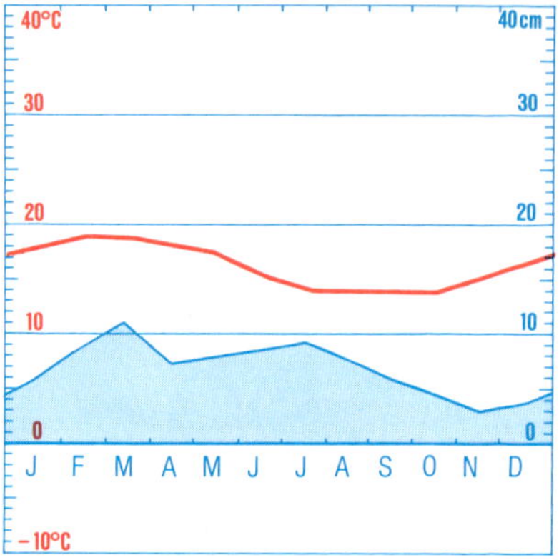

Saint Helena (brit.) 30 Jahre Zone III_1 bzw. Cf

627 m ü.M. 15°58'S und 5°42'W Jahresmittel 16,5 °C und 837 mm

°C	18,0	19,2	19,2	18,7	17,4	15,8	14,7	14,1	14,1	13,9	15,4	16,6
	J	F	M	A	M	J	J	A	S	O	N	D
mm	57	84	111	73	75	88	96	79	61	47	30	36

°C	-3,3	-4,2	-1,9	2,2	6,2	11,3	16,2	16,2	12,7	7,6	3,5	-0,8
	J	F	M	A	M	J	J	A	S	O	N	D
mm	153	163	135	121	99	94	89	102	120	138	163	174

? m ü.M. 47°34'N und 52°41'W Jahresmittel 5,4 °C und 1551 mm

Saint John's / Kanada 15 Jahre Zone II_2 bzw. Df

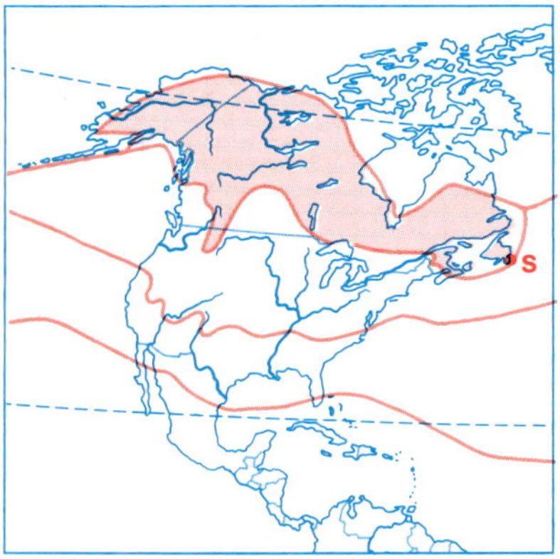

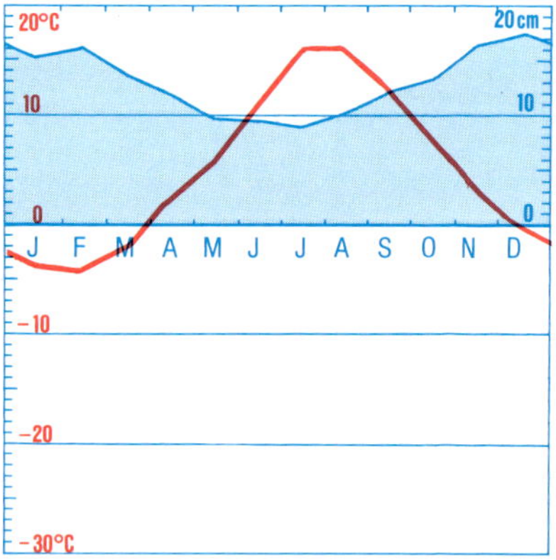

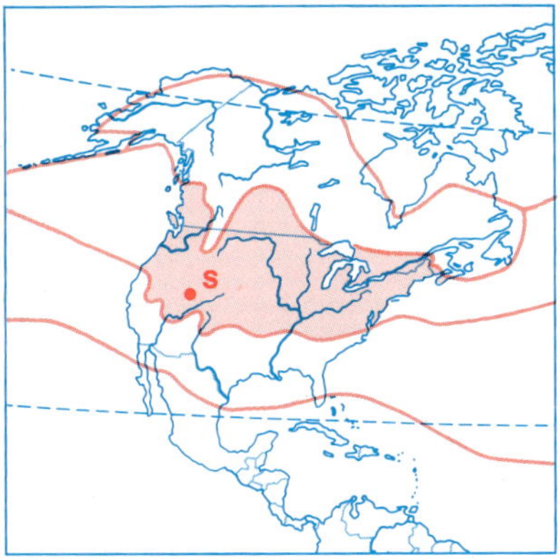

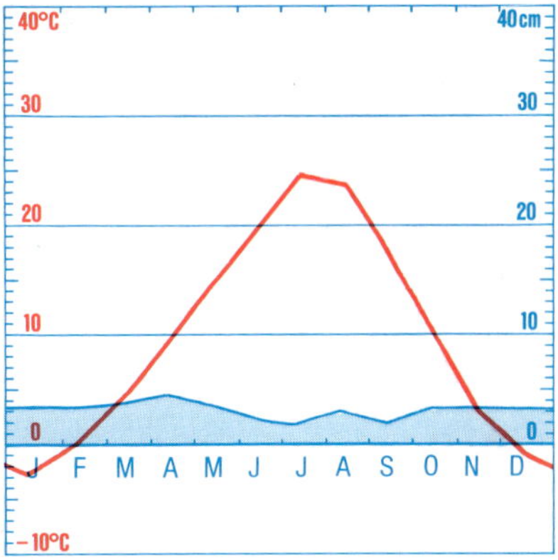

Salt Lake City/USA | 32 Jahre | Zone III_{10} bzw. Cs

1286 m ü.M. | 40° 47′N und 111° 58′W | Jahresmittel 10,7 °C und 342 mm

°C	-2,8	0,4	4,7	9,9	14,7	19,6	24,9	23,8	18,2	11,7	3,6	-0,5
	J	F	M	A	M	J	J	A	S	O	N	D
mm	34	31	39	45	35	24	15	24	16	30	32	30

°C	14,7	14,0	11,7	8,9	5,6	3,4	2,6	2,8	5,0	8,0	10,2	12,4
	J	F	M	A	M	J	J	A	S	O	N	D
mm	29	36	61	75	144	202	169	131	78	44	46	44

853 m ü.M. | 41° 9′S und 71° 18′W | Jahresmittel 8,3 °C und 1061 mm

San Carlos de Bariloche/Argentinien | 30 Jahre | Zone III_2 bzw. Cf

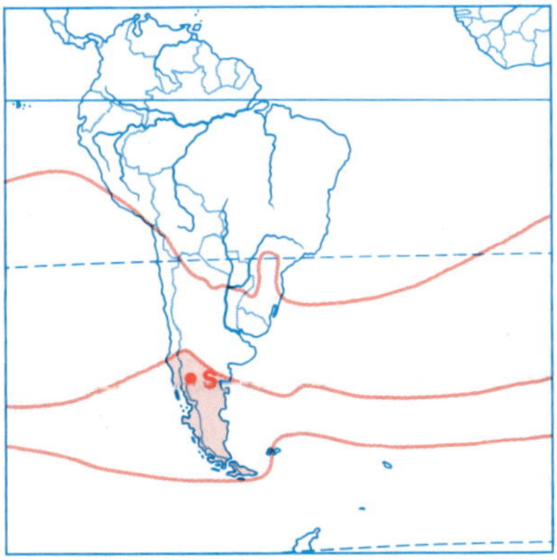

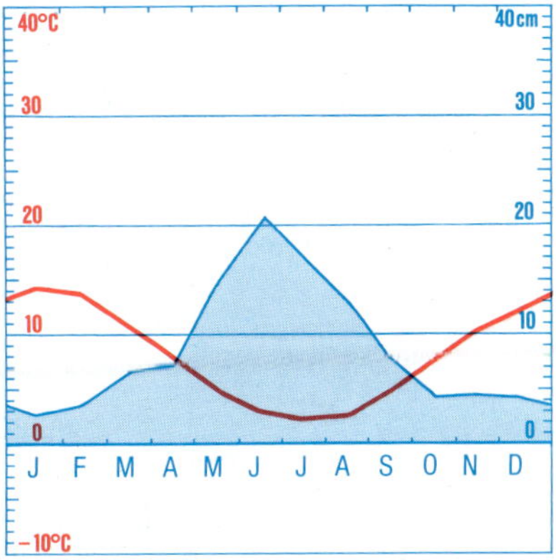

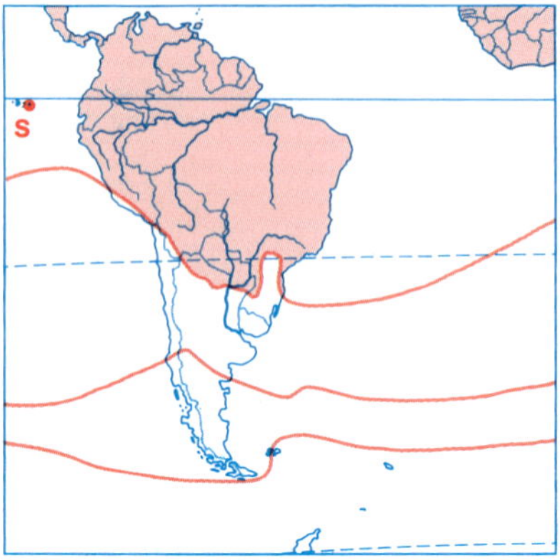

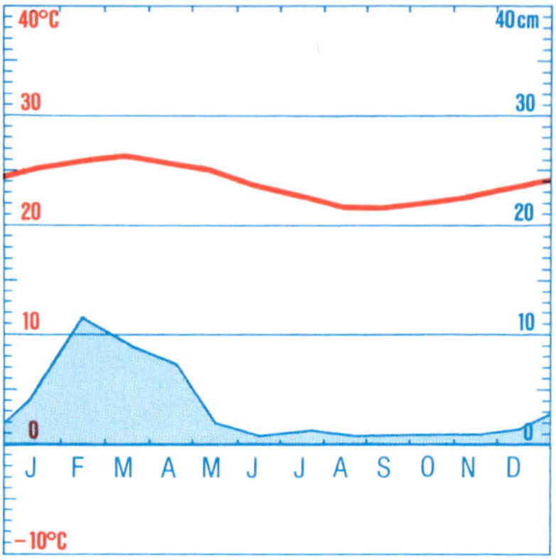

San Cristóbal / Ecuador 15 Jahre Zone V_4 bzw. BS

6 m ü.M. 0° 54'S und 89° 37'W Jahresmittel 23,8 °C und 391 mm

	J	F	M	A	M	J	J	A	S	O	N	D
°C	25,1	25,9	26,2	25,7	25,1	23,7	22,5	21,6	21,4	21,9	22,6	23,7
mm	45	116	91	72	19	3	9	6	6	6	6	12

	J	F	M	A	M	J	J	A	S	O	N	D
°C	10,1	11,6	12,4	13,2	13,9	14,9	14,9	15,2	16,4	16,1	13,8	10,9
mm	119	93	77	39	17	4	0	–	7	24	60	112

16 m ü.M. 37° 47'N und 122° 25'W Jahresmittel 13,6 °C und 525 mm

San Francisco / USA 99 Jahre Zone IV_1 bzw. Cs

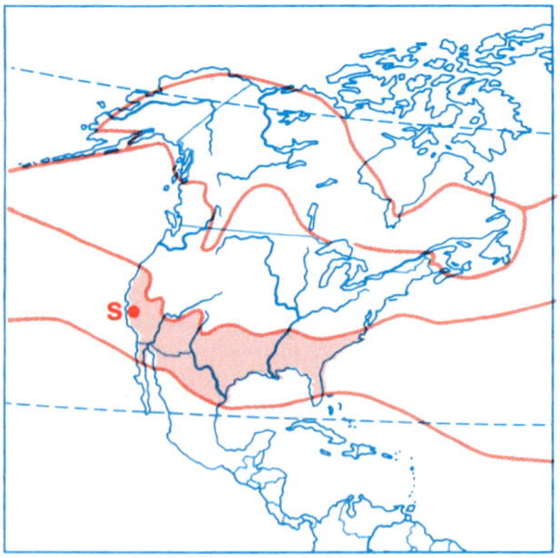

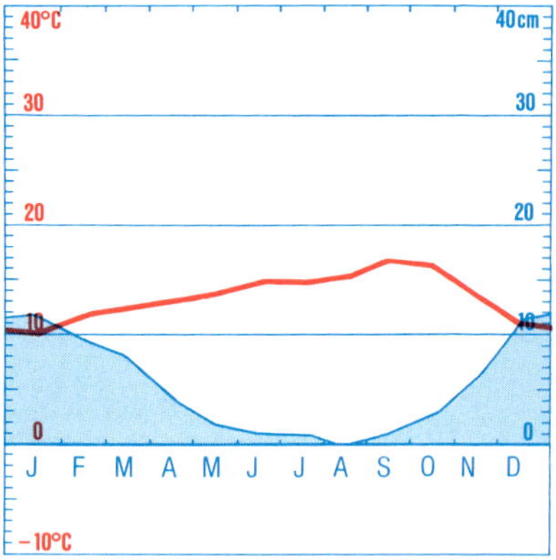

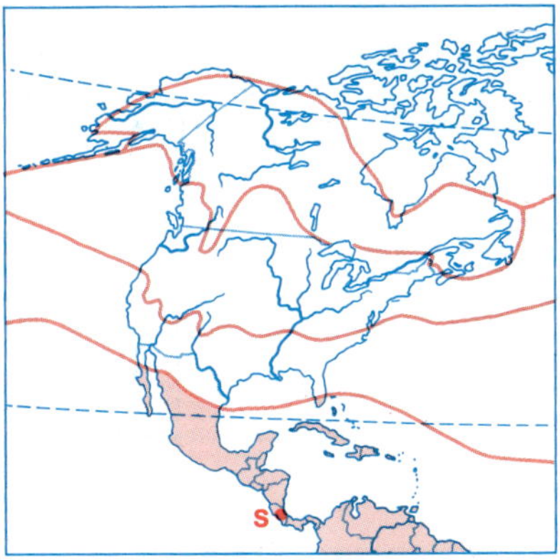

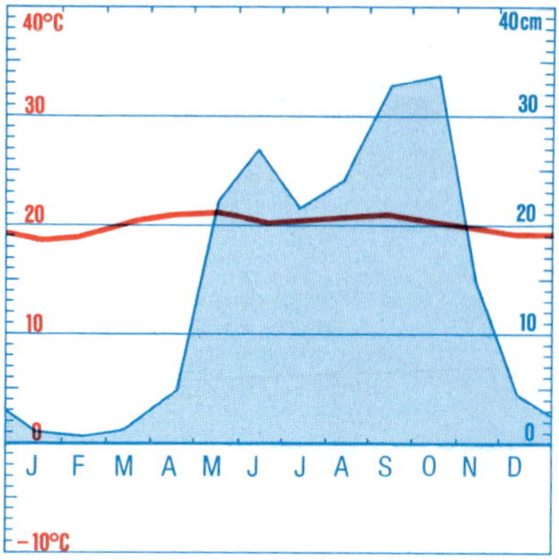

San José / Costa Rica — 88 Jahre — Zone V_2 bzw. Aw

357 m ü.M. — 9° 56′N und 84° 5′W — Jahresmittel 20,5 °C und 1868 mm

°C	19,2	19,4	20,4	21,1	21,4	20,4	20,7	21,0	21,0	20,7	20,1	19,7
	J	F	M	A	M	J	J	A	S	O	N	D
mm	11	4	13	44	221	269	213	240	325	332	149	46

°C	23,9	23,9	24,2	24,9	26,0	26,6	26,7	27,0	27,0	26,7	25,8	24,7
	J	F	M	A	M	J	J	A	S	O	N	D
mm	106	69	69	101	159	139	150	158	155	138	162	131

14 m ü.M. — 18° 28′N und 66° 7′W — Jahresmittel 25,6 °C und 1531 mm

San Juan / Puerto Rico (USA) — 62 Jahre — Zone V_1 bzw. Af

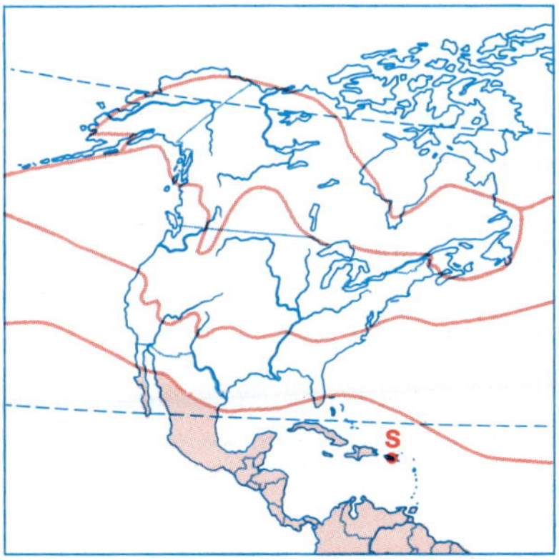

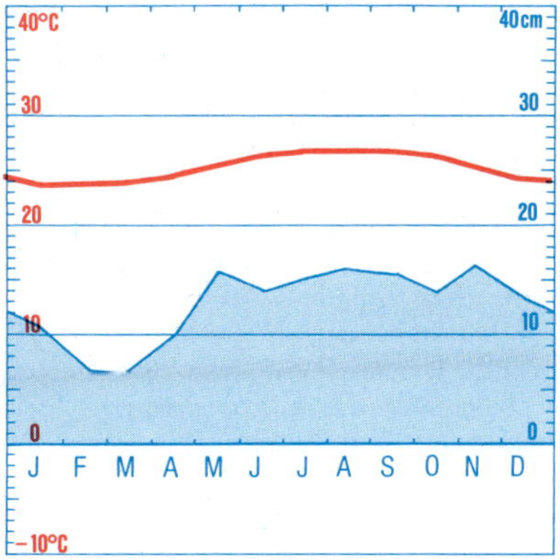

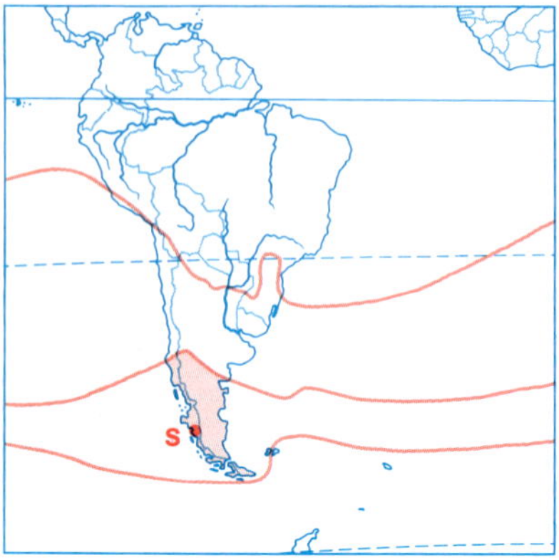

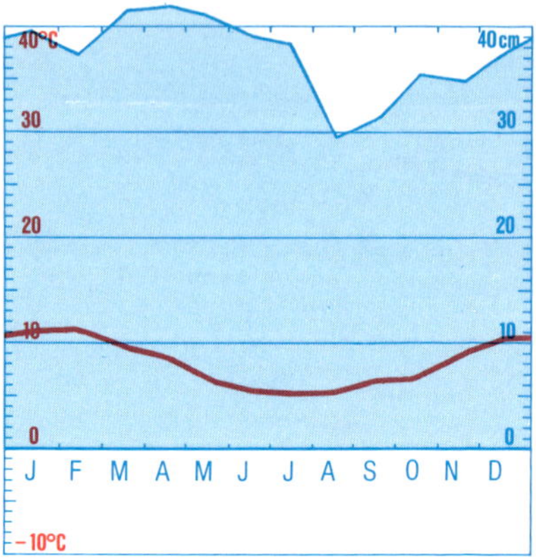

San Pedro / Chile — 18 Jahre — Zone III_1 bzw. Cf
22 m ü.M. — 47° 43′S und 74° 55′W — Jahresmittel 8,2 °C und 4477 mm

	J	F	M	A	M	J	J	A	S	O	N	D
°C	11,1	11,2	9,9	8,7	6,8	5,8	5,5	5,6	6,5	6,7	9,0	10,3
mm	396	373	419	421	414	390	382	296	312	351	347	377

In einem schmalen Streifen herrscht an den Westseiten der Kontinente zwischen 40° und 50° N bzw. S das extrem ozeanische Küstenklima der kühlgemäßigten Zonen. Die Küstenkette in Oregon und Washington, der äußerste Südwesten von Irland, Westpatagonien, Westtasmanien und die Westküste der Südinsel von Neuseeland gehören zu dieser Klimaprovinz.
Die klimatischen Merkmale sind milde bis mäßigwarme Sommer und milde Winter. Demzufolge liegt die jährliche Temperaturschwankung unter 10 °C, sie ist in San Pedro mit 7,5 °C sehr gering. Die Jahreszeiten sind wenig ausgeprägt, zumal in allen Monaten nahezu gleichhohe Niederschläge fallen. Es regnet an 307 Tagen im Jahr. Im Durchschnitt sind nur fünf Tage eines Monats ohne Regenfall. Fast ununterbrochen bringen West- und Nordwestwinde sehr feuchte Meeresluftmassen gegen die Küste. Beim Aufsteigen an den Gebirgen kommt es zu ergiebigen Steigungsregen. Im November können bis 138 mm pro Tag fallen.
Die nahezu gleichwarme Meeresluft bewirkt den Temperaturausgleich zwischen Sommer und Winter. Selten gibt es in den Wintermonaten Frost. Das absolute Minimum der Juni- und Julitemperatur liegt bei nur −3,0 °C. Dagegen beträgt das absolute Maximum der Februartemperatur 26,5 °C. Das ganze Jahr hindurch weht vom Meer eine frische Brise, bei der Wellen überall weiße Schaumkämme tragen.
In diesem Klima gedeiht ein artenreicher immergrüner Laub- und Mischwald. Die Vegetationsdecke ist äußerst dicht. Neben immergrünen Buchen wachsen in Westpatagonien und Westtasmanien auch Nadelbäume, die die Feuchtigkeit gut vertragen. In Nordamerika fehlen die Nadelbäume. In Irland treten immergrüne Eichen, Myrten und Erdbeerbäume, Rhododendrongehölze und Lorbeerbäume hervor. In einem so ausgeglichenen Klima können sowohl Mittelmeerpflanzen als auch arktische Pflanzen gedeihen.

Milde bis mäßigwarme Sommer, milde Winter, ständig sehr feucht. Immergrüner Laub- und Mischwald.

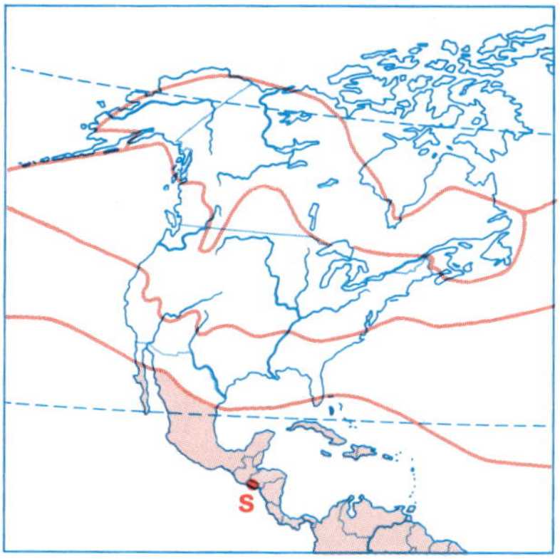

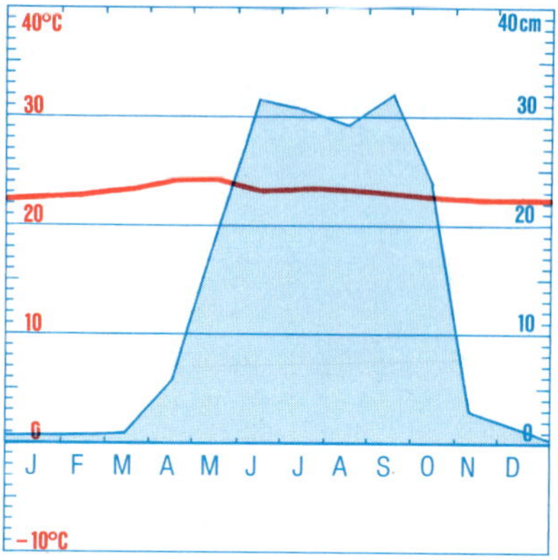

San Salvador / El Salvador — 46 Jahre — Zone V_2 bzw. Aw

680 m ü.M. — 13° 43′N und 89° 10′W — Jahresmittel 23,3 °C und 1781 mm

	J	F	M	A	M	J	J	A	S	O	N	D
°C	22,4	22,8	23,8	24,4	24,3	23,5	23,6	23,6	23,1	22,9	22,6	22,5
mm	6	5	9	54	187	318	307	297	314	235	38	10

	J	F	M	A	M	J	J	A	S	O	N	D
°C	17,5	17,5	18,3	19,2	20,3	22,5	24,4	25,3	24,4	22,8	20,3	18,6
mm	43	33	28	15	5	3	3	3	3	28	48	61

37 m ü.M. — 28° 28′N und 16° 15′W — Jahresmittel 21,1 °C und 272 mm

Santa Cruz de Teneriffa / Kanaren (span.) — 39 Jahre — Zone IV_2 bzw. BS

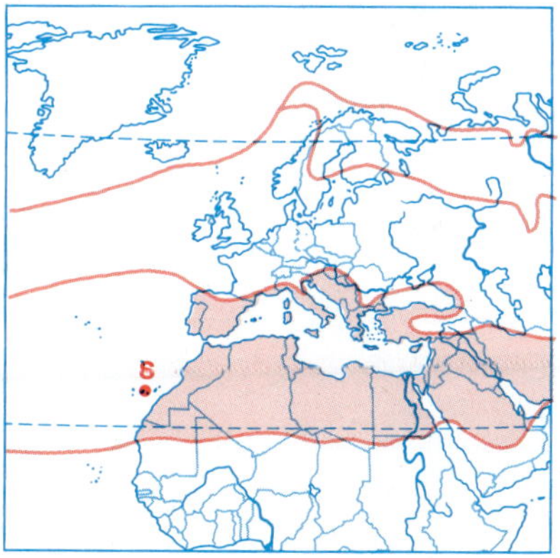

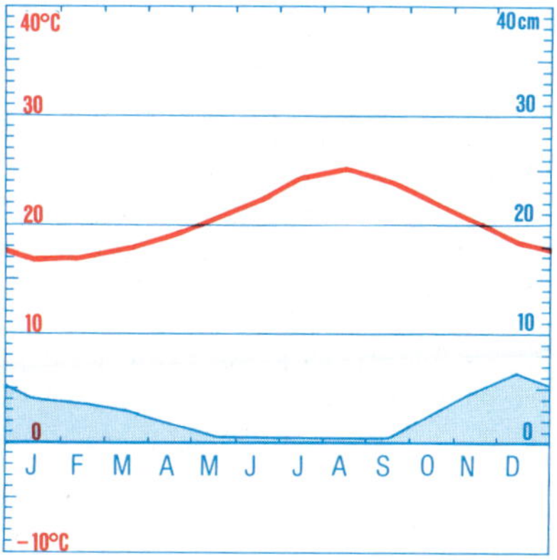

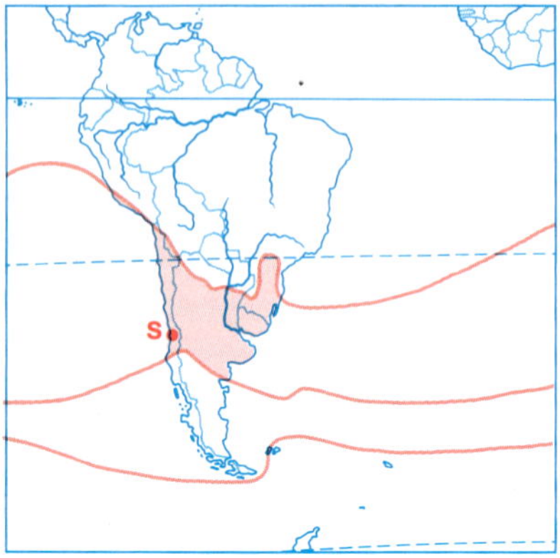

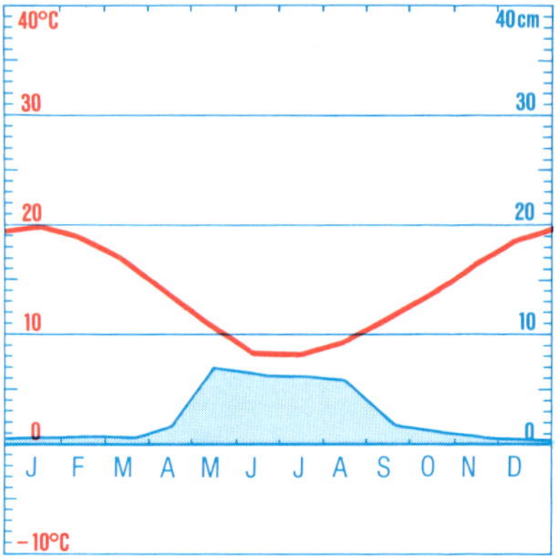

Santiago / Chile — 30 Jahre — Zone IV_1 bzw. Cs

520 m ü.M. — 33° 27′S und 70° 42′W — Jahresmittel 13,9 °C und 330 mm

	J	F	M	A	M	J	J	A	S	O	N	D
°C	19,9	19,2	17,2	13,9	10,8	8,4	8,1	9,3	11,4	13,7	16,4	18,8
mm	3	5	5	18	70	68	61	58	21	13	6	3

	J	F	M	A	M	J	J	A	S	O	N	D
°C	23,4	23,9	25,1	26,4	26,5	27,2	27,4	27,9	27,6	27,0	25,8	24,1
mm	60	48	42	77	180	67	51	64	100	95	98	70

222 m ü.M. — 19° 27′N und 70° 42′W — Jahresmittel 26,0 °C und 950 mm

Santiago / Dominikan. Republik — 23 Jahre — Zone V_1 bzw. Af

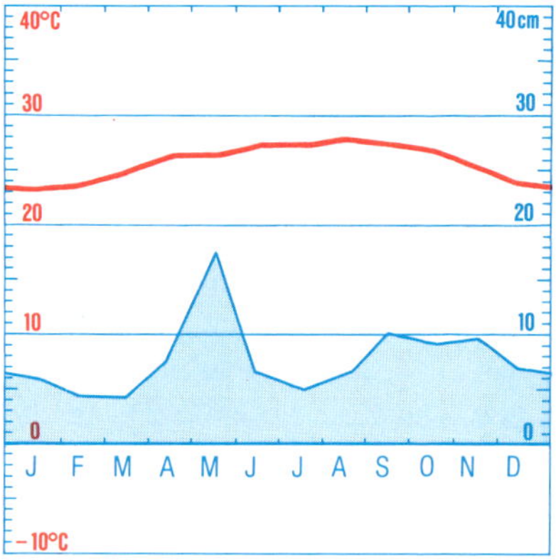

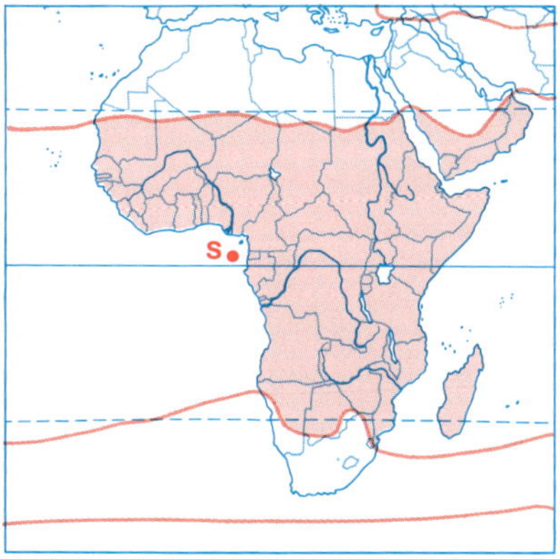

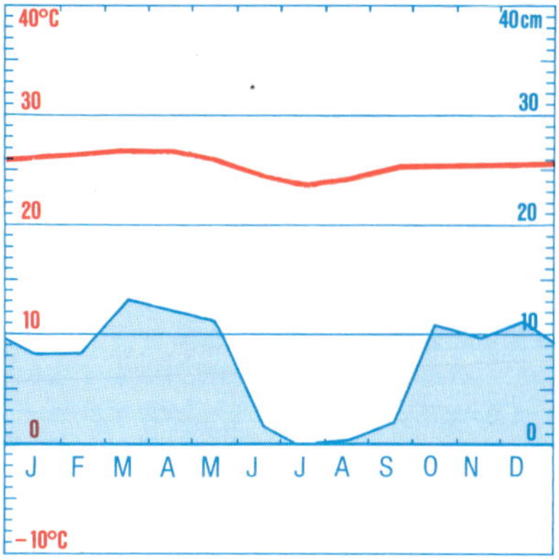

São Tomé / São Tomé und Principe 22 Jahre Zone V_2 bzw. Aw
8 m ü.M. 0° 23′N und 6° 43′E Jahresmittel 25,4 °C und 884 mm

	J	F	M	A	M	J	J	A	S	O	N	D
°C	25,9	26,2	26,4	26,4	26,0	24,7	23,8	24,1	25,0	25,2	25,5	25,6
mm	81	84	131	122	113	19	-	1	17	110	99	108

	J	F	M	A	M	J	J	A	S	O	N	D
°C	−5,8	−4,9	−1,0	5,8	11,4	16,0	20,5	22,1	17,1	10,7	3,8	−2,6
mm	111	83	67	66	59	67	100	107	145	113	112	104

16 m ü.M. 43° 4′N und 141° 20′E Jahresmittel 7,8 °C und 1134 mm
Sapporo / Japan 30 Jahre Zone III_8 bzw. Df

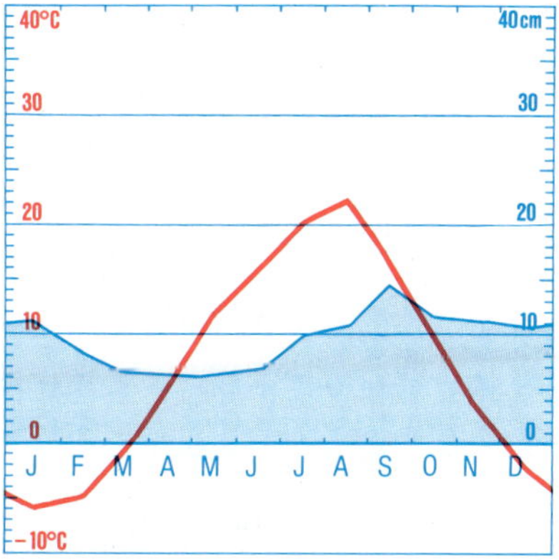

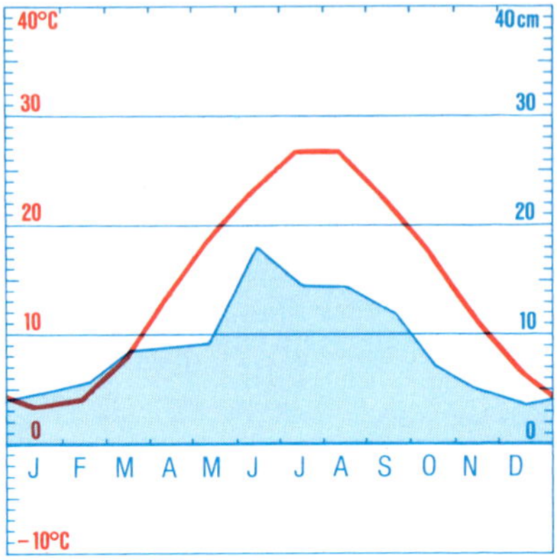

Schanghai / V.R. China | 60 Jahre | Zone IV_7 bzw. Cf

7 m ü.M. | 31° 12′N und 121° 26′E | Jahresmittel 15,1 °C und 1135 mm

°C	3,3	4,0	7,8	13,4	18,6	22,9	26,8	26,8	22,7	17,4	11,1	5,6
	J	F	M	A	M	J	J	A	S	O	N	D
mm	48	58	84	91	94	180	147	145	127	74	51	36

°C	4,7	5,9	7,6	10,3	13,3	15,8	18,1	17,9	15,4	11,7	8,0	5,9
	J	F	M	A	M	J	J	A	S	O	N	D
mm	126	98	81	56	44	35	16	18	43	76	125	139

4 m ü.M. | 47° 36′N und 122° 20′W | Jahresmittel 11,2 °C und 825 mm

Seattle / USA | 83 Jahre | Zone III_2 bzw. Cs

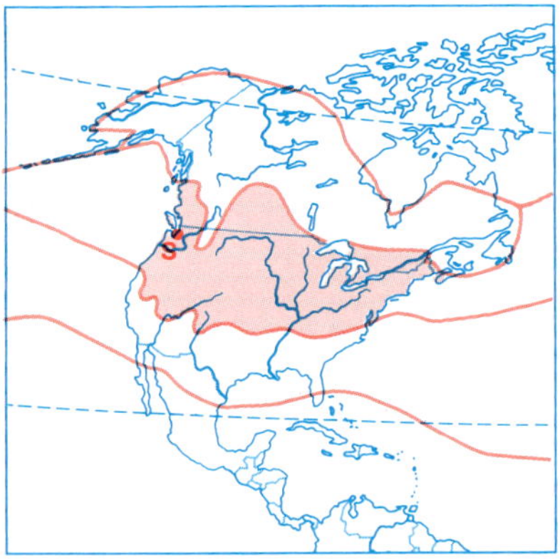

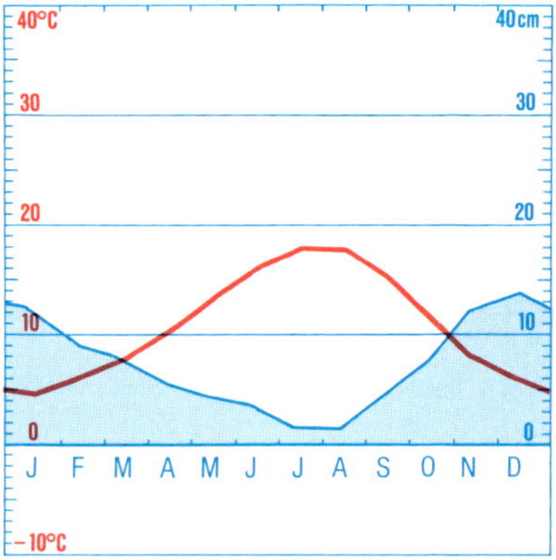

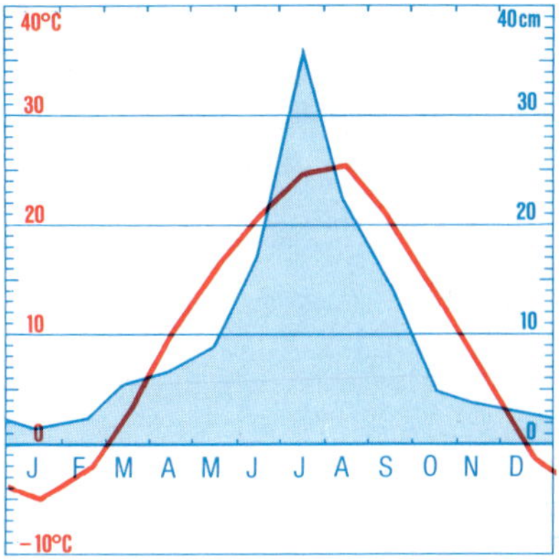

Seoul / Südkorea — 30 Jahre — Zone III_8 bzw. Dw

? m ü.M. — 37° 34′N und 126° 58′E — Jahresmittel 11,1 °C und 1259 mm

	J	F	M	A	M	J	J	A	S	O	N	D
°C	−4,9	−1,9	3,6	10,5	16,3	20,8	24,5	25,4	20,3	13,4	6,3	−1,2
mm	17	21	56	68	86	169	358	224	142	49	36	32

	J	F	M	A	M	J	J	A	S	O	N	D
°C	17,8	18,9	21,1	24,4	28,3	30,6	32,8	33,9	31,1	27,8	24,4	20,0
mm	23	23	10	5	–	–	–	–	–	–	10	36

4 m ü.M. — 25° 21′N und 55° 23′E — Jahresmittel 26,1 °C und 107 mm

Sharjah / Verein. Arab. Emirate — 13 Jahre — Zone V_5 bzw. BW

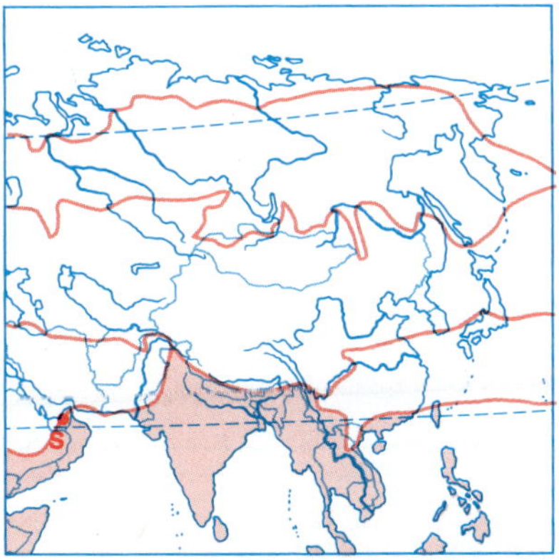

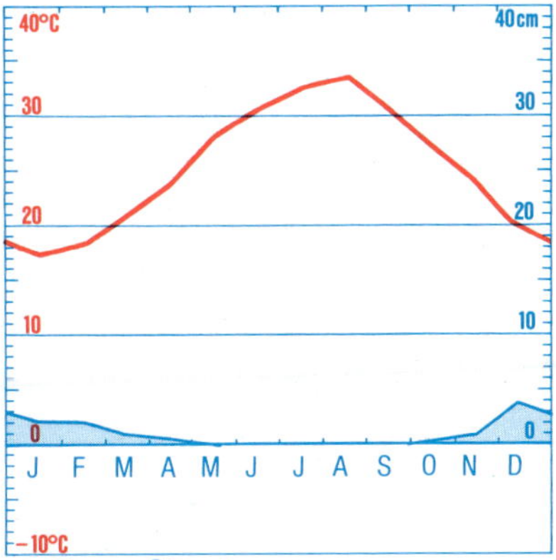

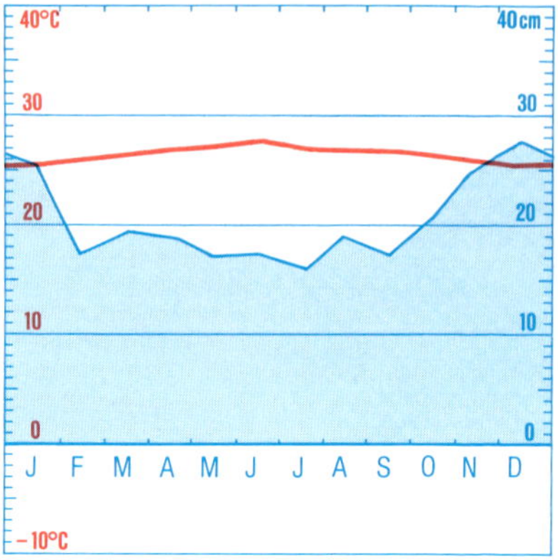

Singapur / Singapur — 96 Jahre — Zone V_1 bzw. Af

10 m ü.M. — 1° 17′N und 103° 51′E — Jahresmittel 26,7 °C und 2415 mm

	J	F	M	A	M	J	J	A	S	O	N	D
°C	25,6	26,1	26,5	27,1	27,3	27,6	27,3	27,1	27,0	26,7	26,2	25,7
mm	255	175	196	190	173	173	163	188	172	204	252	275

	J	F	M	A	M	J	J	A	S	O	N	D
°C	−9,9	−7,2	−1,7	7,8	14,3	19,9	23,2	22,6	26,6	10,3	0,2	−6,2
mm	13	25	41	53	77	116	71	74	71	38	27	17

433 m ü.M. — 43° 34′N und 96° 44′W — Jahresmittel 7,5 °C und 600 mm

Sioux Falls / USA — 15 Jahre — Zone III_9 bzw. Df

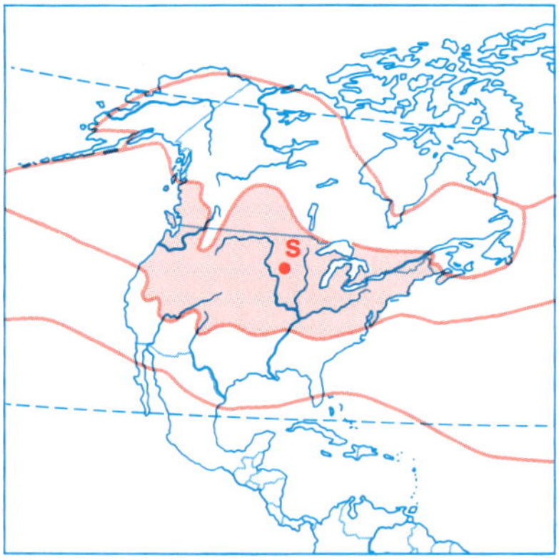

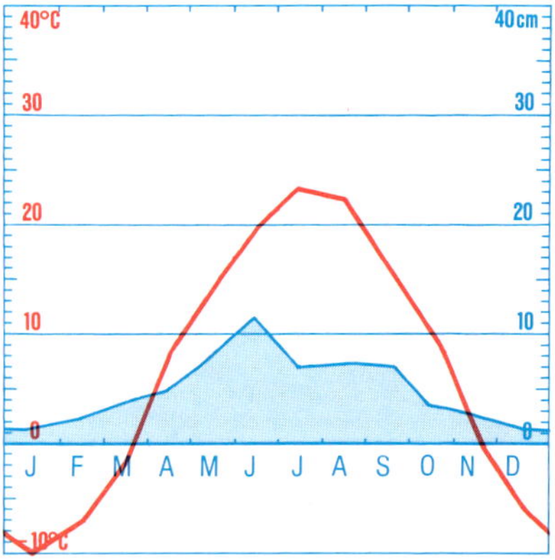

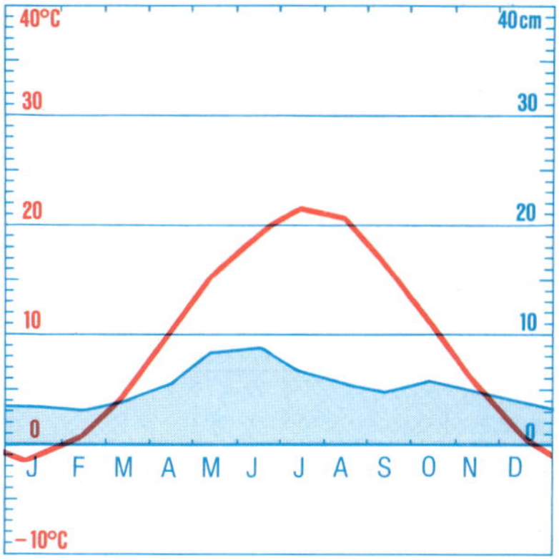

Sofia / Bulgarien | ? Jahre | Zone III_3 bzw. Cf

550 m ü.M. | 42° 41′N und 23° 19′E | Jahresmittel 10,4 °C und 640 mm

°C	−1,7	0,6	4,6	10,6	15,4	19,0	21,3	20,7	16,7	11,1	5,5	0,6
	J	F	M	A	M	J	J	A	S	O	N	D
mm	33	30	39	56	83	85	67	54	48	57	49	39

°C	24,6	24,6	26,0	27,5	30,5	30,0	28,5	29,0	28,5	26,0	25,5	25,0
	J	F	M	A	M	J	J	A	S	O	N	D
mm	3	3	10	-	3	31	-	-	3	10	51	81

43 m ü.M. | 12° 38′N und 53° 53′E | Jahresmittel 27,0 °C und 195 mm

Sokotra / Südjemen | 10 Jahre | Zone V_5 bzw. BW

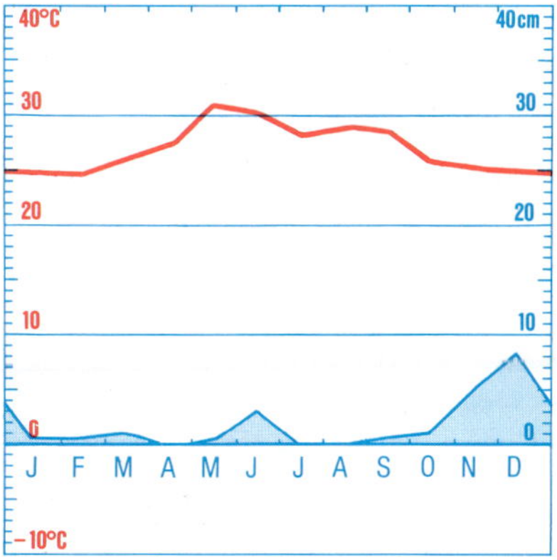

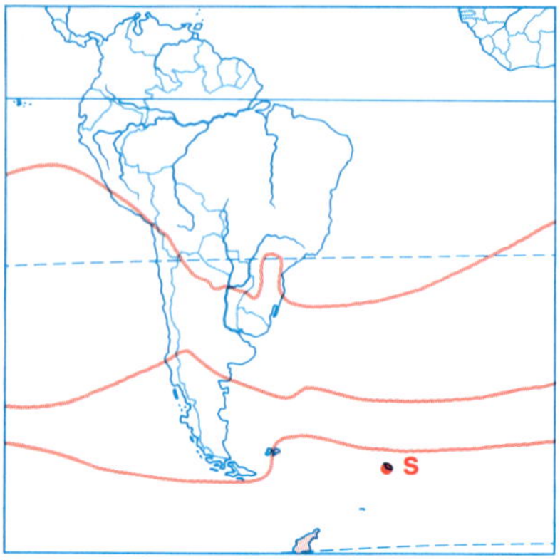

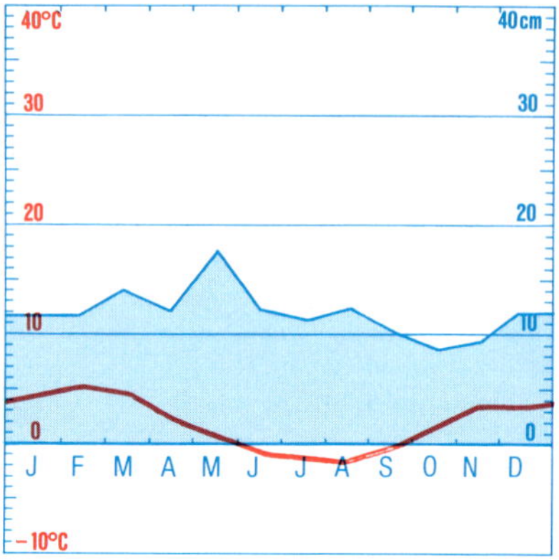

South Georgia (Grytviken)/(brit.) 30 Jahre Zone I_4 bzw. ET
2 m ü.M. 54° 17'S und 36° 30'W Jahresmittel 1,8 °C und 1431 mm

°C	4,4	5,3	5,0	3,0	0,8	-0,8	-1,3	-1,4	-0,1	2,0	3,5	3,5
	J	F	M	A	M	J	J	A	S	O	N	D
mm	118	115	139	126	174	123	113	121	102	89	92	119

°C	0,2	0,4	-0,4	-3,0	-6,8	-9,8	-10,6	-9,9	-6,5	-3,7	-2,1	-0,6
	J	F	M	A	M	J	J	A	S	O	N	D
mm	35	40	49	41	34	30	32	32	30	29	32	26

4 m ü.M. 60° 44'S und 44° 44'W Jahresmittel -4,4 °C und 410 mm
South Orkneys (Orkadas)/(brit.) 51 Jahre Zone I_2 bzw. ET

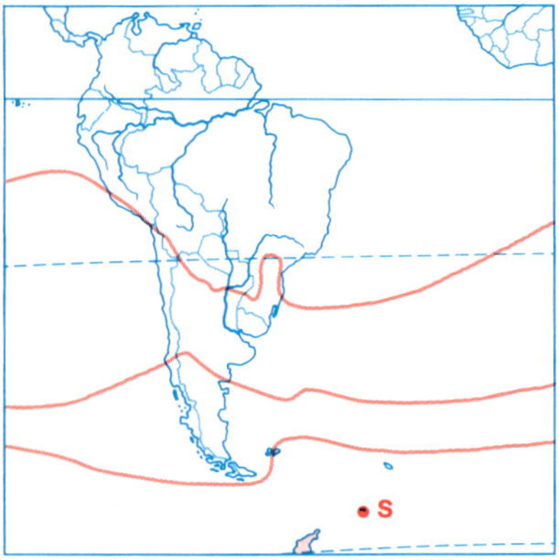

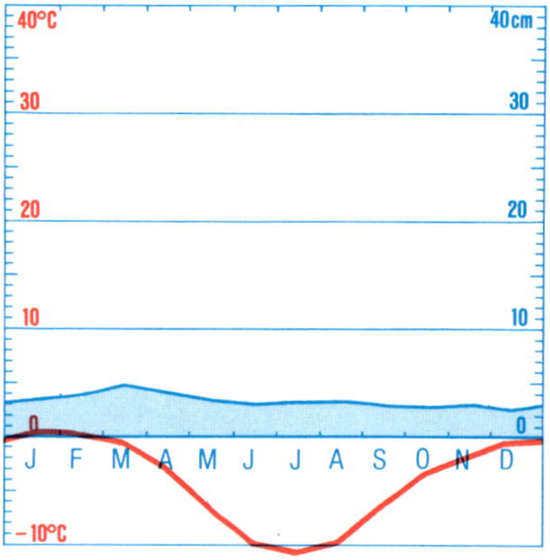

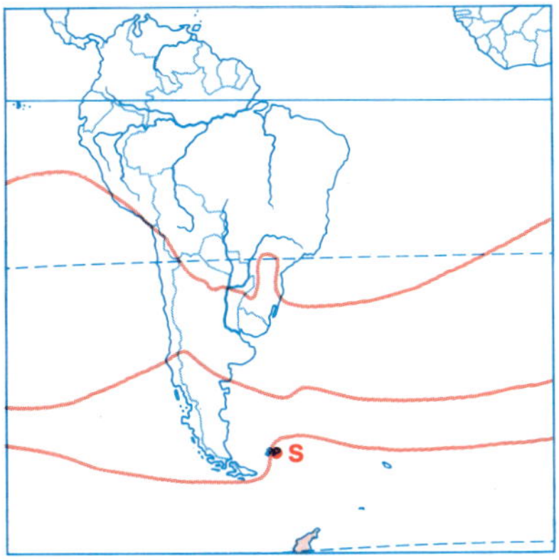

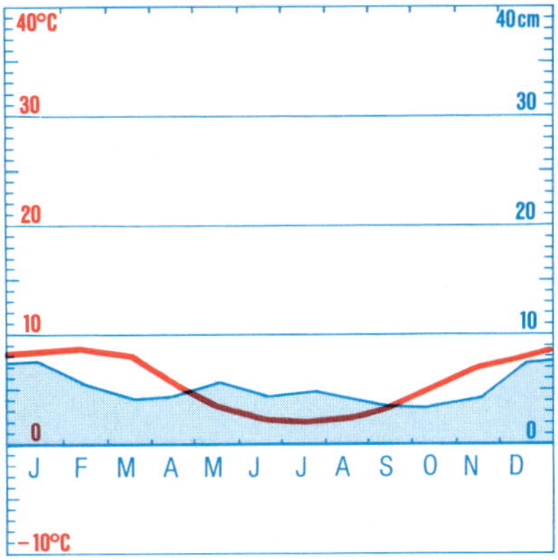

Stanley / Falkland-Inseln (brit.) 30 Jahre Zone I_4 bzw. ET

51 m ü.M. 51° 42′S und 57° 42′W Jahresmittel 5,5 °C und 603 mm

°C	8,7	9,0	8,2	5,8	3,9	2,4	2,2	2,6	3,4	5,2	7,0	7,7
	J	F	M	A	M	J	J	A	S	O	N	D
mm	78	55	44	46	58	47	50	42	36	34	41	72

°C	16,1	16,8	15,3	13,3	11,5	9,8	9,2	9,6	10,6	11,8	13,3	14,8
	J	F	M	A	M	J	J	A	S	O	N	D
mm	42	47	46	74	89	103	108	106	91	89	66	65

11 m ü.M. 40° 47′S und 145° 19′E Jahresmittel 12,7 °C und 925 mm

Stanley / Australien 30 Jahre Zone III_1 bzw. Cf

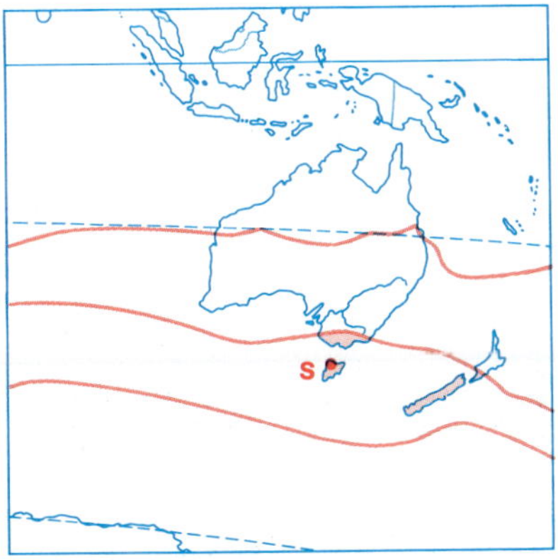

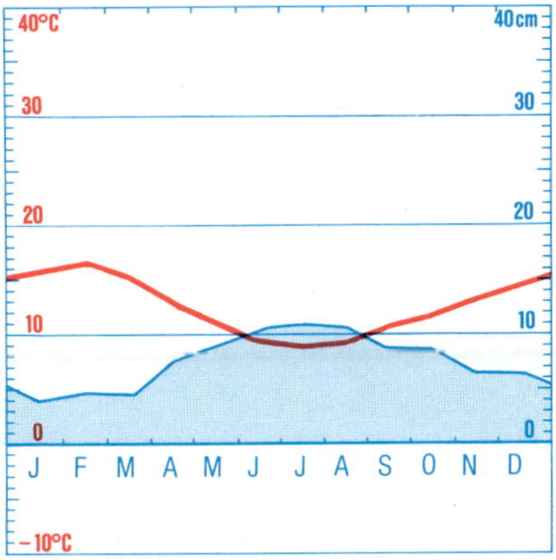

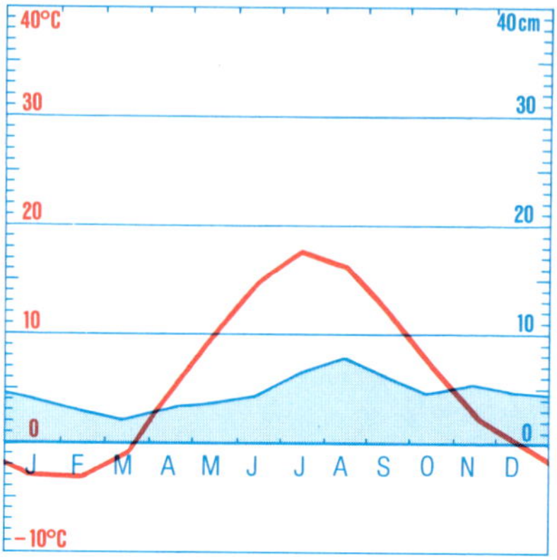

Stockholm / Schweden | 30 Jahre | Zone III_4 bzw. Cf

44 m ü.M. | 59° 21′N und 18° 4′E | Jahresmittel 6,6 °C und 555 mm

°C	−2,9	−3,1	−0,7	4,4	10,1	14,9	17,8	16,6	12,2	7,1	2,8	0,1
	J	F	M	A	M	J	J	A	S	O	N	D
mm	43	30	26	31	34	45	61	76	60	48	53	48

°C	26,8	26,9	26,8	26,1	24,8	23,9	23,1	23,2	23,7	24,4	25,3	26,2
	J	F	M	A	M	J	J	A	S	O	N	D
mm	314	299	386	343	280	177	148	200	212	218	268	313

23 m ü.M. | 18° 8′S und 178° 25′E | Jahresmittel 25,1 °C und 3162 mm

Suva / Fiji-Inseln | 74 Jahre | Zone V_1 bzw. Af

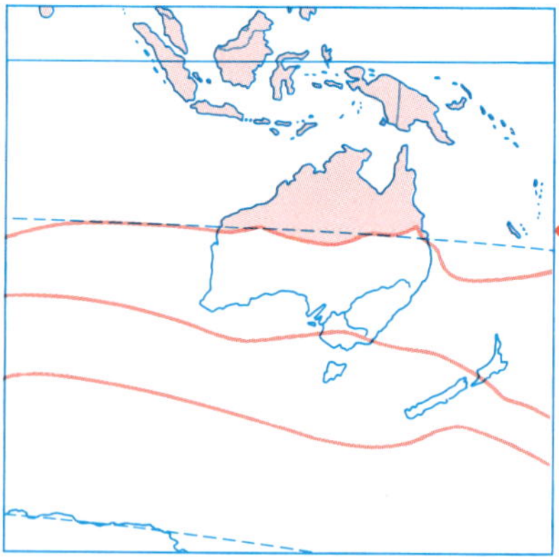

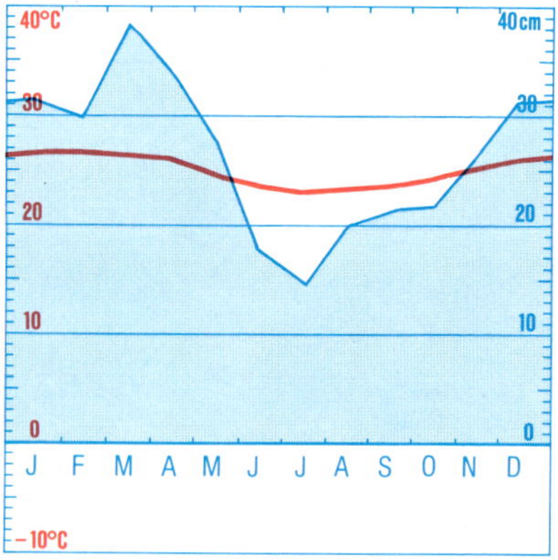

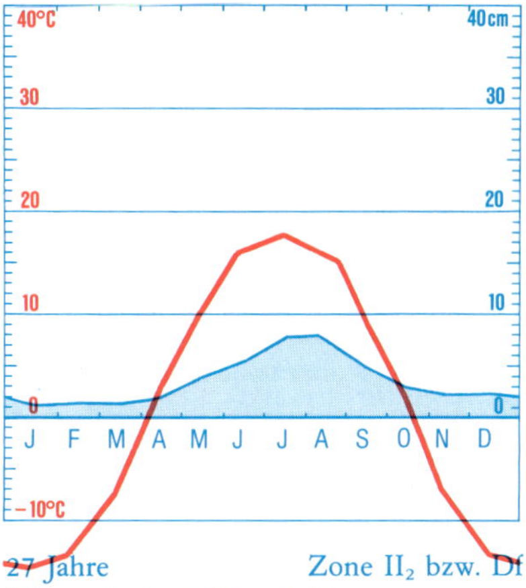

Swerdlowsk / SU — 27 Jahre — Zone II_2 bzw. Df

237 m ü.M. — 56°52'N und 60°35'E — Jahresmittel 1,6°C und 462 mm

	J	F	M	A	M	J	J	A	S	O	N	D
°C	-14,6	-13,4	-7,5	3,3	10,3	16,4	17,8	15,8	9,4	1,9	-7,1	-13,0
mm	15	17	17	22	40	59	80	82	49	29	25	27

	J	F	M	A	M	J	J	A	S	O	N	D
°C	15,2	15,0	17,1	20,7	24,2	26,6	28,2	28,0	26,4	23,1	20,0	16,9
mm	90	136	174	168	219	316	234	282	221	122	64	74

9 m ü.M. — 25°2'N und 121°31'E — Jahresmittel 21,8°C und 2101 mm

Taipeh / Taiwan — 56 Jahre — Zone V_1 bzw. Cf

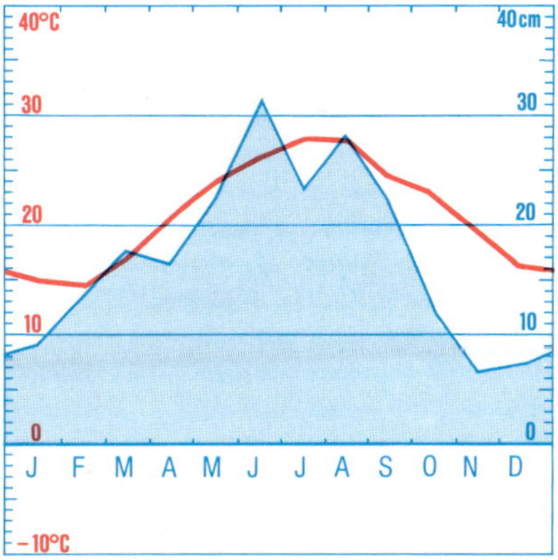

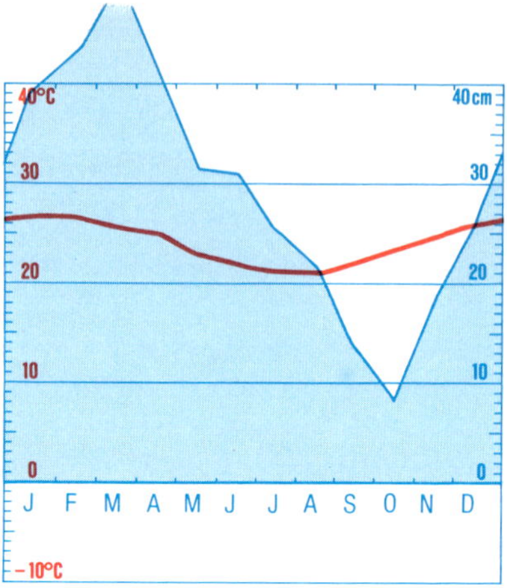

Tamatave / Madagaskar (Malagasy) 39 Jahre Zone V_1 bzw. Af
5 m ü.M. 18° 9′S und 49° 24′E Jahresmittel 24,1 °C und 3529 mm

	J	F	M	A	M	J	J	A	S	O	N	D
°C	26,7	26,7	26,2	25,3	23,6	22,1	21,3	21,3	22,1	23,4	24,9	26,2
mm	393	437	507	414	315	313	260	218	139	87	186	261

	J	F	M	A	M	J	J	A	S	O	N	D
°C	20,1	20,1	19,4	18,4	16,3	14,4	13,4	13,7	15,1	17,9	19,4	19,8
mm	309	241	204	51	18	9	7	9	12	52	156	287

1380 m ü.M. 18° 55′S und 47° 33′E Jahresmittel 17,3 °C und 1354 mm
Tananarive / Madagaskar (Malagasy) 11 Jahre Zone V_2 bzw. Cw

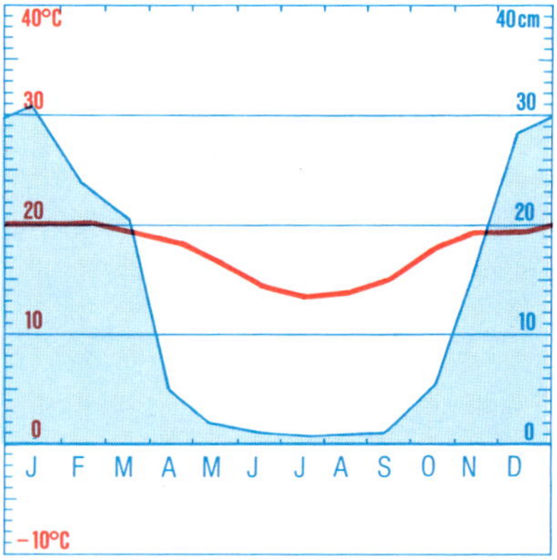

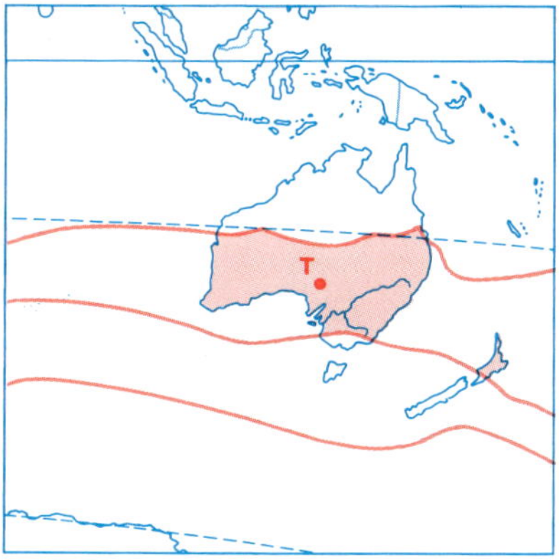

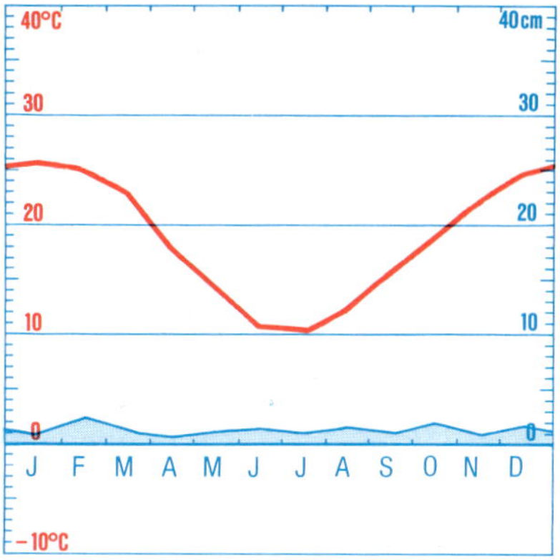

Tarcoola / Australien — 30 Jahre — Zone IV_5 bzw. BW

120 m ü.M. — 30° 42′S und 134° 36′E — Jahresmittel 18,7 °C und 156 mm

°C	25,9	25,5	23,3	18,3	14,6	11,2	10,8	12,7	15,8	18,8	22,2	24,7
	J	F	M	A	M	J	J	A	S	O	N	D
mm	10	21	12	7	12	14	11	15	11	18	11	14

°C	−0,2	2,7	7,3	14,5	20,1	24,8	27,1	24,8	19,1	12,6	5,4	0,9
	J	F	M	A	M	J	J	A	S	O	N	D
mm	49	51	81	58	32	12	4	3	3	23	44	57

428 m ü.M. — 41° 20′N und 69° 18′E — Jahresmittel 13,3 °C und 417 mm

Taschkent / SU — 30 Jahre — Zone III_7 bzw. Cs

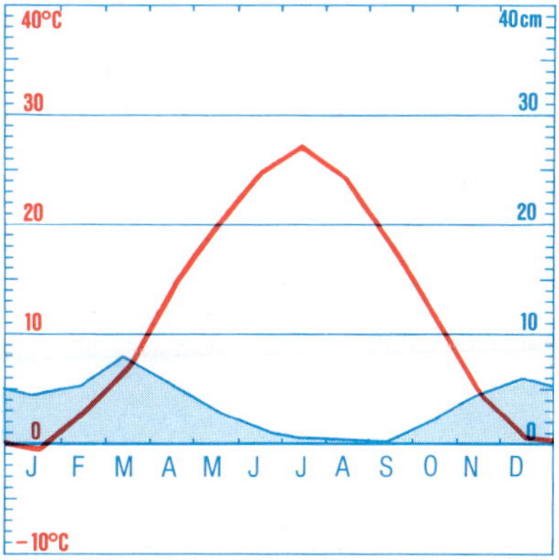

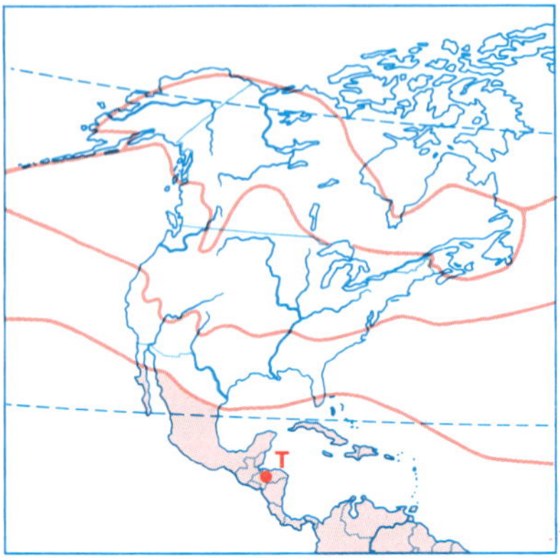

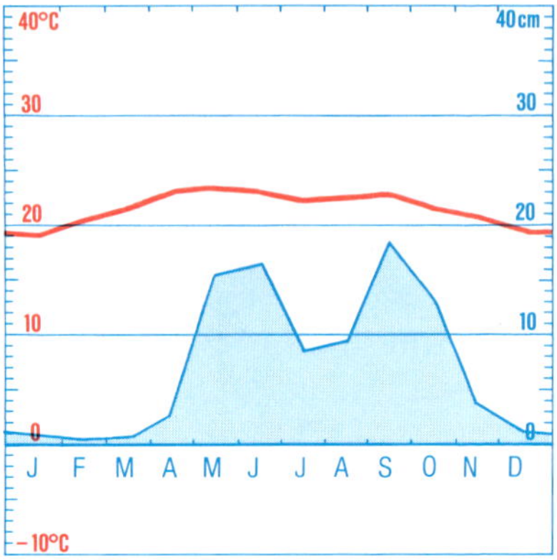

Tegucigalpa / Honduras — 31 Jahre — Zone V_2 bzw. Af

1006 m ü.M. — 14° 3′N und 87° 13′W — Jahresmittel 21,7 °C und 920 mm

	J	F	M	A	M	J	J	A	S	O	N	D
°C	19,5	20,6	21,8	23,2	23,5	23,4	22,5	22,7	22,9	21,9	20,8	19,8
mm	11	5	9	29	152	164	88	95	182	133	39	13

	J	F	M	A	M	J	J	A	S	O	N	D
°C	3,1	4,5	9,1	15,2	20,3	26,1	29,1	28,7	24,3	27,9	11,6	5,5
mm	49	38	40	29	15	4	1	2	2	10	24	30

1220 m ü.M. — 35° 42′N und 51° 25′E — Jahresmittel 16,3 °C und 244 mm

Teheran / Iran — 10 Jahre — Zone IV_2 bzw. BS

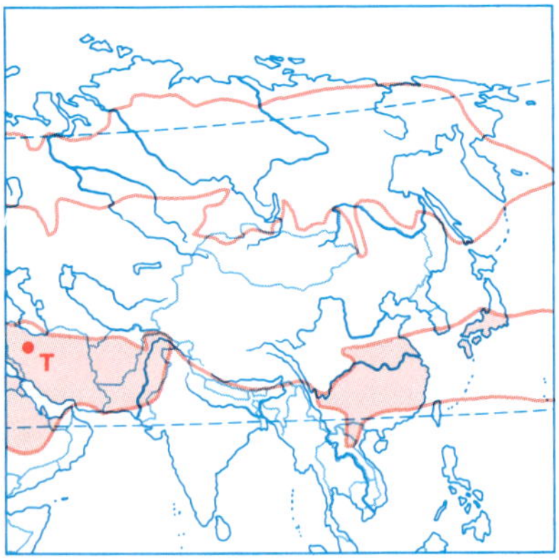

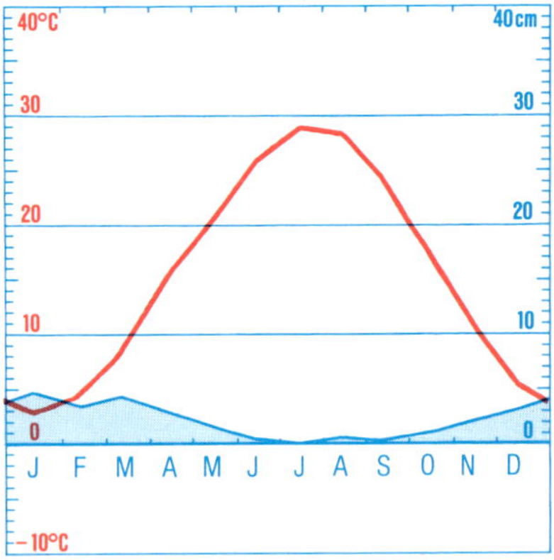

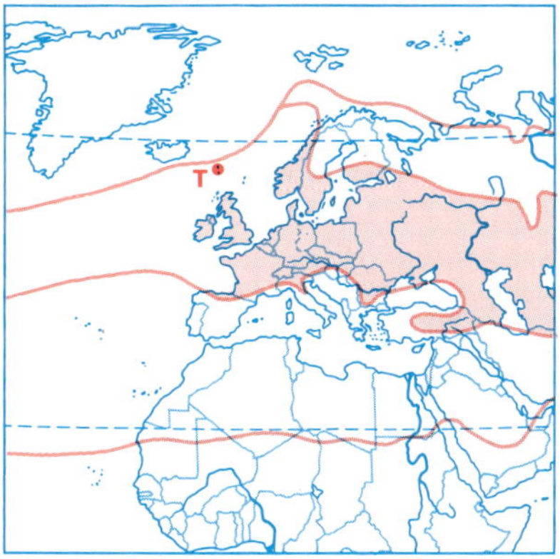

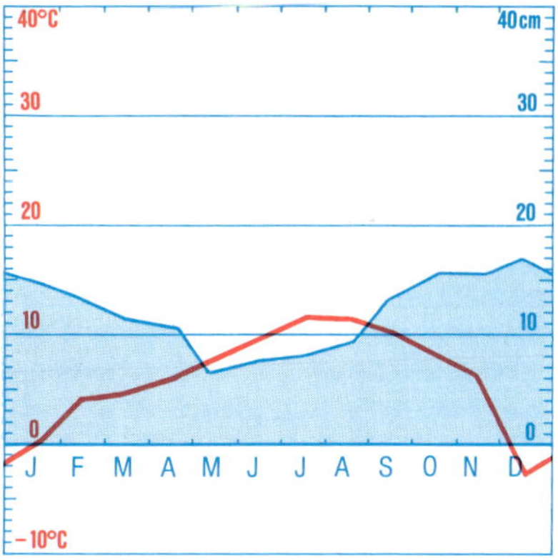

Thorshaven / Fär-Öer (dän.) 30 Jahre Zone III_2 bzw. Cf

24 m ü.M. 62° 1′N und 6° 46′W Jahresmittel 6,1 °C und 1435 mm

	J	F	M	A	M	J	J	A	S	O	N	D
°C	0,3	3,7	4,6	5,4	7,3	9,2	11,0	11,1	10,0	7,9	6,1	3,2
mm	151	136	114	106	67	74	79	96	132	157	156	167

	J	F	M	A	M	J	J	A	S	O	N	D
°C	1,3	3,1	6,0	12,1	17,5	21,4	24,6	24,4	19,8	13,7	7.8	2,9
mm	20	21	36	43	87	69	50	37	42	46	37	20

490 m ü.M. 41° 43′N und 44° 49′E Jahresmittel 12,9 °C und 508 mm

Tiflis / SU 30 Jahre Zone III_3 bzw. Cf

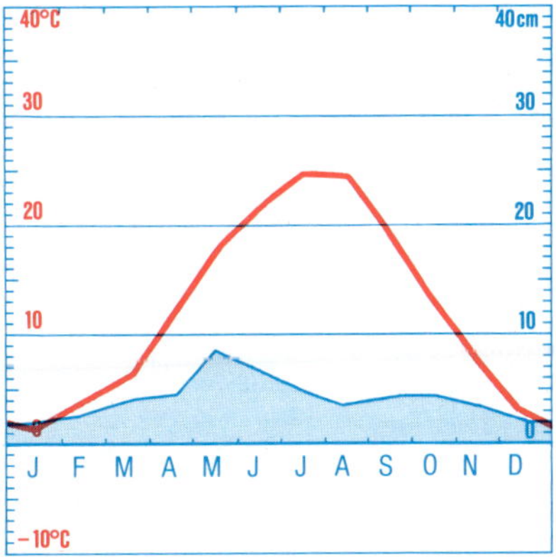

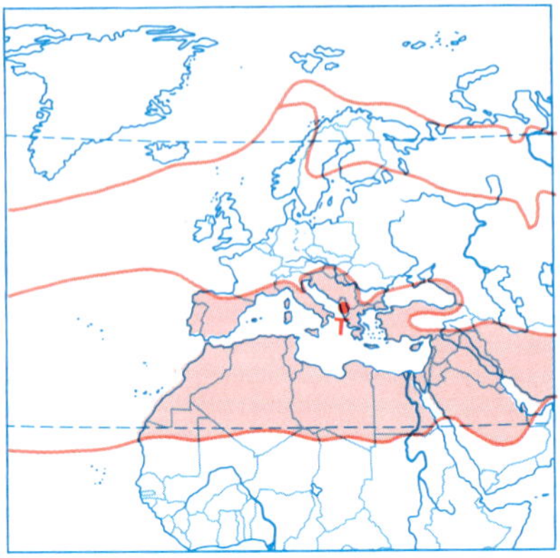

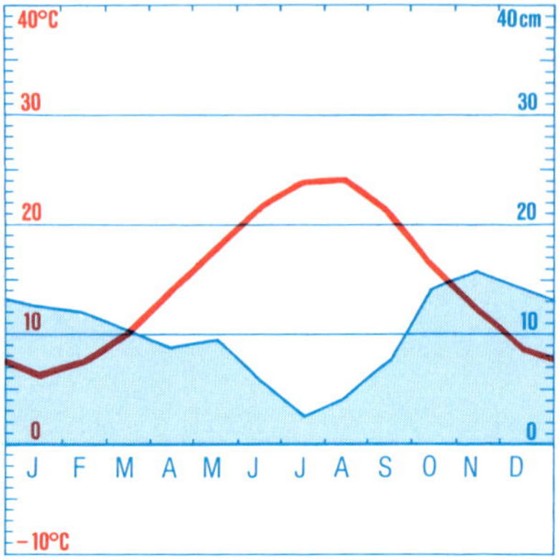

Tirana / Albanien | 35 Jahre | Zone IV$_1$ bzw. Cs

126 m ü.M. | 41° 19′N und 19° 49′E | Jahresmittel 15,3 °C und 1172 mm

	J	F	M	A	M	J	J	A	S	O	N	D
°C	6,4	7,5	10,0	13,8	17,6	21,7	24,0	24,0	21,2	16,4	12,2	8,4
mm	127	119	103	85	97	60	27	41	75	140	156	142

	J	F	M	A	M	J	J	A	S	O	N	D
°C	27,6	27,4	26,8	25,4	22,9	20,9	19,9	20,8	22,8	24,9	26,4	27,4
mm	278	278	145	65	23	38	19	17	11	31	63	125

22 m ü.M. | 19° 14′S und 146° 51′E | Jahresmittel 24,4 °C und 1094 mm

Townsville / Australien | 30 Jahre | Zone V$_2$ bzw. Aw

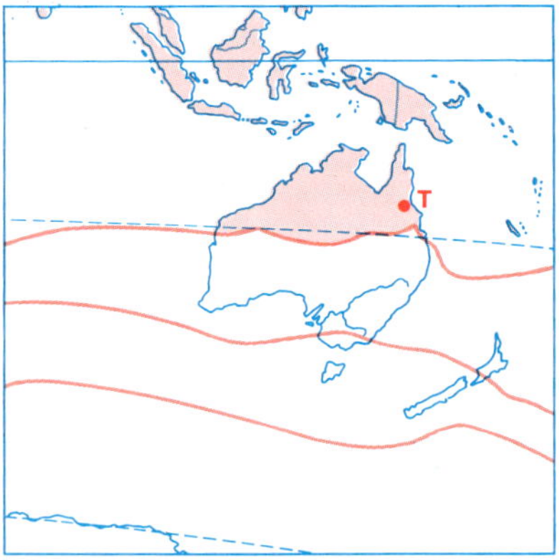

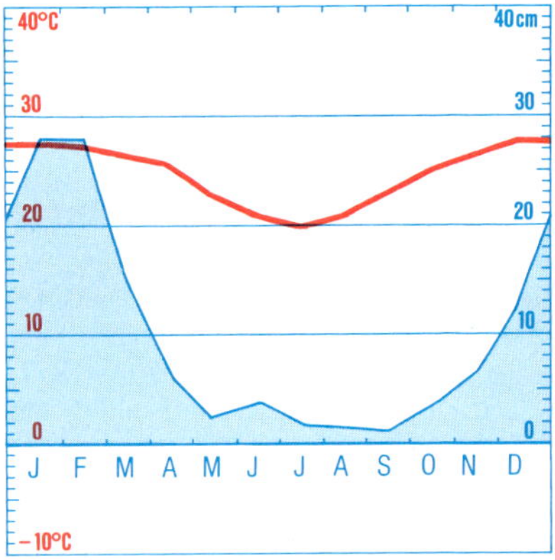

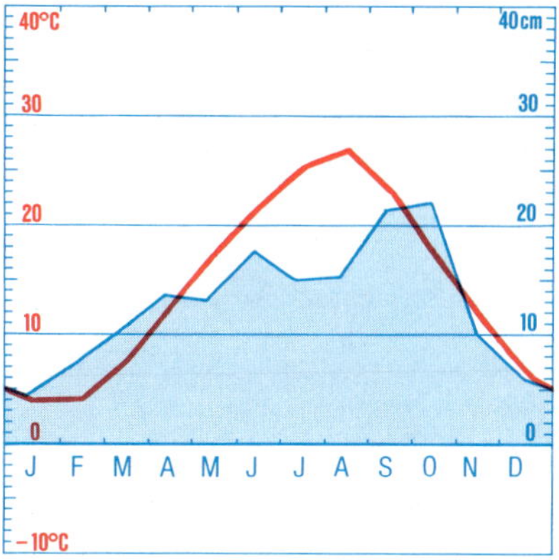

Tokyo / Japan — 30 Jahre — Zone IV_7 bzw. Cf

5 m ü.M. — 35° 41′N und 139° 45′E — Jahresmittel 15,0 °C und 1566 mm

	J	F	M	A	M	J	J	A	S	O	N	D
°C	4,1	4,7	7,9	13,2	17,8	21,4	25,7	26,9	23,2	17,1	11,8	6,6
mm	46	73	103	133	132	177	149	153	213	221	101	65

Tokyo liegt im ständig feuchten Waldklima der gemäßigten Subtropenzonen. Die sehr warmen bis heißen Sommer dauern von Mitte Mai bis Ende September. Das mittlere Maximum der Temperatur wird im August mit 33,3 °C erreicht. Der kühle Winter weist im Januar ein mittleres Minimum von -5,6 °C auf, während das mittlere Maximum bei 15,6 °C liegt. Tokyo hat folglich einen ausgeprägten Wechsel der thermischen Jahreszeiten (Jahresschwankung 22,7 °C).

Im Winter fließt mit dem Nordwestmonsun Kaltluft aus dem innerasiatischen Hoch. Über dem Japanischen Meer nimmt dieser Kogarashi Wasserdampf auf. An der Nordwestküste Japans bringt er gewaltige Schneemengen. Zur gleichen Zeit scheint in den Leelagen der Südost- und Ostküste die Sonne. Bei nächtlicher Ausstrahlung können von Dezember bis März Fröste auftreten. An durchschnittlich sechs Tagen der Monate Dezember bis Februar bleibt der Kogarashi aus, dann bestimmt feuchtwarme subtropische Meeresluft mit ergiebigen Regenfällen das Wetter in Tokyo.

Im Sommer steht Japan unter dem Einfluß des Südostmonsun. Er führt vom Pazifik feuchtwarme Luft gegen die Südostseite der Inseln und bringt äußerst ergiebige Steigungsregen. In den Monaten Mai und Juni regnet es an zwölf Tagen. Im Juni können in 24 Stunden bis zu 278 mm Niederschlag fallen. Ein zweites Niederschlagsmaximum liegt in den Monaten September und Oktober. Dann führt der Nowaki, ein aus dem Alëuten-Tief wehender Wind, feucht-kühle Luft nach Japan.

Das Klima findet sich an allen Ostseiten der Kontinente in etwa 35° bis 25° Breite in der Golfregion, in den südbrasilianischen Staaten, an den Küsten Natals und des östlichen Kaplandes, in Mittel- und Südchina, dem südlichsten Korea und Südjapan und an der Ostseite von Australien sowie auf der Nordinsel von Neuseeland. Es kommt aber auch an der Schwarzmeerküste und am Kaspischen Meer vor.

Heiße Sommer, kühle Winter; ganzjährige reichliche Niederschläge. Laubmischwald.

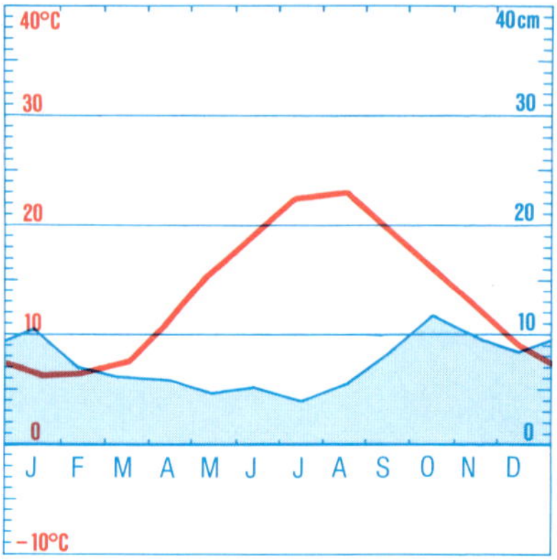

Trabzon / Türkei — 22 Jahre — Zone IV_7 bzw. Cf

109 m ü.M. — 41° 0′N und 39° 43′E — Jahresmittel 14,3 °C und 851 mm

	J	F	M	A	M	J	J	A	S	O	N	D
°C	6,6	6,4	7,5	11,2	15,7	19,8	22,5	23,0	19,9	16,7	13,0	9,1
mm	104	70	59	57	46	49	39	51	78	116	99	84

	J	F	M	A	M	J	J	A	S	O	N	D
°C	17,4	18,2	17,0	15,7	14,3	13,2	12,0	11,8	11,8	12,8	14,2	16,3
mm	103	88	88	153	144	187	147	193	129	139	117	167

? m ü.M. — 37° 4′S und 12° 19′W — Jahresmittel 14,6 °C und 1655 mm

Tristan da Cunha (brit.) — 5 Jahre — Zone IV_7 bzw. Cf

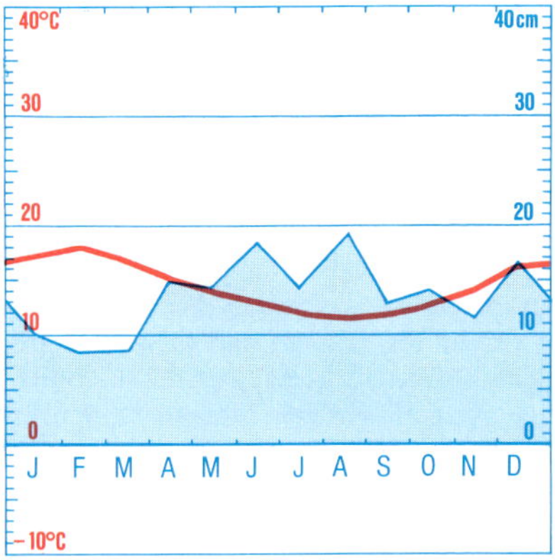

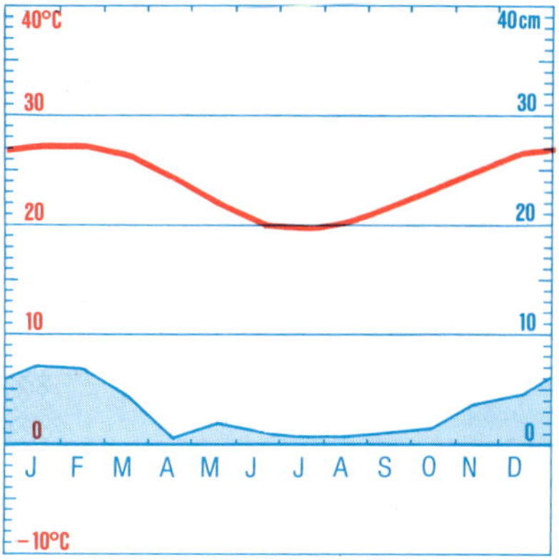

Tuléar / Madagaskar (Malagasy) 45 Jahre Zone V_4 bzw. BS

6 m ü.M. 23° 21′S und 43° 41′E Jahresmittel 23,8 °C und 343 mm

°C	J	F	M	A	M	J	J	A	S	O	N	D
°C	27,4	27,5	26,7	24,9	22,2	20,3	19,9	20,4	21,9	23,2	25,1	26,5
mm	73	68	46	7	19	11	4	4	10	15	39	46

°C	J	F	M	A	M	J	J	A	S	O	N	D
°C	11,0	11,7	13,3	15,8	19,0	23,5	25,8	26,4	24,5	20,4	16,1	12,2
mm	67	49	38	31	19	6	1	9	33	42	48	72

3 m ü.M. 36° 51′N und 10° 15′E Jahresmittel 18,3 °C und 415 mm

Tunis / Tunesien 50 Jahre Zone IV_1 bzw. Cs

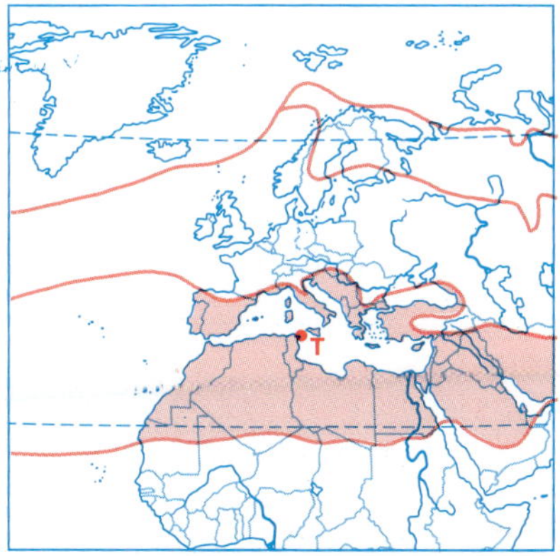

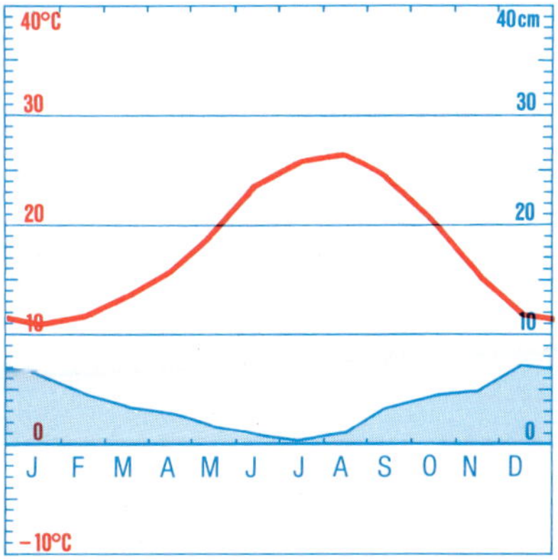

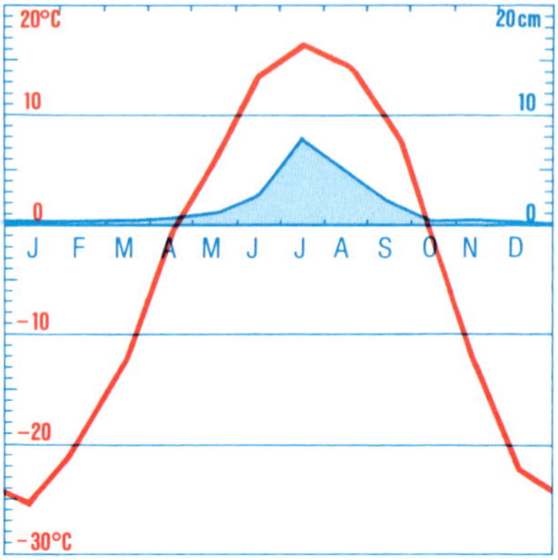

Ulan Bator / Mongolische V.R. — 12 Jahre — Zone III_{11} bzw. BS

1325 m ü.M. — 47° 55′N und 106° 50′E — Jahresmittel -3,2 °C und 213 mm

	J	F	M	A	M	J	J	A	S	O	N	D
°C	-25,6	-21,1	-12,8	-0,9	5,6	13,6	16,1	14,2	8,1	-0,9	-12,8	-22,2
mm	2	2	3	5	10	28	76	51	23	5	5	3

	J	F	M	A	M	J	J	A	S	O	N	D
°C	9,2	9,1	7,9	5,6	3,2	2,1	2,0	1,8	3,8	6,3	7,0	8,8
mm	55	53	63	51	48	52	49	46	33	39	48	49

21 m ü.M. — 54° 49′S und 68° 19′W — Jahresmittel 5,6 °C und 586 mm

Ushuaia / Argentinien — 30 Jahre — Zone III_2 bzw. ET

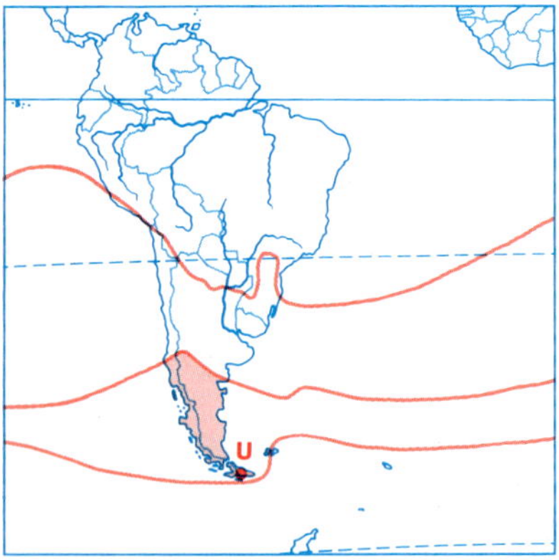

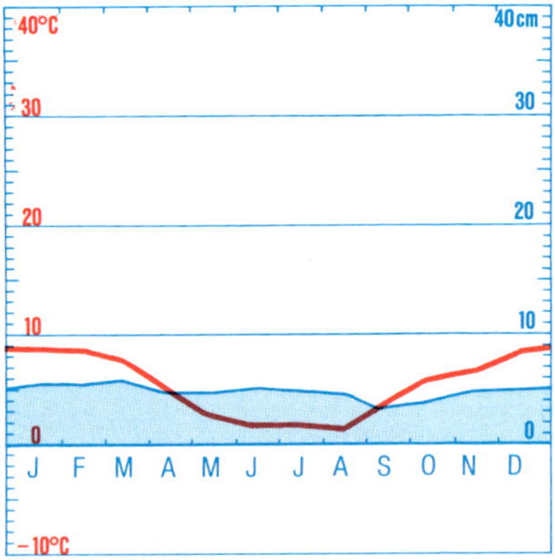

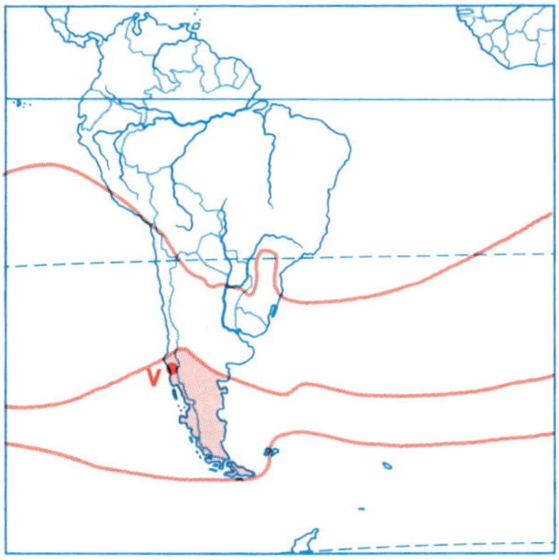

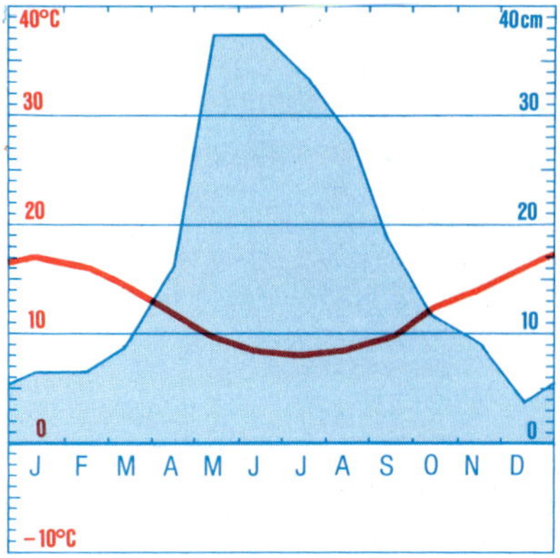

Valdivia / Chile | 30 Jahre | Zone III_2 bzw. Cf
5 m ü.M. | 39° 48′S und 73° 14′W | Jahresmittel 11,9 °C und 2232 mm

°C	16,9	16,3	14,6	11,8	9,6	8,0	7,8	8,1	9,3	11,4	13,3	15,3
	J	F	M	A	M	J	J	A	S	O	N	D
mm	65	64	97	161	377	377	340	279	188	117	92	38

°C	7,0	6,8	8,3	9,4	11,5	13,8	15,0	15,4	14,0	11,6	9,1	7,8
	J	F	M	A	M	J	J	A	S	O	N	D
mm	164	107	103	74	86	81	107	95	122	140	151	168

? m ü.M. | 51° 57′N und 10° 13′W | Jahresmittel 10,8 °C und 1398 mm
Valentia (Cahirciveen) / Irland | 30 Jahre | Zone III_2 bzw. Cf

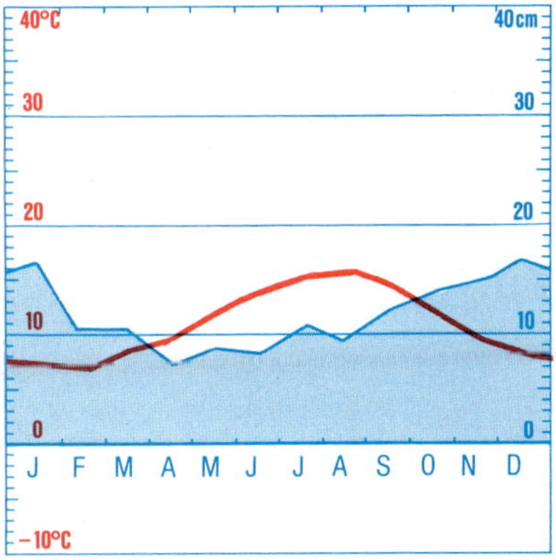

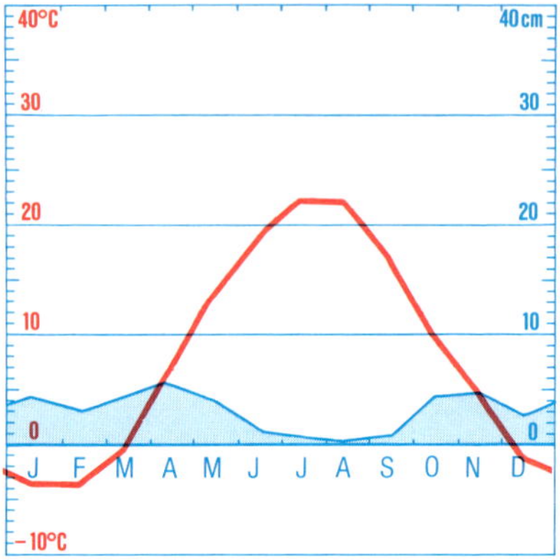

Van / Türkei 22 Jahre Zone III_7 bzw. Ds

1732 m ü.M. 38° 28′N und 43° 21′E Jahresmittel 9,0 °C und 381 mm

°C	-3,7	-3,6	-0,2	6,7	13,4	18,2	22,4	22,2	17,6	10,5	5,4	-0,8
	J	F	M	A	M	J	J	A	S	O	N	D
mm	47	35	48	56	40	14	6	3	8	45	49	29

°C	26,7	27,0	27,6	27,9	27,7	26,5	25,8	26,3	26,1	26,3	26,6	26,7
	J	F	M	A	M	J	J	A	S	O	N	D
mm	381	274	218	190	164	93	81	64	131	159	217	335

3 m ü.M. 4° 37′S und 55° 27′E Jahresmittel 26,7 °C und 2307 mm

Victoria / Seychellen 72 Jahre Zone V_1 bzw. Af

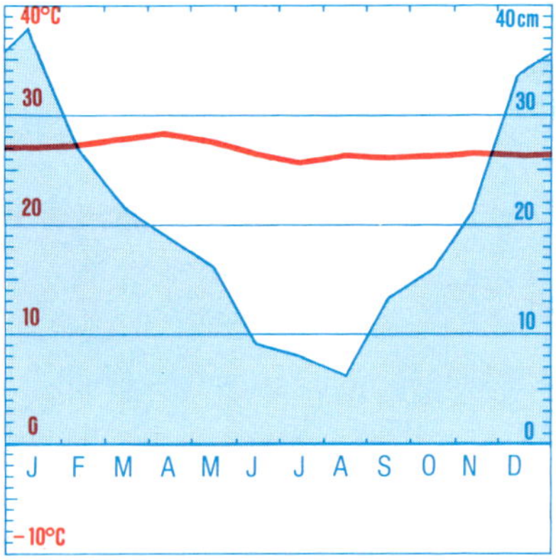

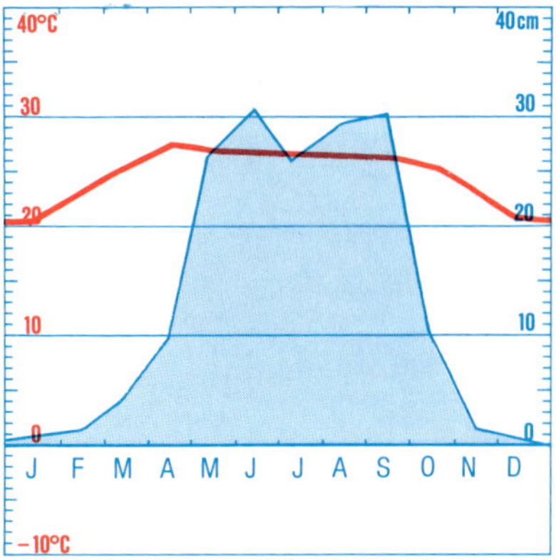

Vientiane / Laos | 35 Jahre | Zone V_2 bzw. Aw

? m ü.M. | 17° 58′N und 102° 36′E | Jahresmittel 25,2 °C und 1712 mm

	J	F	M	A	M	J	J	A	S	O	N	D
°C	20,5	23,2	25,9	27,7	27,5	27,3	26,9	26,8	26,7	25,7	23,6	20,8
mm	6	14	39	100	265	305	265	292	302	105	16	3

	J	F	M	A	M	J	J	A	S	O	N	D
°C	−2,9	−2,0	1,8	7,6	13,8	16,8	18,6	17,2	13,3	7,8	2,3	−1,3
mm	33	27	32	40	48	60	84	71	44	37	38	38

? m ü.M. | 52° 15′N und 21° 0′E | Jahresmittel 7,8 °C und 552 mm

Warschau / Polen | ? Jahre | Zone III_3 bzw. Cf

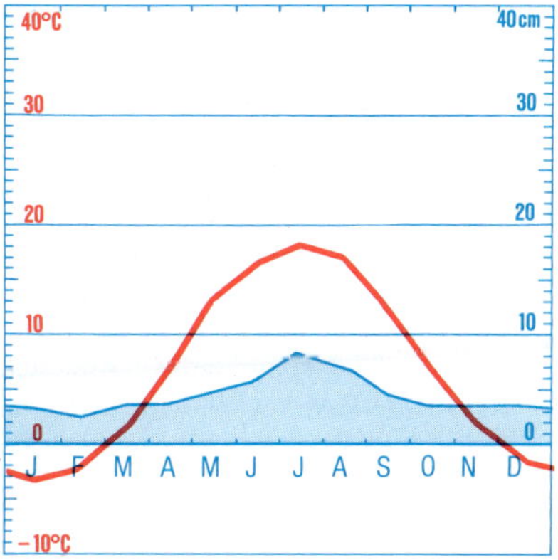

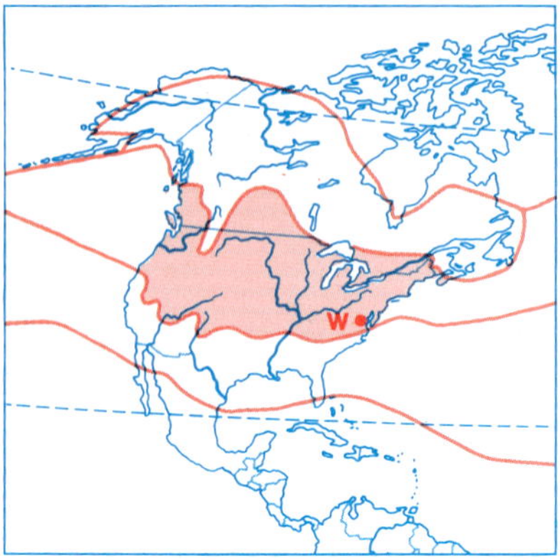

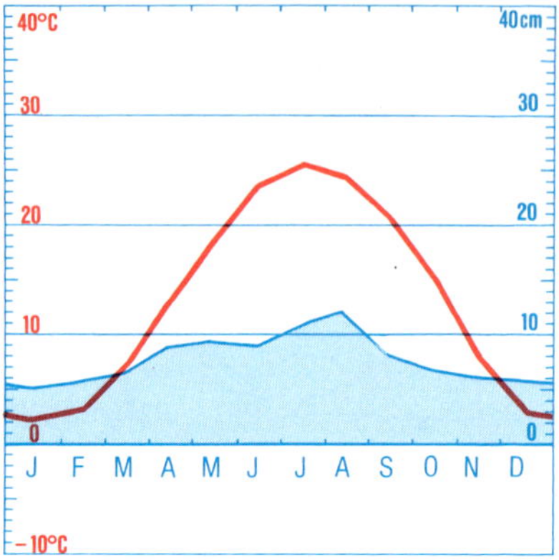

Washington D.C. / USA — 16 Jahre — Zone III_8 bzw. Cf
4 m ü.M. — 38° 51′N und 77° 3′W — Jahresmittel 14,1 °C und 938 mm

	J	F	M	A	M	J	J	A	S	O	N	D
°C	2,8	3,7	7,3	13,7	18,8	23,4	25,7	24,7	21,1	15,3	8,8	3,2
mm	56	53	70	88	97	93	108	123	88	69	64	63

Etwa zwischen 35° und 45° N herrscht auf den Ostseiten von Nordamerika und Asien in Tennessee, Kentucky, West Virginia, in den Appalachen, der atlantischen Küstenebene, in Neuengland, Korea und Nordjapan ein sommerwarmes und ständig feuchtes Waldklima der kühlgemäßigten Klimazonen. Die Sommertemperaturen liegen zwischen 20° und 26 °C. Der kühlste Monat hat Temperaturwerte zwischen 2° und -8 °C. Die Jahresschwankung der Temperatur ist mäßig.

Diese Temperaturunterschiede zwischen Winter und Sommer entstehen durch den Gegensatz von Festland und Ozean. Im Winter entwickelt sich über dem Kontinent ein stabiles Kältehoch. Die kalte und trockene Festlandluft kann aber nur in einzelnen Schüben bis zur Küste vordringen. Dann sinken die Temperaturen in Washington bis auf ein mittleres Minimum von -13,3 °C im Januar. Andererseits breitet sich aber auch im Winter subtropische feuchte Luft nach Norden aus. Sie hebt das mittlere Maximum der Januartemperatur auf 17,2 °C an, im Juli liegt es sogar bei 36,1 °C. Die Luft ist dann sehr schwül und gewittrig. Aus dieser Luftmassenverteilung ergibt sich der jährliche Gang des Niederschlags. Im Winter kommt es an der kontinentalen Kaltluft regelmäßig zu Aufgleitniederschlägen, die auch als Schnee fallen. Deshalb nimmt der Niederschlag von der Küste zum Landesinnern ab. Die Ergiebigkeit der Niederschläge wird außerdem durch Steigungsregen an den Appalachen bzw. an den Gebirgen in Japan und Korea verstärkt. Kaltlufteinbrüche führen in den USA zu Schneestürmen, den Norther. Im Sommer entsteht über dem Kontinent ein Hitzetief. Es saugt die feuchtwarme Meeresluft an.

Der humide Wasserhaushalt erlaubt das Gedeihen sehr artenreicher sommergrüner Laub- und Mischwälder. Sehr eindrucksvoll ist wegen der Artenfülle die herbstliche Laubfärbung.

Sehr warme Sommer, kühle Winter; Niederschlag zu allen Jahreszeiten. Laub- und Mischwald.

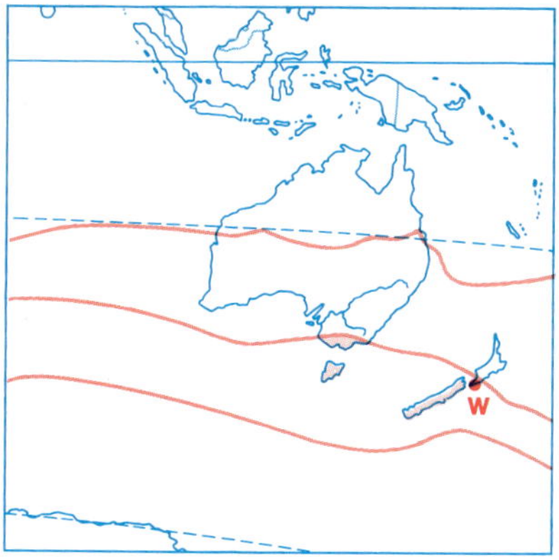

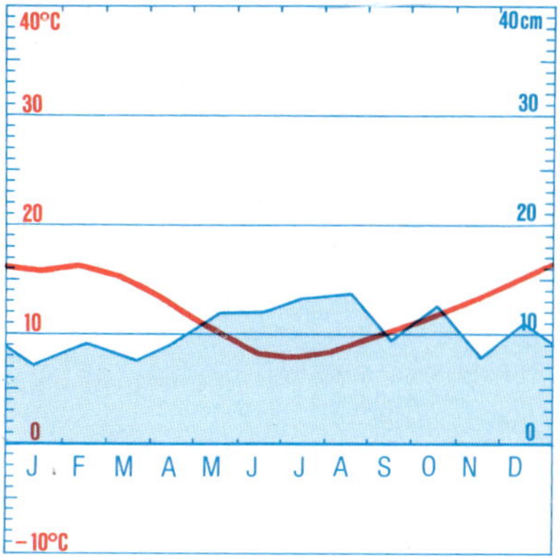

Wellington / Neuseeland — 30 Jahre — Zone III_2 bzw. Cf

126 m ü.M. — 41° 17′S und 174° 46′E — Jahresmittel 12,4 °C und 1250 mm

	J	F	M	A	M	J	J	A	S	O	N	D
°C	16,2	16,4	15,4	13,5	10,9	8,8	8,1	8,8	10,2	11,7	13,3	15,1
mm	74	91	79	94	119	122	130	135	97	122	81	107

	J	F	M	A	M	J	J	A	S	O	N	D
°C	23,2	22,5	21,2	19,0	15,7	13,2	12,9	15,8	18,6	20,3	22,2	23,1
mm	68	67	82	43	10	1	1	–	1	10	26	46

1728 m ü.M. — 22° 34′S und 17° 6′E — Jahresmittel 18,8 °C und 355 mm

Windhuk / Namibia — 58 Jahre — Zone V_3 bzw. BS

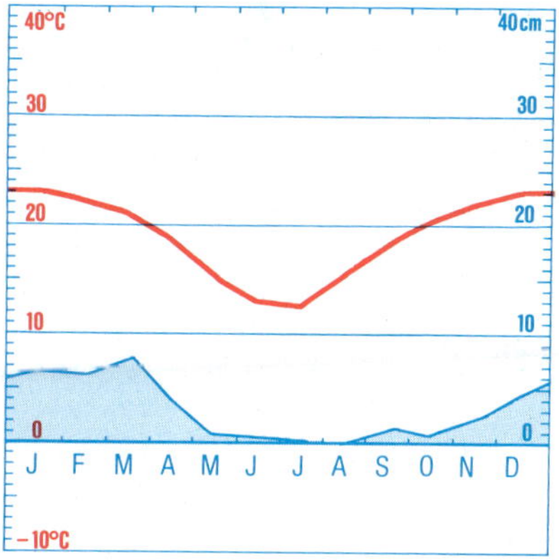

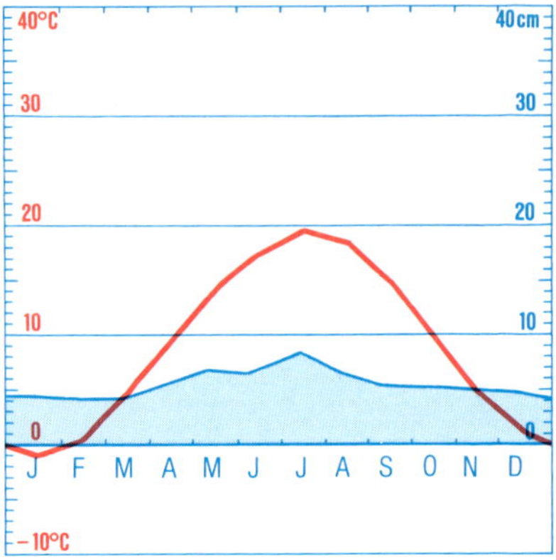

Wien / Österreich — 50 Jahre — Zone III_3 bzw. Cf

203 m ü.M. — 48° 13′N und 16° 20′E — Jahresmittel 9,5 °C und 685 mm

	J	F	M	A	M	J	J	A	S	O	N	D
°C	–0,9	0,6	4,9	9,6	14,6	17,6	19,5	18,6	15,0	9,6	4,5	0,9
mm	40	41	42	54	71	68	84	68	56	57	53	51

Klimadiagramm nach Walter siehe Seite 173.

Auf der Nordhalbkugel ist auf der Westseite der Kontinente vor allem in Europa ein Übergangsklima vom ozeanischen zum kontinental-winterkalten Waldklima ausgebildet. Es kennzeichnet das mitteleuropäisch-danubische Klimagebiet, also Südnorwegen und Südschweden, Dänemark, Deutschland, Ostfrankreich, Westpolen und die Donauländer sowie in Nordamerika das Gebiet um Vancouver.

Der Typus des Klimas ist subozeanisch, das heißt die Jahresschwankung der Temperatur ist mäßig. In Wien beträgt sie 23,3 °C. Wandernde Tiefdruckgebiete prägen mit ihren wechselnden feuchtwarmen und trockenkalten Luftmassen durchsetzt von Hochdruckgebieten mit trockener Festlandluft oder schwülwarmer subtropischer Luft die Witterung. Dementsprechend sind die Sommer lang und warm und die Winter kühl.

Das mittlere Maximum der Temperatur wird mit 30,3 °C im Juli bei sommerlichen Hochdrucklagen erreicht. Ähnliche Wetterlagen bringen im Januar ein mittleres Temperaturminimum von –10,8 °C. Wie die Jahresamplitude, so ist auch die tägliche Temperaturschwankung mäßig.

Der Jahresniederschlag ist mäßig hoch, so daß bei gegebener Verdunstung ein Wasserüberschuß bleibt. Alle Monate haben für das Pflanzenwachstum ausreichend Niederschlag, der Wasserhaushalt ist humid. Im Winter fällt regelmäßig Schnee. Eine länger dauernde Schneedecke bildet sich aber nicht, weil ozeanische Luftmassen immer wieder Tauwetter bis in die Kammlagen der Mittelgebirge bringen. Bei vorherrschenden Westwinden liegt das Niederschlagsmaximum im Juli. Dann ist wegen der größeren Verdunstung die Luft wasserdampfhaltiger als im Winter.

In den sommergrünen Laubwäldern herrschen Buche, Eiche und Hainbuche vor.

Warme Sommer, kühle Winter; mäßiger Niederschlag zu allen Jahreszeiten. Sommergrüner Laubwald.

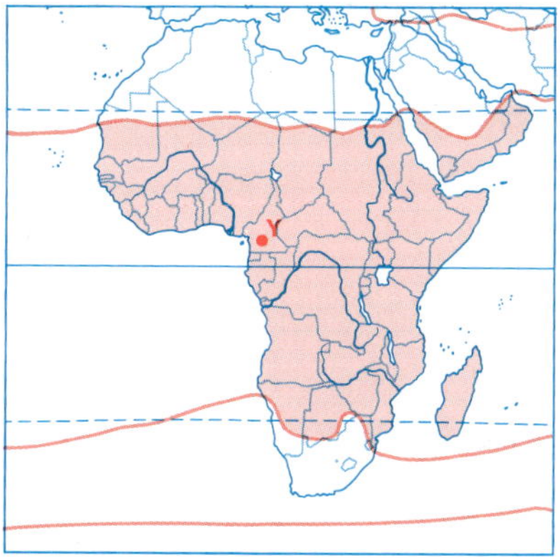

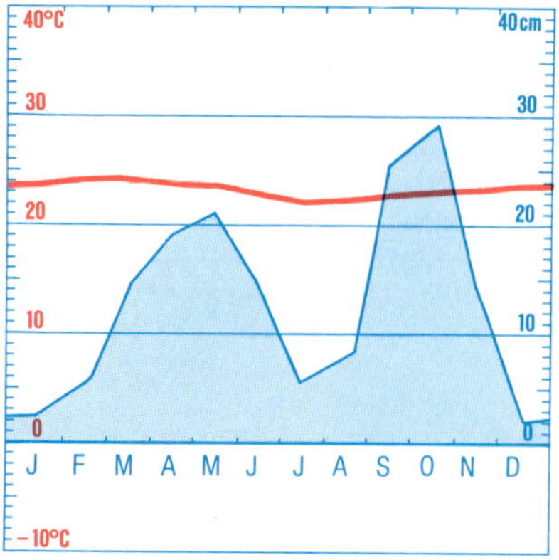

Yaoundé / Kamerun — 28 Jahre — Zone V_1 bzw. Af

760 m ü.M. — 3° 52′N und 11° 32′E — Jahresmittel 23,4 °C und 1644 mm

	J	F	M	A	M	J	J	A	S	O	N	D
°C	23,9	24,4	24,4	24,1	23,8	23,1	22,1	22,2	22,8	22,9	23,3	23,7
mm	28	59	147	196	210	149	59	82	256	297	139	23

	J	F	M	A	M	J	J	A	S	O	N	D
°C	−27,7	−25,9	−17,8	−7,9	4,1	11,8	15,9	14,1	7,2	−1,3	−13,8	−23,9
mm	14	12	12	10	14	17	33	36	28	31	24	19

? m ü.M. — 62° 30′N und 114° 29′W — Jahresmittel −5,4 °C und 250 mm

Yellowknife / Kanada — 20 Jahre — Zone II_3 bzw. Df

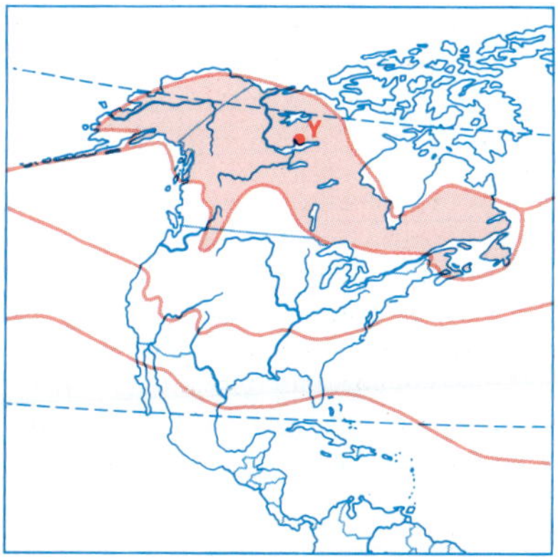

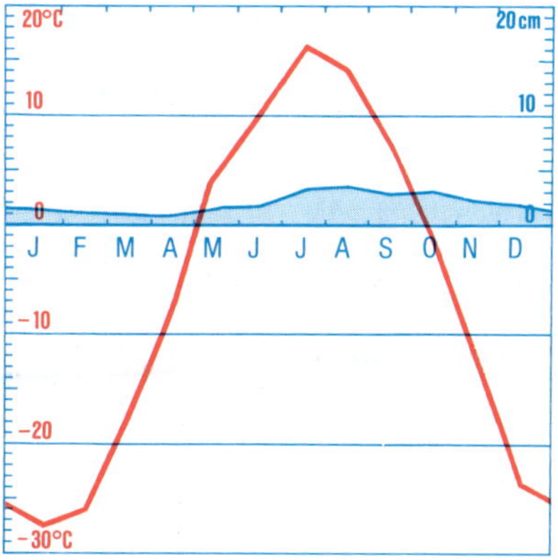

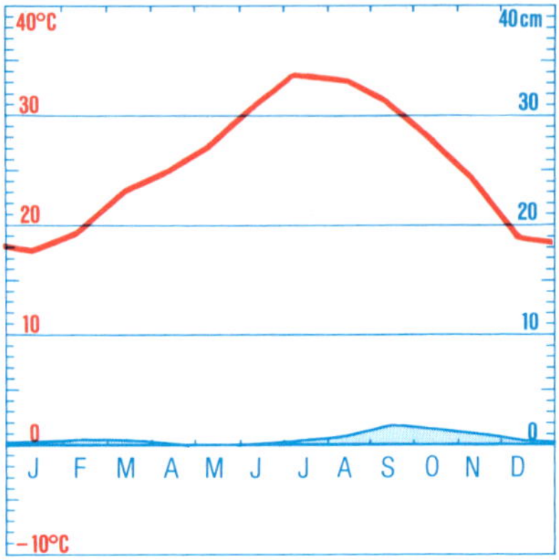

Zouerate (Fort Gouraud) / Mauretanien — 19 Jahre — Zone IV_5 bzw. BW
297 m ü.M. — 22° 41′N und 12° 42′E — Jahresmittel 26,2 °C und 59 mm

	J	F	M	A	M	J	J	A	S	O	N	D
°C	18,0	19,5	23,0	24,5	27,3	30,9	33,9	33,3	31,7	28,8	24,2	19,1
mm	1	3	3	1	-	1	2	8	16	13	9	2

	J	F	M	A	M	J	J	A	S	O	N	D
°C	-11,6	-11,6	-9,5	-6,9	-2,5	0,5	2,5	2,4	0,6	-3,2	-7,0	-10,0
mm	175	160	146	169	169	191	209	179	142	134	134	138

2959 m ü.M. — 47° 25′N und 10° 59′E — Jahresmittel -4,7 °C und 1945 mm
Zugspitze / Bundesrepublik Deutschland — 30 Jahre — Zone III_3 bzw. ET

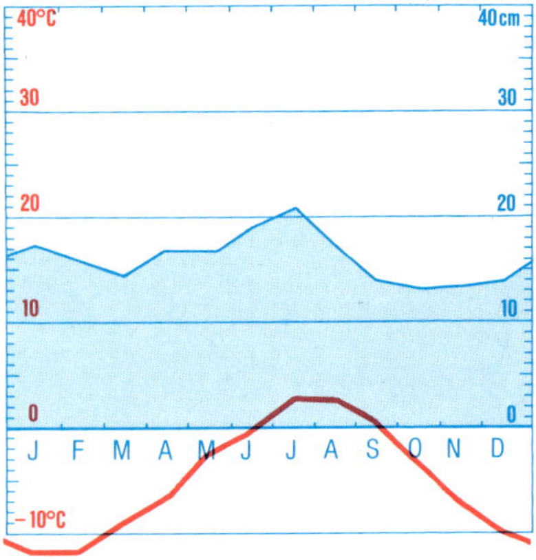

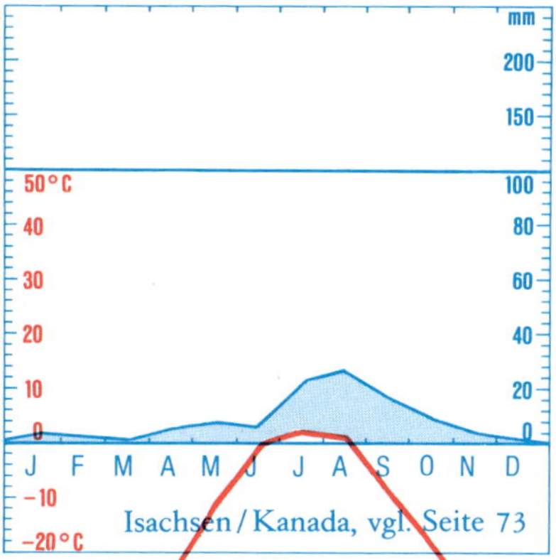

Isachsen / Kanada, vgl. Seite 73

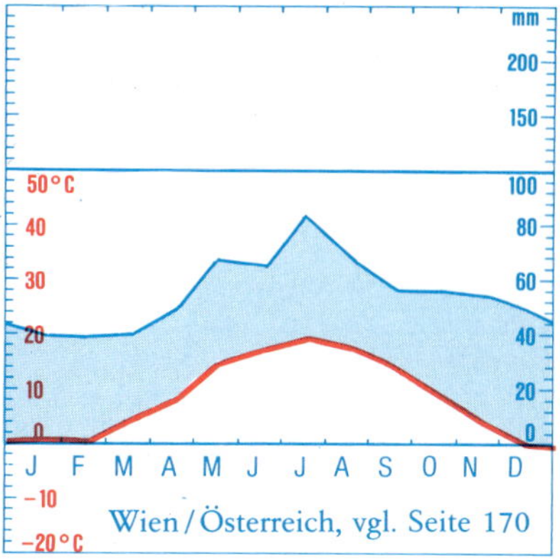

Wien / Österreich, vgl. Seite 170

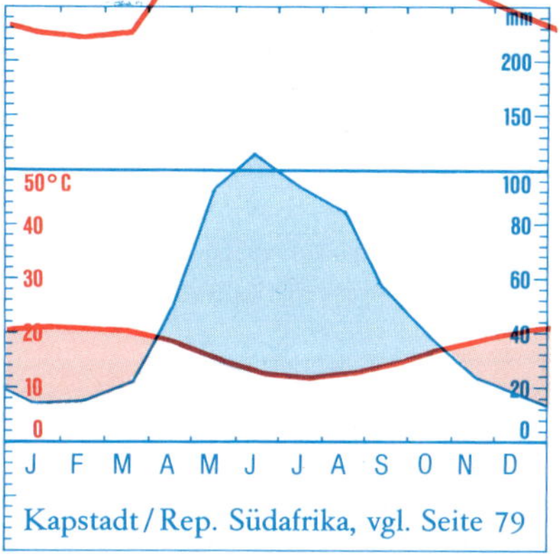

Kapstadt / Rep. Südafrika, vgl. Seite 79

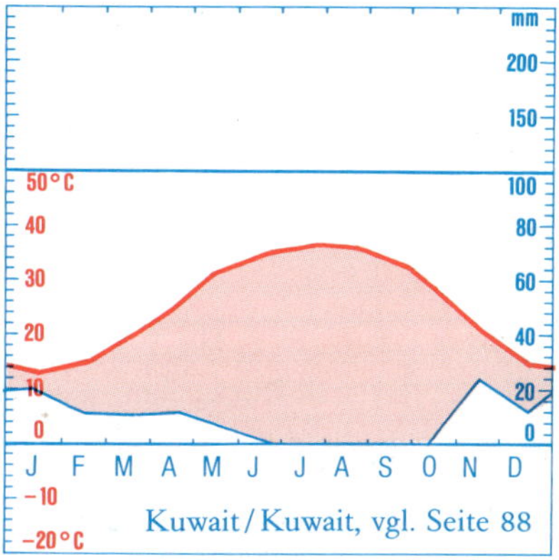

Kuwait / Kuwait, vgl. Seite 88

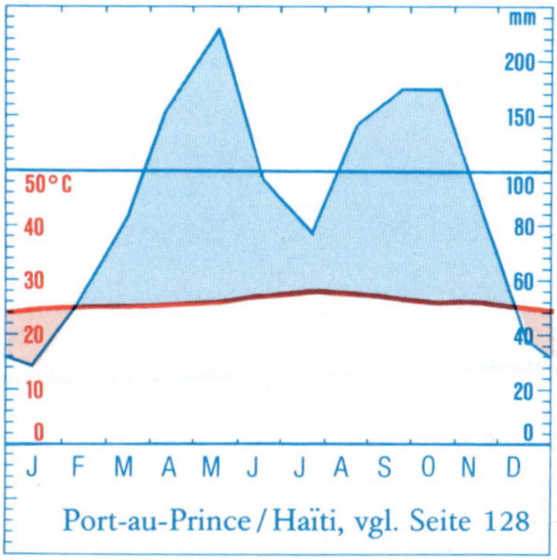

Port-au-Prince / Haïti, vgl. Seite 128

Gegen das Klimadiagramm nach Walter (vgl. Seite 8/9) bestehen entscheidende sachliche und formale Bedenken:
„Entsprechend der starken Vereinfachung in der Annahme über die Abhängigkeit der Verdunstung von der Lufttemperatur sind die angestrebten Aussagen mit erheblichen Unsicherheiten belastet.“ (W. Weischet in WLG II Seite 814/815)
Das Walter-Diagramm verleitet aber auch das Auge zu falschen Annahmen. Die Temperatur- und Niederschlagsskalen sind ungleich, die Niederschlagsskala muß bei höheren Monatsniederschlägen in sich verändert werden, und die flache Temperaturkurve zeigt zu wenig Ausdruck.

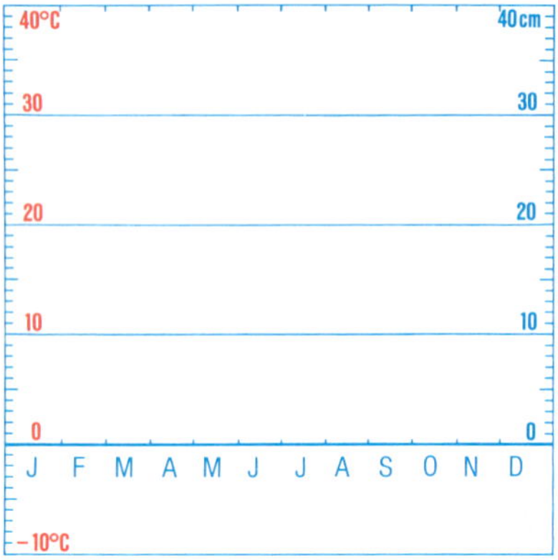

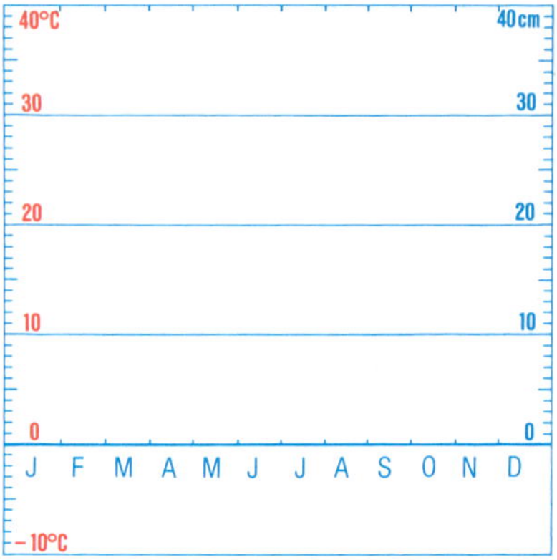

	J	F	M	A	M	J	J	A	S	O	N	D
°C	,	,	,	,	,	,	,	,	,	,	,	,
mm												

	J	F	M	A	M	J	J	A	S	O	N	D
°C	,	,	,	,	,	,	,	,	,	,	,	,
mm												

Heimatstation:

Ferienstation:

Gegen Einsendung von Brief-Rückporto plus 1,— DM Bearbeitungsgebühr in Briefmarken können beim Verlag, 3300 Braunschweig, Homburgstr. 11, die Werte und das Diagramm einer Station bestellt werden. Sind für die gewünschte Station oder ihre Nachbarschaft keine Werte vorhanden, wird dies unter Rücksendung der 1,— DM mitgeteilt.

Begriffserläuterungen zu Köppen/Geiger

A humid oder subhumid, ohne Winter; kein Monat unter 18 °C
Af wenigstens 60 mm Niederschlag pro Monat
Aw nicht kompensierte Trockenzeit im Winter

BS semiarid; im Sommer 70% des Niederschlages in sechs Monaten R = 0,44 (t-7); im Winter R = 0,44 (t-32); gleichmäßige Niederschläge R = 0,44 (t-19,5).
BW arid; die Hälfte der Niederschläge von BS

C humid oder subhumid mit milden Wintern, kältester Monat über -3 °C aber unter 18 °C, wärmster Monat über 10 °C
Cf ohne Trockenzeit, mehr als 30 mm Niederschlag im trockensten Monat
Cs trocken im Sommer, dreimal soviel Niederschlag im feuchtesten wie im trockensten Monat, in dem weniger als 30 mm fallen
Cw wie Cs, aber zehnmal statt dreimal

D humid und subhumid mit strengen Wintern, kältester Monat unter -3 °C, wärmster über 10 °C
Df wie Cf
Dw wie Cw

E kein Sommer, wärmster Monat unter 10 °C
ET wärmster Monat über 0 °C
EF wärmster Monat unter 0 °C

Quellen

Wernstedt, F. L., *World Climatic Data;* Lemont Pa. 1972.
(bis auf Ausnahmen für fast alle Stationen)
Richter, G. (Hrsg.), *Handbuch ausgewählter Klimastationen der Erde;* Trier 1980.
(zur Korrektur und Ergänzung einiger Stationen)
Seewetteramt Hamburg (Brasília)
British Meteorological Office, London.
(Ascension, St. Helena, Sokotra)

Halbfette, rote Namen und Zahlen kennzeichnen die Stationen mit Erläuterungen.
W weist auf ein Klimadiagramm nach Walter hin.

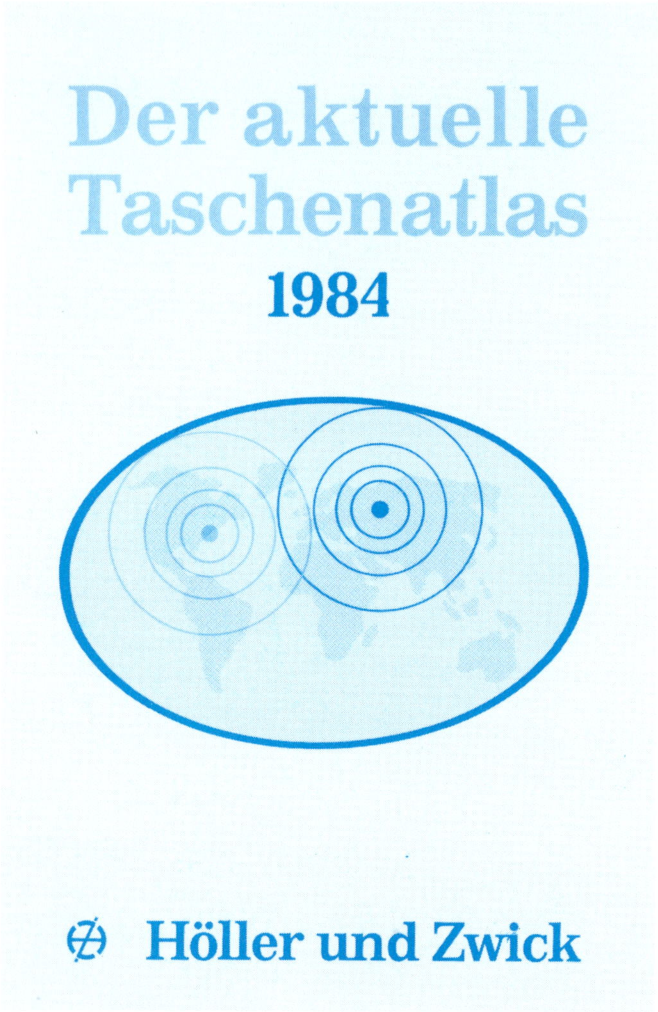
Der aktuelle
Taschenatlas
1984
Höller und Zwick